高职高专规划教材

机械制图及实训

主　编　南玲玲　杨　虹
副主编　马彩祝
参　编　林吉靓　李　珊　金　红
主　审　孟新凌

机械工业出版社

本书是为了适应高职学生就业岗位群职业能力的要求而编写的,重点培养学生读图能力。本书作者总结了多年的教学经验,力求使内容简明、精练、实用。

本书共分为十三章。主要内容包括:制图的基本知识与技能,投影的基本知识,点、直线、平面的投影,基本几何体的投影及尺寸标注,截交线与相贯线,轴测图,组合体的视图及其尺寸标注,机件常用的表达方法,标准件与常用件,零件图,装配图,测绘实训,计算机绘图。每章开始都有内容提要及教学要求。本书采用了最新的《技术制图》和《机械制图》国家标准。

另外,本书还有配套使用的《机械制图及实训习题集》,紧密结合各章教学,可供学生练习、复习、提高。

本书可作为高等职业院校(全日制普通高职、高专院校)机械类和近机类专业教材,也可作为企业培训用书和工程技术人员的参考用书。

图书在版编目(CIP)数据

机械制图及实训/南玲玲,杨虹主编. -北京:机械工业出版社,2010.9(2016.1重印)

高职高专规划教材

ISBN 978-7-111-31023-5

Ⅰ. ①机… Ⅱ. ①南… ②杨… Ⅲ. ①机械制图-高等学校:技术学校-教材 Ⅳ. ①TH126

中国版本图书馆 CIP 数据核字(2010)第 151605 号

机械工业出版社(北京市百万庄大街 22 号 邮政编码 100037)

策划编辑:刘良超 责任编辑:刘良超

版式设计:霍永明 责任校对:程俊巧

封面设计:陈 沛 责任印制:李 洋

北京振兴源印务有限公司印刷

2016 年 1 月第 1 版·第 2 次印刷

184mm×260mm · 17.75 印张 · 435 千字

4 001-6 000 册

标准书号:ISBN 978-7-111-31023-5

定价:37.00 元

前　言

本书是根据高等职业教育对人才培养的要求，为了适应高职学生就业岗位群职业能力的要求，突出对读图能力的培养，按高等职业院校机械制图教学大纲编写的。

本书主要有以下特点：

1. 突出高职院校教育特色，以增强应用性和注重培养能力与素质为指导，不仅精选了本学科的传统内容，更加突出了理论和实践的结合，将"专业知识"和"操作技能"有机地融于一体。

2. 在体系上遵循教学规律，形成"基本形体—简单形体—组合形体—工程形体"这种以"体"为主线、由局部到整体、由浅入深的知识体系，并采取从感性认知即"由物及图"入手的教学方式，使学生理解机械图样的绘制原理，并使教材内容简明实用、形象直观、具体浅显、通俗易懂，更符合高职学生的学习特点。

3. 在看图的前提下侧重于培养学生的画图能力，并从对照实物看图入手，使学生建立物与图内在联系的感性认识，并逐步达到理性地看图、画图构形的目的。全书采用文图并举、视图与实物立体图对照的表达手法，以利于培养学生的看图能力。

4. 将机械图样的绘制原理和方法寓于工程实例之中，所选题例和图例力求源于生产实际，以淡化教学内容的理论性、抽象性和复杂性，突出其典型性、针对性和实用性，并强化制图知识的工程背景，达到学以致用、学有所用的目的。以典型零部件测绘作为综合实践模块，进一步加强和巩固学生的看图、画图和计算机绘图技能。

5. 在编写过程中，坚持少而精，力求做到内容详实、简明扼要、概念清楚、文字流畅、图例典型，注重知识的系统性和实用性。

6. 采用了最新的《技术制图》与《机械制图》国家标准。

7. 另编写了与本书配套使用的《机械制图及实训习题集》，内容充实，题型新颖。

本书适合于高等职业院校机械类和近机类各专业 80～120 学时制图课程教学，也可作为企业培训用书和工程技术人员的参考用书

本书由南玲玲、杨虹任主编，马彩祝任副主编。本书的编写分工为：开封大学南玲玲编写第一章、第二章、第八章、附录，开封大学杨虹编写第十章、第十三章，广州大学建筑与城市规划学院马彩祝编写第五章、第九章，开封大学林吉靓编写第四章、第六章、第十一章，河南电力试验研究院李珊编写第七章、第十二章，曲江职业技术学校金红编写第三章。开封高压阀门有限公司孟新凌高级工程师担任本书主审。

由于编者水平有限、编写时间仓促，本书中难免有缺点和不妥之处，恳请广大读者批评指正。

编　者

目　录

绪　　论

1. 本课程的目的

本课程是高等职业院校机械类及近机类专业的一门基础课程。其目的是：使学生掌握机械制图的基本知识，获得读图和绘图能力；使学生能执行《机械制图》国家标准和相关行业标准；能运用正投影法的基本原理和作图方法；能识读中等复杂程度的零件图；能识读简单的装配图；能绘制简单的零件图。培养学生分析问题和解决问题的能力，形成良好的学习习惯，具备继续学习专业技术的能力；对学生进行职业意识和职业道德教育，使其形成严谨、敬业的工作作风，为今后解决生产实际问题和职业生涯的发展奠定基础。

2. 本课程的任务

1) 学习投影法（主要是正投影法）的基本原理及其应用。

2) 使学生具备一定的空间想象和思维能力。

3) 培养学生由图形想象物体、以图形表现物体的意识和能力，使其养成规范的制图习惯，具备自主学习习惯和能力。

4) 培养学生获取、处理和表达技术信息的能力，使其能够适应制图技术和标准变化的需要；在实践中培养学生制定并实施工作计划的能力。

5) 培养学生团队合作与交流能力以及良好的职业道德、职业情感，提高其适应职业变化的能力。

3. 本课程的学习方法

学好本课程应注意以下 5 点：

1) 理论联系实践，掌握正确的方法和技能。机械制图是一门理论多且实践性强的技术基础课，在掌握好基本概念和理论的基础上，必须通过做大量习题来掌握正确的读图、绘图方法和步骤，以达到提高绘图技能的目的。

2) 树立标准化意识，学习和遵守有关制图的国家标准。每个学习者都必须从开始学习本课程时就树立标准意识，认真学习遵守有关制图的国家标准，保证自己所绘图样的正确性和规范性。

3) 培养空间想象能力。在学习过程中必须随时进行空间想象和空间思维，并与投影分析和作图过程紧密结合；注意抽象概念的形象化，随时进行"物体"与"图形"的相互转化训练，以利于提高空间思维能力和空间想象能力。

4) 学习方法和绘图理论紧密结合。在学习过程中，将尺规绘图、徒手绘图、计算机绘图等各种技能与投影理论、绘图理论紧密结合，培养创新能力。

5) 培养和提高工程人员必备的基本素质。由于图样是加工、制造的依据，图样上任何细小的错误都会给生产带来损失，因此在学习过程中应注意培养学生认真负责的工作态度和严谨细致的工作作风。

第一章 制图的基本知识与技能

【内容提要】

本章主要介绍《技术制图》与《机械制图》国家标准中的有关规定；绘图仪器、工具及其使用方法；几何作图方法；平面图形的尺寸注法、线段分析及绘图的方法和步骤。

【教学要求】

1. 了解并遵守《技术制图》与《机械制图》国家标准的规定。

2. 正确使用绘图工具和仪器。

3. 掌握几何作用方法。

4. 分析和标注平面图形的尺寸。

5. 掌握作图步骤。

图样是设计、制造与维修机器的重要资料，是技术交流的语言。要正确地绘制机械图样，就必须遵守国家标准的各项规定，学会正确地使用绘图工具，掌握合理的绘图方法和步骤。

第一节 制图的国家标准简介

机械工程制图必须执行《技术制图》与《机械制图》国家标准，如《机械制图》国家标准，由标准编号（GB/T 4458.1—2002）和标准名称《机械制图 图样画法 视图》两部分组成。GB/T 4458.1—2002 中，"GB"是国家标准的代号（简称国标），用斜线相隔的"T"表示"推荐性标准"，4458 是标准编号，1 表示某部分，2002 表示该标准于 2002 年发布。本章主要介绍与制图有关的基本标准。

一、图纸幅面和格式（GB/T 14689—1993）

1. 图纸幅面

绘制技术图样时，应优先采用表 1-1 所规定的基本幅面。

必要时允许加长幅面，加长幅面及其图框尺寸在 GB/T 14689—1993 中另有规定。

表 1-1 图纸幅面尺寸 （单位：mm）

幅 面 代 号	$B×L$	a	c	e
A0	841×1189	25	10	20
A1	594×841			
A2	420×594			
A3	297×420		5	10
A4	210×297			

2. 图框格式

在图纸上必须用粗实线画出图框，其格式分为留装订边和不留装订边两种，但同一产品的图样只能采用一种格式。

留装订边的图纸，其图框格式如图1-1所示，不留装订边的图纸，其图框格式如图1-2所示，尺寸遵循表1-1的规定。

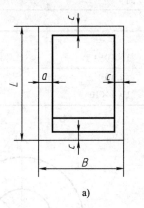
a)

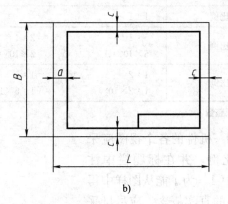
b)

图1-1　留装订边的图框格式

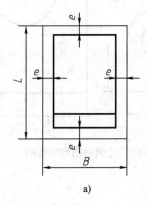
a)

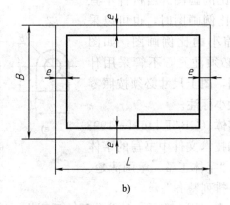
b)

图1-2　不留装订边的图框格式

3. 标题栏

每张图纸上都必须画出标题栏。标题栏的格式和尺寸要符合 GB/T 10609.1—2008 的规定，在制图作业中推荐如图1-3所示的标题栏格式。标题栏的位置应位于图纸的右下角，如图1-1和图1-2所示。

标题栏的长边置于水平方向并与图纸的长边平行时，则构成 X 型图纸，如图1-1b和图1-2b所示。若标题栏长边与图纸的长边垂直时，则构成 Y 型图纸，如图1-1a和图1-2a所示，在此情况下，看图的方向与标题栏方向一致。

图1-3　标题栏格式

二、比例（GB/T 14690—1993）

比例是指图样中图形与实物相应要素的线性尺寸之比。

绘图的比例可根据表 1-2 选用。

表 1-2　绘图的比例

种　类	比　例		
原值比例	$1:1$		
放大比例	$5:1$ $5\times10^n:1$	$2:1$ $2\times10^n:1$	$1\times10^n:1$
缩小比例	$1:2$ $1:2\times10^n$	$1:5$ $1:5\times10^n$	$1:10$ $1:1\times10^n$

注：n 为正整数。

绘制同一机件的各个视图应采用相同的比例，并在标题栏中注明，例如 $1:1$。为了能从图样中得到实物大小的真实概念，应尽量采用 $1:1$ 的比例画图。当机件不宜用 $1:1$ 的比例画图时，也可以采用放大或缩小的比例画图，如图 1-4 所示。必须注意，不管采用什么比例作图，图上尺寸必须按照零件的实际大小标注。

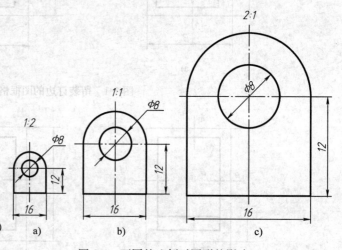

图 1-4　不同的比例对图形的影响

三、字体（GB/T 14691—1993）

图样和技术文件中书写的字体必须做到："字体工整、笔画清楚、间隔均匀、排列整齐"。

字体高度（用 h 表示）的公称尺寸系列为：1.8、2.5、3.5、5、7、10、14、20（单位：mm）。字体的号数即字体的高度。如需要书写更大的字，其字体高度应按 $\sqrt{2}$ 的比值递增。字体的宽度约等于字体高度的 2/3。

1. 汉字

汉字应写成长仿宋体，并采用国家正式公布的简化字。汉字的高度不应小于 3.5mm，其字宽度一般为 $h/\sqrt{2}$。

书写长仿宋体字示例如图 1-5 所示。书写长仿宋体字的要领是："横平竖直，锋角分明，结构匀称，高宽足格"。其基本笔划如图 1-6 所示。

为了保证字体的大小一致和整齐，书写时可先打格子，然后写字，如图 1-7 所示。

2. 字母和数字

字母和数字分 A 型和 B 型。A 型字体的笔画宽度（d）为字高（h）的 1/14，B 型字体的笔画宽度（d）为字高（h）的 1/10。在同一张图样上，只允许选用一种形式的字体。字母和数字可写成斜体和直体。斜体字的字头向右倾斜，与水平基准线成 75°。用作指数、分数、极限偏差、注脚等的数字及字母，一般应采用小一号的字体。图 1-8 所示为 B 型斜体字母、数字及字体的应用示例。

10 号字

字体工整笔画清楚间隔均匀排列整齐

7 号字

横平竖直注意起落结构均匀填满方格

5 号字

技术制图机械电子汽车航空船舶土木建筑矿山井坑港口纺织服装

3.5 号字

螺纹齿轮端子接线飞行指导驾驶舱位挖填施工引水通风闸阀坝棉麻化纤

图 1-5　仿宋体汉字示例

名称	横	竖	撇	捺	钩	挑	点
形状	一	丨	丿	八	几乚	丿	八
笔法	一	丨	丿	八	几乚	丿	八

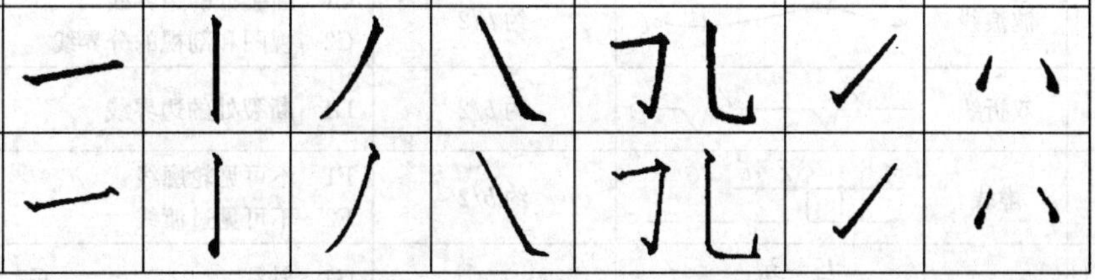

图 1-6　长仿宋体字体基本笔划

图 1-7　长仿宋体字宽和字高的比例

ABCDEFGHIJKLMNOPQRSTUVWXYZ

abcdefghijklmnopqrstuvwxyz

12345678910 I II III IV V VI VII VIII IX X

R3   2×45°   M24−6H   Φ60H7   Φ30g6

Φ20 $^{+0.021}_{0}$ Φ25 $^{-0.007}_{-0.020}$ Q235   HT200

图 1-8　B 型斜体字母、数字及字体的应用示例

四、图线（GB/T 4457.4—2002）

1. 图线线型及应用

绘图时应采用表 1-3 中列出八种基本图线。各种图线的名称、线型、宽度及应用见表 1-3 和图 1-9。

表 1-3　图线的线型及应用

序　号	图线名称	图线线型及代号	图线宽度	一 般 应 用
1	粗实线	———————A	b（约 0.5～2mm）	A1　可见轮廓线 A2　相贯线
2	细实线	———————B	约 $b/2$	B1　尺寸线及尺寸界线　B2　剖面线 B3　重合剖面的轮廓线 B4　螺纹的牙底及齿轮的齿根线 B5　引出线　　B6　分界线及范围线 B7　弯折线　　B8　辅助线 B9　不连续的同一表面的连线 B10　成规律分布的相同要素的连线
3	波浪线	～～～～C	约 $b/2$	C1　断裂处的边界线 C2　视图和剖视的分界线
4	双折线	—／\／—D	约 $b/2$	D1　断裂处的边界线
5	虚线	- - - - -F	约 $b/2$	F1　不可见轮廓线 F2　不可见过渡线
6	细点画线	—·—·—G	约 $b/2$	G1　轴线　　G2　对称中心线 G3　剖切线　G4　节圆及节线
7	粗点画线	▬·▬·▬J	b	J1　有特殊要求的线或表面的表示线
8	细双点画线	—··—··—K	约 $b/2$	K1　相邻辅助零件的轮廓线 K2　极限位置的轮廓线 K3　坯料的轮廓线或毛坯图中制成品的轮廓线 K4　假想投影轮廓线 K5　试验或工艺结构（成品上不存在）的轮廓线 K6　中断线

图线分粗细两种。粗线的宽度 b 应按图的大小和复杂程度，在 0.5～2mm 之间选择，细线的宽度均为 $b/3$ 或 $b/2$。

图线宽度的推荐系列为：0.13、0.18、0.25、0.35、0.5、0.7、1、1.4、2（单位：mm）。

2. 图线的画法

1）同一图样中，同类图线的宽度应基本一致。虚线、点画线及双点画线的线段长度和间隔应各自大致相等。

2）点画线和双点画线的"点"不是小圆点，而是长约 1mm 的短划。这些线的首末两端应是线段不是短划，在图形中也应该以长画线段与其他图线相交。绘制图的对称中心线时，圆心应是两线段的交点。点画线一般应超出图形约 5mm。图形较小时，可画成细实线如图 1-10 所示。

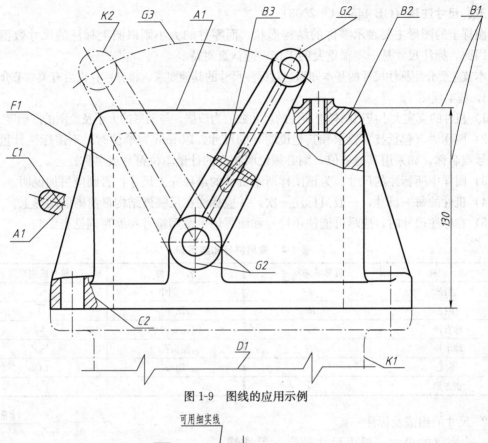

图 1-9 图线的应用示例

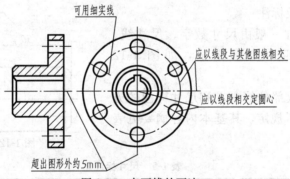

图 1-10 点画线的画法

3）当粗实线与虚线或点画线重叠时，应画粗实线；当虚线与点画线重叠时，应画虚线。虚线与粗实线或虚线相交时，不留空隙；但当虚线是粗实线的延长线时，则应留空隙，如图1-11所示。

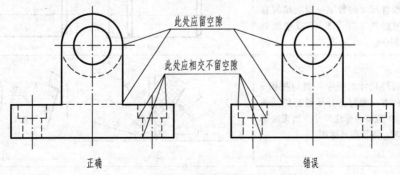

图 1-11 虚线的画法

五、尺寸注法（GB 4458.4—2003）

图样上的图形主要表示零件的结构形状，而零件的大小则以图上标注的尺寸数值为依据。因此，标注尺寸是一项很重要的工作，应认真对待。

本节主要介绍标注尺寸的基本知识。对标注尺寸的其他要求，将分别在以后有关章节介绍。

1. 基本规则

1）机件的真实大小应以图样上所注的尺寸数值为依据，与图形的大小及绘图的准确度无关。

2）图样中（包括技术要求和其他说明）的尺寸，以 mm 为单位时，不需标注计量单位的符号或名称，如采用其他单位，则必须说明相应的计量单位符号或名称。

3）图样中所标注的尺寸，为该图样所示机件的最后完工尺寸，否则应另加说明。

4）机件的每一尺寸，一般只标注一次，并应标注在反映该结构最清晰的图形上。

5）在标注尺寸时，应尽可能使用符号和缩写词，常用符号和缩写词见表 1-4。

表 1-4　常用符号和缩写词

名　　称	符号或缩写词	名　　称	符号或缩写词
直径	ϕ	45°倒角	C
半径	R	深度	▼
球直径	$S\phi$	沉孔或锪平	⊔
球半径	SR	埋头孔	∨
厚度	t	均布	EQS
正方形	□		

2. 尺寸的组成及标注

一个完整的尺寸一般由尺寸数字、尺寸线、尺寸界线、箭头四个要素组成，如图 1-12 所示。

对于尺寸各组成部分的要求和尺寸标注的方法，国家标准都作了规定，其基本内容摘要见表 1-5。

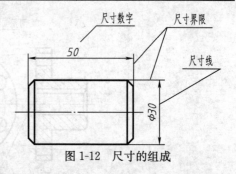

图 1-12　尺寸的组成

表 1-5　尺寸标注

项　目	说　　明	图　　例
尺寸数字	在生产图样上标注的尺寸数字，一般采用 3.5 号	
	线性尺寸的数字一般应填写在尺寸线的上方（图 a）或中断处（图 b）	a)　　　　b)
	线性尺寸的数字一般应按图 c 中的方向填写，并尽量避免在图示 30°范围内标注尺寸，当无法避免时，可按图 d 标注	c)　　　　d)

（续）

项　目	说　明	图　例
尺寸数字	在不至引起误解时，对非水平方向的尺寸，其数字也允许水平地注写在尺寸线的中断处，但在同一图样中应采用同一种注法	
	尺寸数字不可被任何图线通过。当无法避免时，应将图线断开	
尺寸线	尺寸线用细实线绘制，其终端一般采用箭头形式（图 a）。在尺寸线与尺寸界线互相垂直的情况下，也允许采用斜线形式（图 b）。但同一图样只能采用一种尺寸线终端形式（小尺寸注法除外）	放大图　（h 为字体高度） a)　　　b)
	尺寸线必须与所标注的线段平行。尺寸线与轮廓线或两平行尺寸线之间的距离约为 7mm 左右。尺寸线不能用其他图线代替，也不得与其他图线重合或画在其延长线上	正确　　　错误
尺寸界线	尺寸界线用细实线绘制，并应自图形的轮廓线、轴线或对称中心线引出，且超出尺寸线终端约 2mm。也可利用轮廓线、轴线或对称中心线作尺寸界线	
	尺寸界线一般应与尺寸线垂直，必要时才允许倾斜。在光滑过渡处标注尺寸时，必须用细实线将轮廓线延长，从它们的交点处引出尺寸线	从交点处引出尺寸界线

（续）

项　目	说　明	图　例
角度注法	角度的尺寸界线应沿径向引出。尺寸线应画成圆弧，其圆心是该角的顶点。角度的数字一律写成水平方向，一般应注写在尺寸线的中断处。必要时可写在尺寸线的上方或外面，也可引出标注	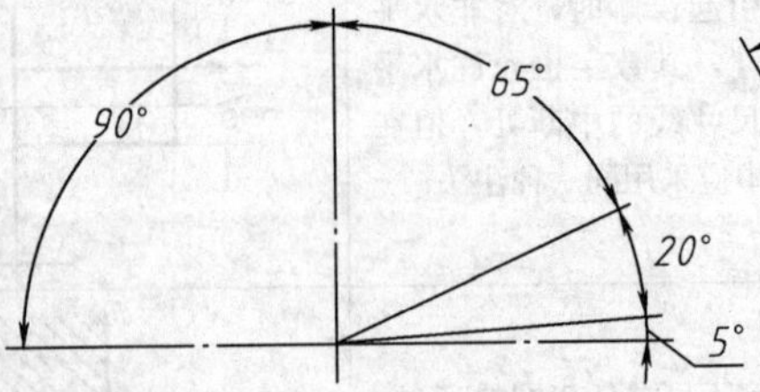 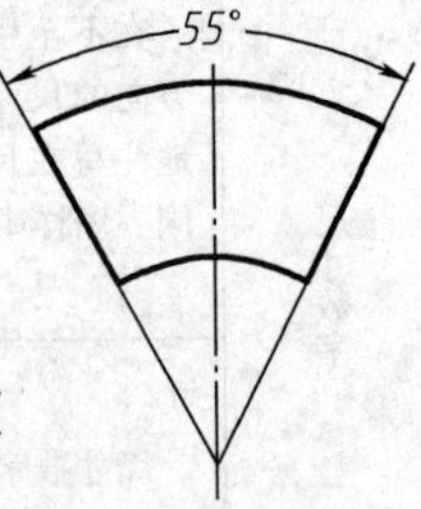
弦长和弧长注法	弦长及弧长的尺寸界线应平行于该弦的垂直平分线。当弧度较大时，可沿径向引出。弦长的尺寸线应与该弦平行。弧长的尺寸线用圆弧，尺寸数字上方应加注符号"⌒"	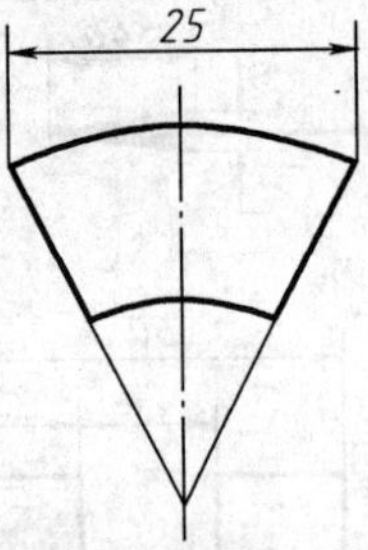 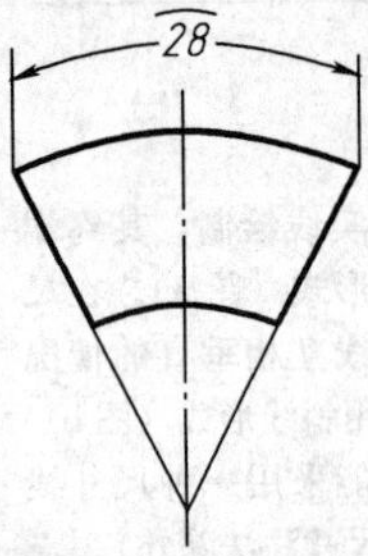 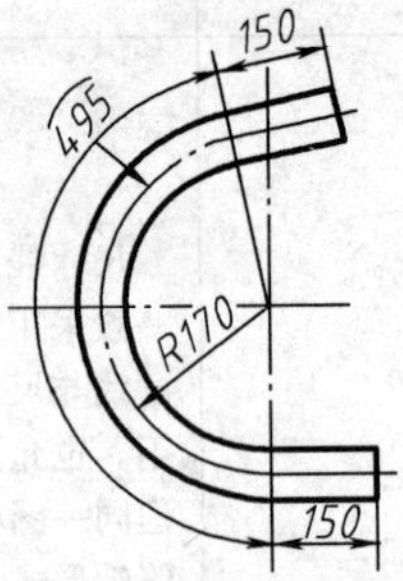
直径与半径注法	圆的直径和圆弧半径的尺寸线终端应采用箭头形式。标注直径尺寸时，应在尺寸数字前加注符号"ϕ"；标注半径尺寸时，应在尺寸数字前加注符号"R"	  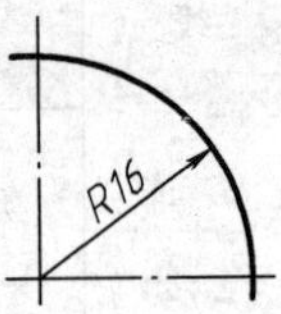
直径与半径注法	标注球面直径或半径尺寸时，应在符号"ϕ"或"R"前再加注符号"S"，如图 a 所示 在不致引起误解时，也可允许省略符号"S"，如图 b 所示	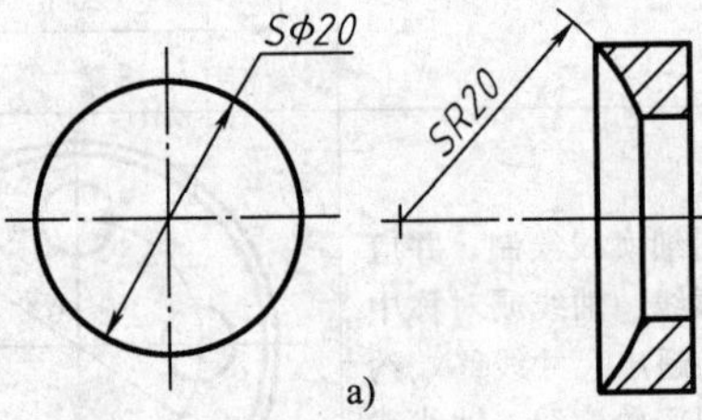 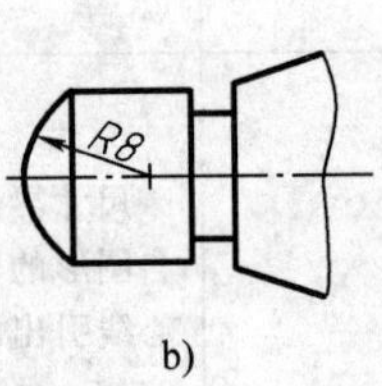
	当圆弧的半径过大或在图样范围内无法标出其圆心位置时，可按图 c 标注。若不需要标出其圆心位置时，可按图 d 标注	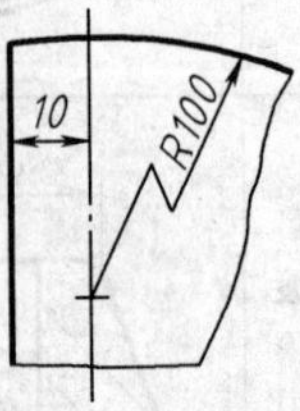 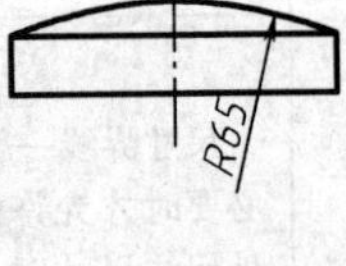

（续）

项 目	说 明	图 例
小尺寸的注法	在没有足够的位置画箭头或写数字时，可按右图形式标注	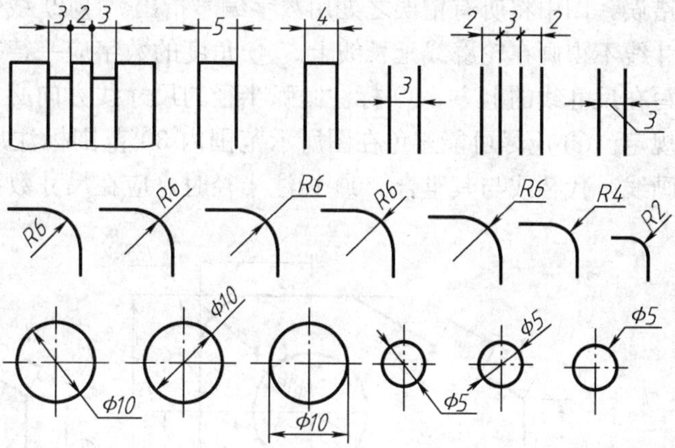 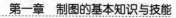
薄板厚度注法	标注薄板零件的厚度尺寸时，可在尺寸数字前加注符号"t"	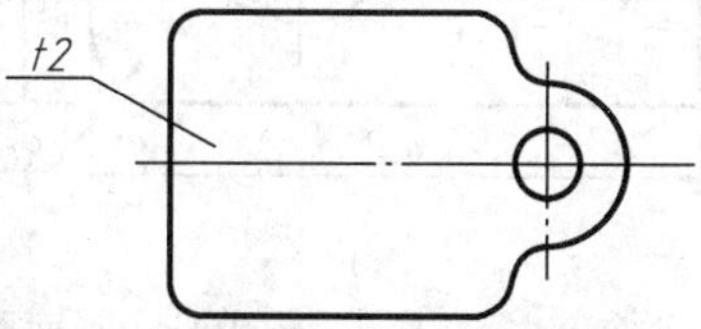
正方形结构注法	标注剖面为正方形结构的尺寸时，可在正方形边长尺寸数字前加注符号"□"，或用"$B \times B$"代替（B为正方形的边长）	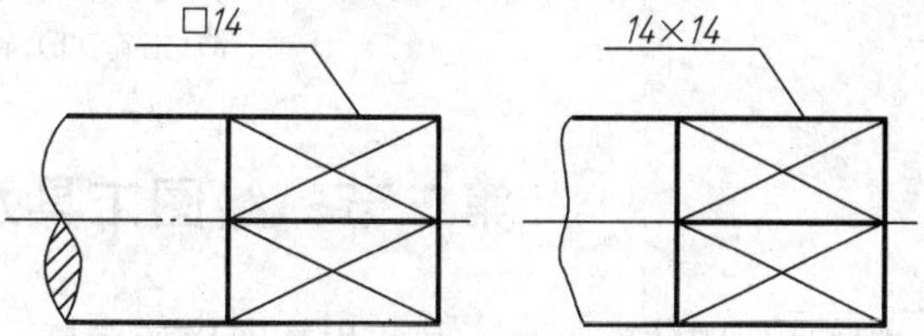
对称图形注法	当图形具有对称中心线时，分布在对称中心线两边的相同结构，可仅标注其中一边的尺寸（图a） 当对称图形只画出一半或略大于一半时，尺寸线应略超过对称中心线或断裂处的边界线，并且只在有尺寸界线的一端画出箭头（图b）	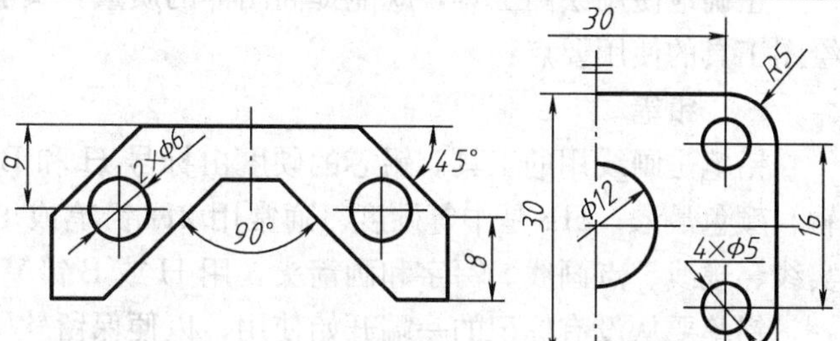 a) b)
均布孔的尺寸注法	均匀分布的相同要素（如孔）的尺寸可按右图标注。当孔的定位和分布情况在图形中已明确时，可省略其定位尺寸和"均布"两字，均布用符号表示为EQS	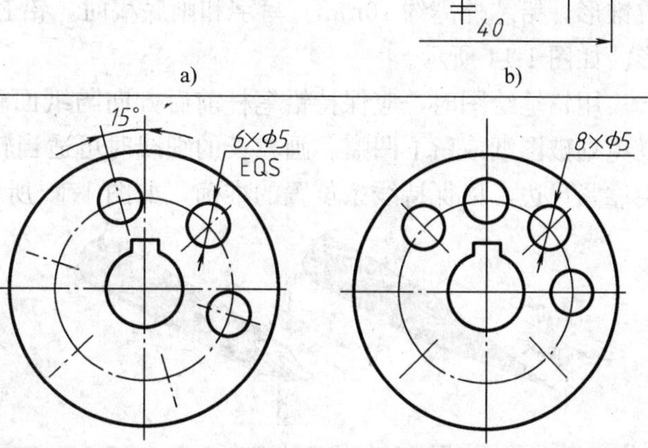

标注尺寸时，必须符合上述各项规定。如图 1-13 所示为一平面图形的尺寸标注的正误对比。图 1-13a 所示的尺寸标注是正确的；图 1-13b 所示的尺寸标注是初学者经常容易犯的错误，图中将所有错误之处用数字编号指出。①② 线性尺寸数字的方向不符合规定。③ 尺寸线不得画在轮廓线延长线上。④ 角度的数字应一律写成水平方向。⑤ 线性尺寸的数字注写在尺寸线的上方。⑥ 标注圆弧半径的尺寸线方向必须通过圆心。⑦ 尺寸数字的方向不符规定。⑧ 应尽可能避免在图所示范围内 30°范围标注尺寸。⑨ 尺寸线不能用其他图线（点画线）代替或与其重合。⑩ 标注半径时，应在尺寸数字前加注符号"R"。

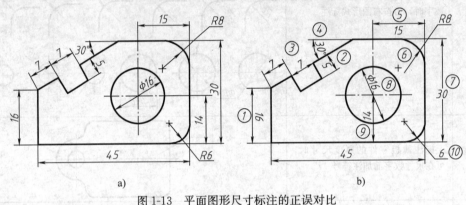

a)　　　　　　　　　　b)

图 1-13　平面图形尺寸标注的正误对比

a）正确　b）错误

第二节　绘图工具及其使用方法

正确地使用绘图工具，既能提高图样的质量，又能提高画图的速度。下面介绍几种常用绘图工具的使用要点：

一、铅笔

铅笔是画线用的工具。铅芯的硬度由标号 H 和 B 来识别。6H 最硬、颜色最浅；6B 最软、颜色最浓；HB 是中等硬度。通常用 2H 铅笔或 H 铅笔画底稿，用 H 或 HB 铅笔画细实线、虚线、点画线、写字和画箭头，用 H 或 B 铅笔画粗实线。

铅笔要从没有标记的一端开始使用，以便保留软硬的标记供使用时识别，把木质部分削成锥形，铅芯外露约 10mm。写字和画底稿时，铅芯磨成锥形。加深图线时，也可以磨成楔形。如图 1-14 所示。

用铅笔绘图时，应保持铅笔杆前后方向与纸面垂直，用力要轻重均匀，不宜用力过大，以免划破图纸或留下凹痕。画较长的细线时可适当转动铅笔，使线条粗细一致。尽量使铅笔尖靠紧尺边，以保持线条位置的准确，如图 1-15 所示。

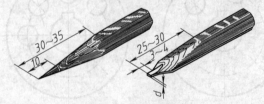

图 1-14　铅笔的削法

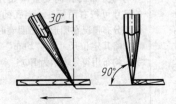

图 1-15　铅笔的用法

二、图板与丁字尺

图板是铺放图纸的木板，它的表面必须保持平坦光滑。它的左边称为导边，必须平直。常用的图板有 A0、A1、A2 三种型号。

丁字尺是画水平线用的长尺，与图板的导边配合使用。用来画线的一侧称为工作边，必须平直光滑。

画图前，先固定图纸。方法是：在图纸下留出足够放置丁字尺的位置（60～100mm），用丁字尺工作边对齐纸边，然后用胶纸把图纸固定在图板上。使用丁字尺时，左手握住尺头，使尺头内侧紧靠图板导边，作上下移动，右手执笔，沿工作边自左至右画线。如画较长的横线时，左手可按牢尺身，如图 1-16 所示。

不许把尺头靠在图板的上边、下边或右边来画竖线和横线，不许用尺身下边画线，如图 1-17b 所示，这样不能保证直线方向的准确性。

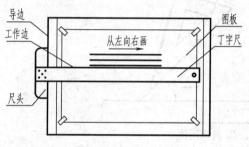

图 1-16　图板和丁字尺

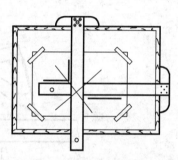

图 1-17　丁字尺的错误用法

丁字尺保护得不好，会严重影响作图的准确度。因此必须细心保管丁字尺，不要用尺头敲钉子、挂书包，也不要用裁纸刀靠着工作边裁纸。

三、三角板

三角板和丁字尺配合使用，可画出 90°的竖直线和 15°、30°、45°、60°、75°的斜线。

图样上所有的 90°竖线都应按图 1-18 所示方法画出。先把丁字尺尺头紧靠在图板导边上，把三角尺放在要画的竖线右侧，沿丁字尺工作边滑移到指定的位置，然后使铅笔沿三角尺的竖边由下向上画线。

图 1-19 所示是利用 30°-60°三角尺画 30°、60°斜线和分圆周为六等分的方法。利用这一块三角板还可以分圆周为 12 等分。

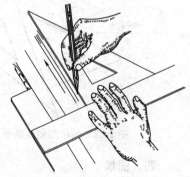

图 1-18　画竖向直线

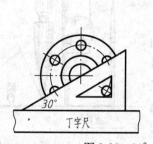

图 1-19　30°-60°三角板用法

图 1-20 所示是利用 45°三角板画 45°斜线和分圆周为八等分的方法。图 1-21 所示是 15°和 75°斜线的画法。利用一对三角板还可以画已知斜线的平行线和垂直线，如图 1-22、图 1-23 所示。

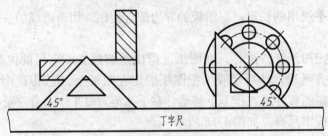

图 1-20　45°三角板用法

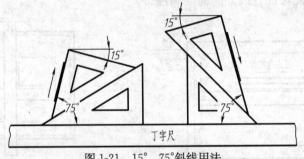

图 1-21　15°、75°斜线用法

图 1-22　画已知斜线的平行线

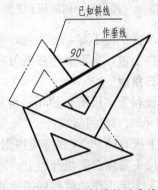

图 1-23　画已知斜线的垂直线

四、圆规

圆规是画圆或圆弧的工具。把铅芯插腿换成直线笔插腿可用于上墨，换成尖插腿还可以作分规用。

圆规的针尖应略长于铅芯或直线笔尖，如图 1-24 所示，这样才能画小圆。铅芯应磨成凿形，并使斜面向外，以便修磨。描粗时，圆规的铅芯应比画直线的铅笔软一号（如 HB 铅笔描直线，则应用 B 铅芯装圆规），这样画出的直线和圆弧色调深浅才一致。

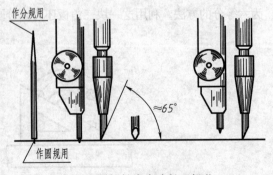

图 1-24　圆规针尖应略长于铅芯

画圆时，圆规的调整方法，用右手的食指和中指夹住圆规的一条支腿，用无名指和小指夹住其另一条支腿，就可以使圆规的两条支腿张开或并拢。量取半径后，右手拿着圆规，左手食指将针尖送到圆心位置，轻轻插进圆心，如图 1-25a 所示，用右手拇指和食指捏住圆规手柄，顺时针转动圆规作圆，如图 1-25b 所示。画圆周时，一般从左边落笔。

画较大的圆时，应使圆规两脚大致与纸面垂直，如图 1-26 所示。画更大的圆时，可接上延长杆，如图 1-27 所示。

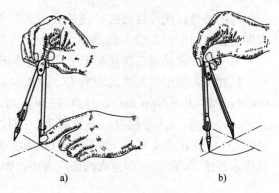

图 1-25　用圆规画圆

a) 将针尖扎入圆心　b) 圆规向画线方向倾斜

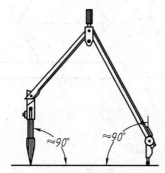

图 1-26　画大圆时圆规两脚应垂直于纸面

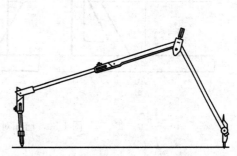

图 1-27　加接延长杆用双手画较大半径的圆

第三节　几何作图

机械图样上的图形，都是由各种类型的线（直线、圆弧或曲线）组成的平面图形。熟练掌握平面图形的画法，有助于提高绘图速度和保证作图的准确性。下面介绍在制图时经常见到的几种平面图形的画法。

一、等分线段与作正多边形

1. 等分已知线段

图 1-28 所示为等分已知直线线段的一般作图法。如欲将已知直线线段 AB 五等分，则可过其中一个端点 A 任作一直线 AC，用分规以任意相等的距离在 AC 上量得 1、2、3、4、5 五个等分点，如图 1-28a 所示，然后连接点 5 和点 B，并过各等分点作 $5B$ 的平行线，即得 AB 上的各等分点。

2. 正多边形

（1）正六边形　以正六边形对角线的长度为直径作出外接圆。根据正六边形边长与外接圆半

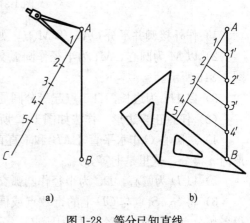

a)　　　　　　b)

图 1-28　等分已知直线

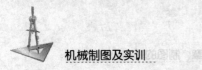

径相等的特性，用外接圆的半径等分圆周得六个等分点，连接各等分点即得正六边形，如图1-29所示。

另一种方法是用三角板和丁字尺直接作正六边形。

已知正六边形对角线的距离D，过正六边形的中心O画出其对称中心线，取O1＝O4＝D/2，过点1、4作与水平成60°的斜线，如图1-30a所示。将三角板翻身，画另两条60°斜线，再使三角板的斜边通过中心O，作出点2和5，如图1-30b所示。再过点2和5用丁字尺直接作水平线23和56，即完成该正六边形，如图1-30c所示。

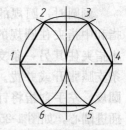

图1-29 正六边形画法

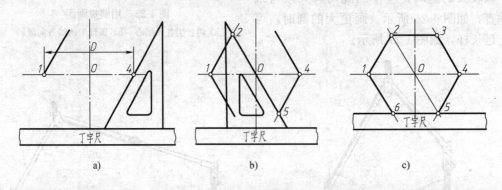

a)   b)   c)

图1-30 已知对角线距离D作正六边形

（2）正五边形 作法如图1-31所示：

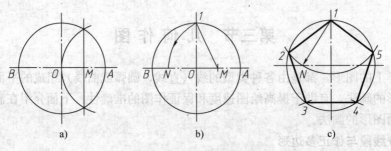

a)   b)   c)

图1-31 正五边形画法

1）作外接圆并平分OA，得M点，如图1-31a所示。

2）以M为圆心，M1为半径作圆弧交OB于N点，线段1N即为正五边形的边长，如图1-31b所示。

3）以1N为边长，自1点起等分圆周，并顺次连接成正五边形，如图1-31c所示。

（3）任意正多边形 作法如图1-32所示：

1）过圆心O作水平直径AB和垂直直径CD，等分直径CD，如图1-32a所示（作n边形时n等分，这里是七等分）。

2）以D为圆心，DC为半径作圆弧交AB的延长线于S和S_1点，如图1-32b所示。

3）将S、S_1点与CD上的奇数点或偶数（如2、4、6点等）连接，并延长与圆周相交得各等分点，顺次连接各点即为所求正多边形，如图1-32c所示。

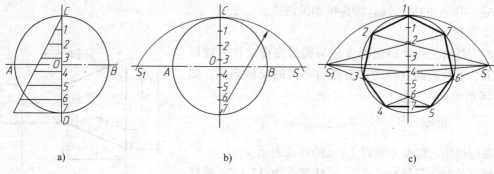

图 1-32　任意正多边形画法

二、斜度和锥度

1. 斜度

斜度是指一直线或平面对另一直线或平面的倾斜程度。斜度以两直线（或平面）夹角的正切函数表示。如图 1-33 所示，BC 对 AB 的斜度是：

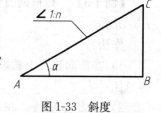

图 1-33　斜度

$$斜度 = \frac{BC}{AB} = \tan\alpha = 1:n$$

在图样中，斜度常以 $1:n$ 的形式表示。

斜度的标注符号为"$\angle$"，标注形式为 $\angle 1:n$。斜度符号方向应与倾斜线的方向一致。

【例 1-1】　过点 A 作直线 AC，使其对横向直线的斜度为 $1:5$，如图 1-34 所示。

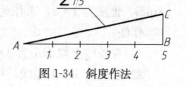

图 1-34　斜度作法

作法：

1）以任意长度 A_1 为单位长度，在横向直线截取 5 个单位长度得点 B。

2）过 B 点作 AB 的垂线，并在其上截取一个单位长度得点 C。

3）连接 AC 即为所求。

【例 1-2】　作槽钢的斜边，如图 1-35a 所示。

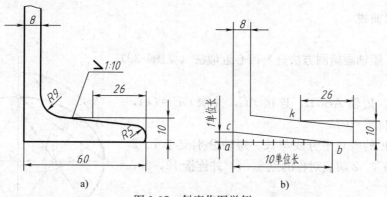

图 1-35　斜度作图举例

作法如图 1-35b 所示。从左下角 a 起，在横线上取 10 个单位长度得点 b；在竖线上取 1 个单位长度得点 c；两点的连线 bc 与底边的斜度即为 $1:10$。然后过已知点 k（由尺寸 10 和

26 确定）作 bc 的平行线，即为槽钢的斜边。

2. 锥度

锥度是指正圆锥的底圆直径与圆锥高度之比，或以锥台上、下两底圆直径的差与锥台高度的比值表示。如图 1-36 所示。

$$锥度 = \frac{D}{L} = \frac{D-d}{l} = 2\tan\alpha = 1 : n$$

在图样中，锥度亦常以 $1 : n$ 的形式表示。

锥度的标注符号为"◁"，标注形式为◁$1 : 6$。锥度符号的方向应和圆锥的方向一致。

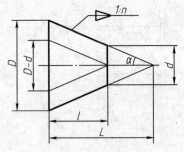

图 1-36　锥度

【例 1-3】　以横向直线为轴线，作锥度 $1 : 3$，如图 1-37 所示。

作法：

1）在横向直线上截取 3 个单位长度（例如 30mm），得 AB。

2）过 B 作垂线，在垂线上向上和向下各截取 $1/2$ 个单位长度（例如 5mm），得 D 和 C 两点。

3）连 AC 和 AD 即得 $1 : 3$ 的锥度。

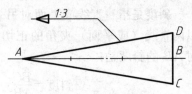

图 1-37　锥度作图

【例 1-4】　已知圆台大端直径为 18mm，高为 28mm，锥度为 $1 : 3$，求作此圆台，如图 1-38 所示。

作法：

1）在轴线上取 BA 为 3 个单位长度。

2）过 B 作 BA 的垂线，并取 BD，BC 各为 $1/2$ 单位长度。

3）连 AD、AC。

4）过已知点 E 和 F（由 18 定位）分别作 AC 和 AD 的平行线，与右锥底（由 28 定位）相交，即为所求圆台的轮廓线。

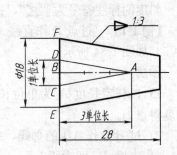

图 1-38　锥度作图举例

三、平面曲线

1. 椭圆

根据长、短轴画椭圆方法——四心近似法（见图1-39）

作法：

1）画长、短轴 $ABCD$，连接 AC，并取 $OE = OA$，再在 AC 上取 $CF = CE$。

2）作 AF 的垂直平分线与长、短轴分别交于 1、2 两点，作出与 1、2 两点对称的点 3、4，并连接 12、23、34 和 41。

3）分别以 1、3 为圆心，$1A$（或 $3B$）为半径作圆弧；再分别以 2、4 为圆心，以 $2C$（或 $4D$）为半径作圆弧，这四个圆弧相交于 K、K_1、N、N_1 点而构成一近似椭圆。

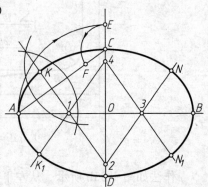

图 1-39　四心近似法作椭圆

2. 渐开线

一直线沿一圆周作无滑动的纯滚动，则直线上任一点的轨迹即为圆的渐开线，已知圆称为基圆。如图 1-40 所示，作图步骤如下：

1）先作基圆，并将其展开成直线 AB（长度为 πD），再将圆周及直线 AB 分为相同等份（如 12 等份）。

2）过圆周上各等分点按同一旋向作圆的切线，并在每条切线上自等分点起截取线段，使其长度依次等于直线 AB 的 $\frac{1}{12}$、$\frac{2}{12}$、…、$\frac{12}{12}$，分别

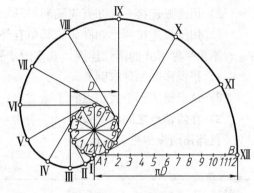

图 1-40 渐开线的画法

得到Ⅰ、Ⅱ、…、Ⅻ共 12 个点，用曲线板依次光滑连接各点即得所求渐开线。

四、圆弧连接

绘制图样时，常常遇到一条曲线（直线或圆弧）圆滑地过渡到另一条线的情况，这种圆滑过渡，称为圆弧连接。

圆弧连接实质上就是作圆弧与直线相切、或圆弧与圆弧相切。圆弧连接是否圆滑，关键在于正确找出连接弧的圆心和连接点（切点）。

1. 圆弧连接的作图原理：

（1）两直线间的圆弧连接 半径为 R 的圆弧，其圆心轨迹是一条与已知直线平行，且距离为 R 的直线，如图 1-41 所示。从圆心 O 向已知直线所作垂线的垂足 A 即为连接点（切点）。

（2）直线和圆弧及两圆弧之间的圆弧连接 已知圆弧（圆心为 O_1，半径为 R_1）连接、半径为 R 的圆弧，其圆心轨迹为已知圆弧同心圆。该圆的半径 O_1O 要根据连接情况而定：

1）圆弧外接时如图 1-42a 所示，$O_1O=R_1+R$。

2）两圆弧内接时如图 1-42b 所示，$O_1O=|R_1-R|$。

两圆心的连线或其延长线与已知圆弧的交点即为连接点。

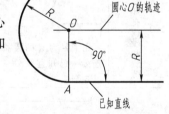

图 1-41 圆弧与直线连接

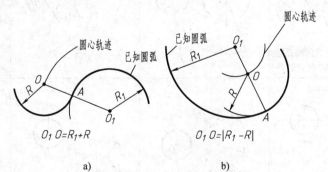

图 1-42 圆弧与圆弧连接
a）外接 b）内接

2. 圆弧连接的几种形式

1）用圆弧连接两已知直线。

2）用圆弧连接一已知直线段和一已知圆弧。

3）用圆弧连接两已知圆弧。其中有外接、内接和内外接。

不论哪种形式的圆弧连接，其作图步骤都是：

1）根据作图原理求圆心。

2）从求得的圆心找切点。

3）在两切点之间画圆弧。

具体作图步骤见表1-6。

表1-6　圆弧连接

连接形式	例　题	作图步骤		
		求　圆　心	找　切　点	画　圆　弧
用圆弧连接两已知直线段	用半径为 R 的圆弧连接相交的两直线			
用圆弧连接已知直线段和圆弧	用半径为 R 的圆弧连接一已知直线和一已知圆弧			
用圆弧连接两已知圆弧	作半径为 R 的圆弧同时内切于两已知圆弧			
	作半径为 R 的圆弧内切于一已知圆弧并外切于另一已知圆弧			

第四节　平面图形的尺寸注法及线段分析

一、平面图形的尺寸分析

1. 尺寸基准

定位尺寸的起点称基准。常用的尺寸基准有：圆和圆弧的中心线、对称图形的对称中心线、图形的底线及边线等。平面图形的尺寸基准一般是水平和竖直的两条互相垂直的直线。图 1-43 所示的底线及右边边线分别为定位尺寸50 和 80 的基准。

2. 定形尺寸

定形尺寸是指确定单一几何要素形状大小的尺寸，如图 1-43 中的尺寸 $\phi15$、$\phi30$、$R30$、$R50$、90 和 10。确定几何图形所需定形尺寸的个数通常是一定的，如直线段的定形尺寸是长度，圆及圆弧的定形尺寸是直径和半径，角度的大小和矩形的定形尺寸是长和宽。

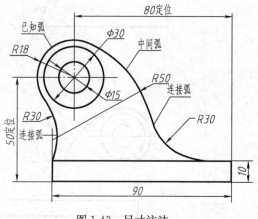

图 1-43　尺寸注法

3. 定位尺寸

定位尺寸是指确定图形各部分之间的相对位置的尺寸。确定平面图形的位置需要两个方向（水平和竖直）的定位尺寸，如图 1-43 中的尺寸 80、50 和 90。

二、平面图形的线段分析

平面图形常由很多线段连接而成，要画平面图形，就应对这些线段加以分析。

平面图形的线段可以分为已知线段、中间线段、连接线段三类。

1. 已知线段

定形尺寸、定位尺寸齐全的线段称为已知线段。画该类线段可按尺寸直接作图，如图 1-43 中的尺寸 $\phi15$、$\phi30$、$R18$、90、10。

2. 中间线段

定形尺寸齐全但缺少一个定位尺寸，必须依靠一端与另一端线段而画出的线段，称为中间线段。该类线段应根据其与相邻已知线段几何关系，通过几何作图确定所缺的定位尺寸才能画出，如图 1-43 中的尺寸 $R50$。

3. 连接线段

只有定形尺寸而没有定位尺寸的线段称为连接线段。该类线段应根据与其相邻两线段间的几何关系，通过几何作图的方法画出，如图 1-43 中 $R30$ 圆弧。

三、平面图形的作图步骤

对平面图形的尺寸和线段分析清楚后，可按下列步骤作图，如图 1-44 所示。

1）画出定位线，并根据定位尺寸画出位置线。

2）画出各已知线段。

3）画出中间线段。

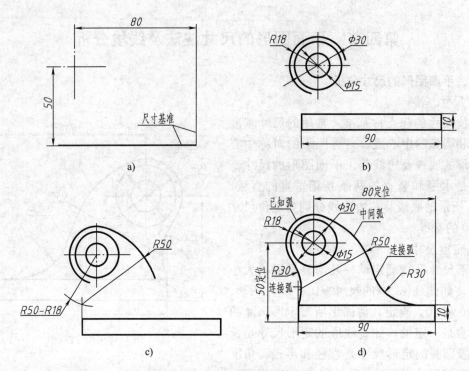

图 1-44 平面图形的作图步骤

a) 画出定位线、位置线 b) 画已知线段 c) 画中间线段 d) 画连接线段

4) 画出连接线段。

5) 整理并检查全图后,加深相关图线,结果如图 1-44 所示。

6) 标注尺寸。

第五节 绘图的方法和步骤

1. 画图前的准备工作

准备好所用的绘图工具和仪器,并将其擦拭干净。安排好工作地点,使光线从图板的左前方射入,将所需工具放置在绘图方便之处。为使图纸贴平整,固定图纸一般按对角线方向顺次固定。当图纸较小时,应将图纸固定在图板左下方。为使丁字尺移动和画图方便,图纸底边与图板下边的距离应稍大于丁字尺宽度。

2. 画底稿的方法和步骤

用铅笔画底稿图时,要用较硬的铅笔(如 2H 或 H)仔细轻轻地画出,做到图线大致分明。

画底稿的步骤是:先画图框、标题栏,后画图形。

画图时,应注意选择适当的比例,作好整体布置。先作基准线(如轴线、对称线、较长的直线等),再画主要轮廓线,然后画细部。画好底稿后,进行校核,擦去多余的线条。

3. 图样加深的方法和步骤。

用铅笔加深时常用 HB 或 B 的铅笔,圆规的铅芯要比铅笔软一级(用 B 或 2B)。加深粗实线可分以下几个阶段：

1）加深所有的圆及圆弧。

2）用丁字尺由上到下加深所有的水平线。

3）用丁字尺配合三角板从左到右加深所有的垂直线。

4）加深斜线。

再按上述顺序加深所有的虚线，然后加深所有的点画线和剖面线。最后绘制尺寸界线、尺寸线及箭头，注写尺寸数字及其他文字说明，填写标题栏。加深完毕后仔细检查一遍，如确认无错误，在标题栏中签上绘图者的姓名和绘图日期。

小　　结

通过本章的学习，我们必须树立标准化的概念。应掌握《技术制图》和《机械制图》国家标准中关于图幅、图框格式、常用比例、书写要求及字形、图线宽的有关规定。正确、熟练地使用绘图工具和用品，养成良好的绘图习惯。作圆弧连接时，应能准确地求出切点及圆心。绘制平面图形时，掌握直线与圆相切的几何关系，能准确地求出切点及圆心，能准确地对平面图形进行尺寸和线段分析，正确选择基准，完整的标注定位及定形尺寸，拟定正确的作图步骤。按照国家标准的有关规定，绘制出较高质量的机械图样。本章的学习和训练过程，也是培养能力和提高素质的过程。

思　考　题

1. 图纸幅面的代号有哪几种？其基本尺寸分别是多少？不同幅面代号的图纸的边长之间有何规律？

2. 在图样中书写的字体，必须做到哪些要求？字体的号数说明什么？有哪 8 种字号？各个字号的长仿宋字的高与宽之间有什么关系？

3. 8 种图线的名称是什么？如果粗实线的宽度 $b=1mm$，那么细实线、虚线、细点画线以及粗点画线的宽度各是多少毫米？

4. 尺寸的四要素是什么？在标注尺寸时要注意什么问题？

5. 什么是斜度？什么是锥度？怎么做出已知的斜度和锥度？

6. 什么是平面图形的尺寸基准、定形尺寸和定位尺寸？通常按哪几个步骤标注平面图形的尺寸？

第二章 投影的基本知识

【内容提要】
学习本章的主要目的是初步了解机械工程图样的绘制原理和方法。

【教学要求】
1. 了解投影法。
2. 掌握三视图的形成和规律。

第一节 投 影 法

一、投影法的基本概念

当太阳光或灯光照射物体时，在墙上或地面上会出现物体的影子，这就是我们在日常生活中所见到的投影现象。人们将这些现象进行科学地总结和抽象，提出了投影法的概念。

如图 2-1 所示，设光源 S 为投射中心，平面 P 为投影面，在光源 S 和平面 P 之间有一空间点 A，连接 SA 并延长，与 P 平面相交于点 a，形成 SAa 投射线，a 即为空间点 A 在投影面 P 上的投影。Sa 称为投射方向。这种使物体在投影面上产生图像的方法称为投影法。由于一条平面外直线只能与平面相交于一点，因此当投射方向和投影面确定以后，点在该投影面上的投影是唯一的。但是，已知点的一个投影并不能确定空间点的位置，如已知投影 b 点，在 Sb 投射线上的 B_1、B_2、B_3 等点的投影都重合为 b 点。

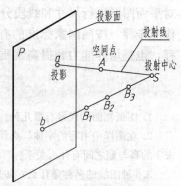

图 2-1 投影方法

二、投影法的种类

投影法分为两类：中心投影法和平行投影法。

1. 中心投影法

投射线汇交于一点的投影法，称为中心投影法，用这种方法所获得的投影称为中心投影，如图 2-2 所示。

2. 平行投影法

投射线互相平行的投影法，称为平行投影法。

（1）斜投影法 投射方向（或投射线）倾斜于投影面的投影方法称为斜投影法，如图2-3a 所示。

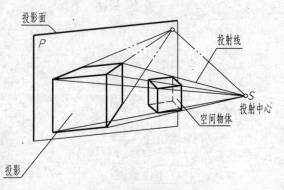

图 2-2 中心投影法

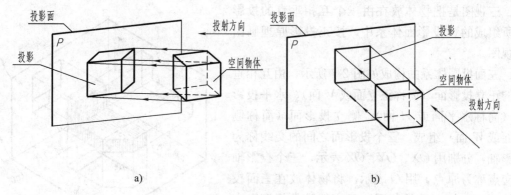

图 2-3　平行投影法

a）斜投影法　b）正投影法

（2）正投影法　投射线互相平行并垂直于投影面的投影方法称为正投影法，所得到的投影称为正投影或正投影图，可简称为投影，如图 2-3b 所示。

第二节　三视图的形成及投影规律

一、视图的基本概念

用正投影法绘制出物体的投影图称为视图。

用正投影原理绘制物体的视图时，相当于人的视线沿正投射方向观察物体，将看到的形状画在投影面上。人的视线相当于正投影法中互相平行的投射线，即假设观察者的视线互相平行，并与投影面垂直，如图 2-4 所示。

二、三视图的形成

如图 2-5 所示，视图只能反映物体的长度和高度，不能反映物体的宽度，因此，一般情况下

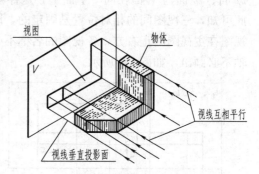

图 2-4　视图的基本概念

一个视图不能完全确定物体的形状。如图 2-6 所示，两个立体的形状不同，但视图相同。为此，我们可以设立多投影面（常用三个投影面），然后从物体的三个方向进行观察，这样就可以在三个投影面上画出三个视图，用以表达物体的形状。

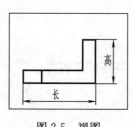

图 2-5　视图

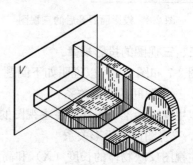

图 2-6　一个视图不能确定机件的形状

三视图是把物体放在由三个互相垂直的投影面所组成的三投影面体系中，按正投影原理画出的视图。

三面投影体系的构成如图 2-7 所示，由互相垂直的正立投影面（简称正立面或 V 面）、水平投影面（简称水平面或 H 面）、侧立投影面（简称侧立面或 W 面）组成。三个投影面之间的交线称为投影轴，分别用 OX、OY、OZ 表示，三个投影轴的交点称为原点，用 O 表示，将物体放在三面投影体系中，按《技术制图》国家标准的规定，由前向后投影在 V 面上得到的视图，称为主视图；由上向下投影在 H 面上得到的视图，称为俯视图；由左向右投影在 W 面上得到的视图，称为左视图。这三个视图统称为三视图。

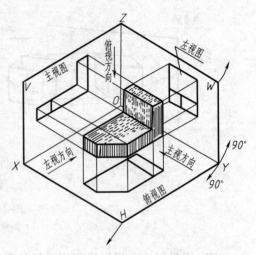

图 2-7　三面投影体系的构成

为了将三视图画在同一平面内，需要将三个投影面展开为一个平面。展开方向如图 2-7 所示，规定 V 面保持不动，将 H 面绕 OX 轴向下旋转 90°，W 面绕 OZ 轴向右旋转 90°，使 H 面、W 面与 V 面在同一平面上，这样就得到如图 2-8 所示的投影面展开后的三视图。由此可知，三视图间的相对位置是固定的，即：主视图定位后，俯视图在主视图的正下方，左视图在主视图的正右方，各视图的名称不必标注。生产实际中画图时，投影面的边框和投影轴不必画出，如图 2-9 所示。

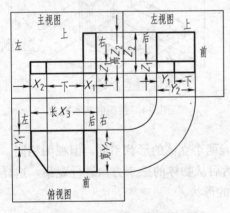

图 2-8　投影面展开后的三视图

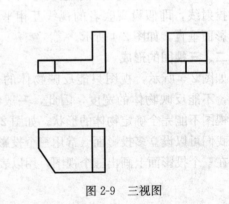

图 2-9　三视图

三、三视图的投影规律

图 2-7 和图 2-8 可以说明如下问题。

1. 三视图间的位置关系

以主视图为准，俯视图在主视图的正下方，左视图在主视图的正右方。

2. 三视图间的投影关系

主视图反映物体的长度（X）和高度（Z）。

俯视图反映物体的长度（X）和宽度（Y）。

左视图反映物体的高度（Z）和宽度（Y）。

因此，三视图之间的投影对应关系为：

1）主视图和俯视图长对正（等长）。

2）主视图和左视图高平齐（等高）。

3）俯视图和左视图宽相等（等宽）。

简单归纳为："长对正、高平齐、宽相等"，人们常常称之为"三等规律"。

3. 视图与物体方位关系

物体有左右、前后、上下六个方位，即物体的长度、宽度和高度。而每一个视图只能反映物体两个方向的位置关系。

1）主视图反映物体的左右和上下，即物体的长和高。

2）俯视图反映物体左右和前后，即物体的长和宽。

3）左视图反映物体的前后和上下，即物体的宽和高。

在物体的六个方位中，在俯视图和左视图中区分物体的前、后方位最容易出错。以主视图为基准，俯、左视图中离主视图远的那一边为物体的前面，靠近主视图的一边是物体的后面。

四、三视图的作图方法与步骤

如图 2-10a 所示，根据物体的模型或立体图画其三视图时，一般的画图步骤如下：

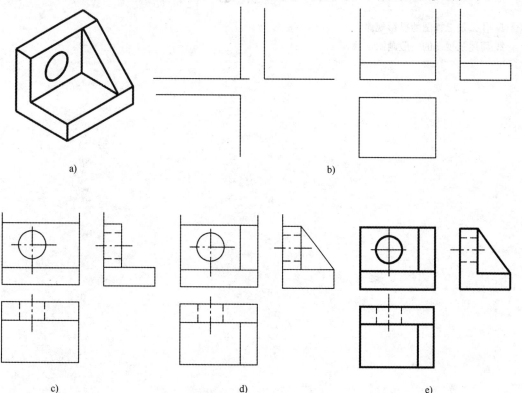

图 2-10　画物体三视图示例

a）轴测图　b）画底板　c）画后方四棱柱竖板　d）画右方三棱柱竖板　e）检查修正，按图线要求描深

1）将物体放正（尽量使平面平行于某投影面）。选择形体特征明显的方向为主视图的投射方向。

2）用点画线和细实线画出各视图的作图基准线。

3）用细实线、虚线，按先大后小、先整体后局部的次序画物体的三视图。

4）底稿图画完后要检查修正错误，清理图面，按图线要求描深。

画物体三视图时，应该将主视图、俯视图和左视图按三视图之间的投影规律同时完成。如图 2-10 所示。

小　结

中心投影法和平行投影法是两种常用的投影方法，在机械制造中主要采用"正投影法"绘制机械图样。因为正投影法作图简便，能反映物体的真实形状，所以在生产中被广泛应用。

三视图的形成是应用正投影原理，从空间 3 个方向观察物体的结果。

三视图的投影规律可归纳为："长对正、高平齐、宽相等"，人们常常称之为"三等规律"。只要是正投影三视图就存在这一规律，在看图和画图时都要遵循。

思　考　题

1. 什么是三视图的投影规律？

2. 简述三视图的一般画图步骤。

第三章 点、直线、平面的投影

【内容提要】

本章主要研究点、线、面的投影及其投影特性和作图方法。

【教学要求】

1. 掌握点在三面体系中的投影规律。
2. 掌握各类直线的投影特性。
3. 掌握各类平面的投影特性。

第一节 点 的 投 影

点是组成立体的最基本的几何元素，常以立体的交点形式出现，现将"点"抽象出来，分析研究其投影规律。

如图 3-1 所示，设立两相互垂直的正投影面（以 V 表示，简称正立面）和水平投影面（以 H 表示，简称水平面），组成两投影面体系。正立面和水平面的交线称为 X 投影轴（简称 X 轴）。两投影面将空间划分为四个分角：第一分角（Ⅰ）、第二分角（Ⅱ）、第三分角（Ⅲ）和第四分角（Ⅳ）。本书只着重讲述第一分角中几何形体的投影。

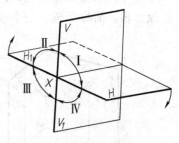

图 3-1 两投影面体系

一、点在两投影面体系中的投影

如图 3-2a 所示，由空间点 A 分别向 V 面和 H 面作垂线，其垂足就是 A 点在 V 面和 H 面上的投影，分别称为正面投影（以 a' 表示）和水平投影（以 a 表示）$^\ominus$。

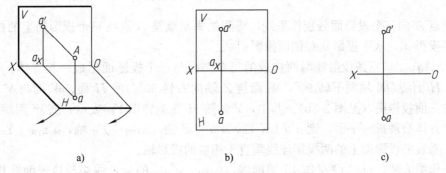

图 3-2 点在两投影面体系中的投影

由于平面 $a'Aa$ 同时垂直于 V 面和 H 面，故四边形 Aaa_xa' 是矩形，所以：$a'a_x = Aa$，

$\ominus$ 规定：空间点用 A、B、C、…等大写字母表示；水平投影用相应的小写字母，如 a、b、c、…等表示；正面投影用相应的小写字母在右上角加一撇，如 a'、b'、c'、…等表示。

$aa_x = Aa'$。即：点 A 的正面投影到 X 轴的距离等于空间点 A 到水平面的距离；点 A 的水平投影到 X 轴的距离等于空间点 A 到正立面的距离。

国家标准规定，V 面保持不动，将 H 面绕 X 轴向下旋转 $90°$ 与 V 面重合为一个平面，此时，a'、a 共线，$a'a \perp X$ 轴，得到点 A 的两面投影图（见图 3-2b），因为投影面可根据需要扩大，所以，实际作图时，不必画出投影面的边界，图 3-2c 即为点 A 的两面投影图。

由此可概括出点的两面投影规律：

1）点的投影连线垂直于投影轴。即 $a'a \perp X$ 轴。

2）点的投影与投影轴间的距离等于该点到相邻投影面的距离。即：$a'a_x = Aa$，$aa_x = Aa'$。

二、点在三投影面体系中的投影

1. 点的三面投影图

如图 3-3a 所示，在两投影面体系上再加上一个与 V、H 均垂直的投影面，它处于侧立位置，称为侧投影面（以 W 表示，简称侧立面），这样，三个互相垂直的 H、V、W 面就组成了一个三投影面体系。H、W 面的交线称为 Y 投影轴，简称 Y 轴；V、W 面的交线称为 Z 投影轴，简称 Z 轴；三个投影轴的交点 O 称为原点。

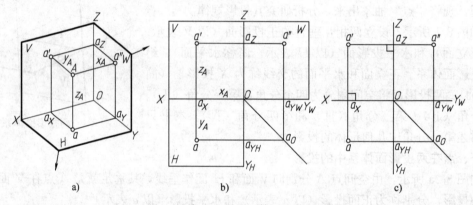

图 3-3　点在三投影面体系中的投影

空间点 A 向三个投影面分别作垂线，得到的垂足就是 A 点在三个投影面上的投影，分别为正面投影 a'，水平投影 a 和侧面投影 a''⊖。

Aa'、Aa、Aa'' 三条投射线两两构成的三个平面与三个投影面形成一长方体。若沿 OY 轴剪开，H 面绕 OX 轴向下转 $90°$，W 面绕 Z 轴向右转 $90°$，使 H 面、W 面与 V 面重合，即得点的三面投影图（见图 3-3b）。其中，Y 轴随 H 面旋转以 Y_H 表示；随 W 面旋转以 Y_W 表示。立方体被展成一平面，则 $a'a \perp X$ 轴，$a'a'' \perp Z$ 轴，$aa_{YH} \perp Y_H$ 轴，$a''a_{YW} \perp Y_W$ 轴。即点在相互垂直的投影面上的两投影连线垂直于相应的投影轴。

为了作图方便，可过 O 点作 $45°$ 辅助线，aa_{YH}，$a''a_{YW}$ 的延长线必与该辅助线相交于一点。在投影图上不必画出投影面的边界。图 3-3c 即为点 A 的三面投影图。

2. 点的直角坐标与三面投影的关系

若把三投影面体系看作空间直角坐标体系，则 V、H、W 面即为坐标面，X、Y、Z 即

⊖　规定：空间点 A、B、C、…等在侧面投影上的投影用相应的小写字母在右上角加两撇表示，如 a''、b''、c''、…等。

为坐标轴，O 点即为坐标原点。由图 3-3 可知：A 点的三个直角坐标 x_A、y_A、z_A 即为 A 点到三个投影面的距离，它们与 A 点的投影 a，a'，a'' 的关系如下：

$$x_A = Oa_x = a'a_z = aa_{YH} = 点 A 到 W 面的距离 Aa''$$

$$y_A = Oa_{YH} = Oa_{YW} = aa_x = a''a_z = 点 A 到 V 面的距离 Aa'$$

$$z_A = Oa_z = a'a_x = a''a_{YW} = 点 A 到 H 面的距离 Aa$$

点 A（x_A，y_A，z_A）在三投影面体系中有唯一的一组投影 a，a'，a''；反之，若已知 A 点的一组投影 a，a'，a''，即可确定该点的空间坐标值。

3. 三投影面体系中点的投影规律

1）点的投影连线垂直于投影轴。

2）点的投影到投影轴的距离等于点的坐标，也就是该点与对应的相邻投影面的距离。

4. 投影面和投影轴上的点

图 3-4 是 V 面上的点 B、H 面上的点 C、X 轴上的点 D 的三面投影图，其投影规律如下：

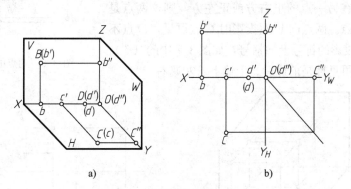

图 3-4 投影面和投影轴上的点

1）投影面上的点有一个坐标为零，在该投影面上的投影与该点重合，另两个投影分别在相应的投影轴上。

2）投影轴上的点有两个坐标为零，在包含这条轴的两个投影面上的投影都与该点重合，另一投影面上的投影与原点重合。

【例 3-1】 已知点 B 的两个投影 b、b'，求出其第三投影 b''（见图 3-5a）。

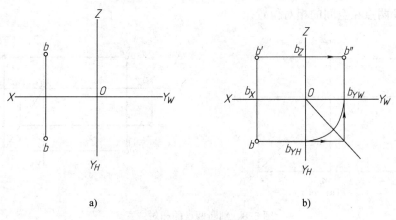

图 3-5 求第三投影

作图：由于 $b'b''$ 连线垂直于 Z 轴，b'' 必在过 b' 且垂直于 Z 轴的直线上；又由于 b'' 到 Z 轴的距离等于 b 到 X 轴的距离，使 $b''b_z$ 等于 bb_x，便可定出 b'' 的位置，如图 3-5b 所示。作图时，可以通过 45°辅助线作出，也可用以 O 为圆心，Ob_{YH} 为半径交 OY_W 于 b_{YW} 作出。

三、两点的相对位置

如图 3-6 所示，两点的正面投影反映其高低、左右的关系；两点的水平投影反映其左右、前后的关系；两点的侧面投影反映其高低、前后的关系。可见，A 点在 B 点的左、前、上方。

如图 3-7 所示，D 点在 C 点的正后方，这两点的正面投影重合，点 C 和点 D 称为对正立面的重影点。同理，若一点在另一点的正下方或正上方，则这两点是对水平面的重影点；若一点在另一点的正右方或正左方，则这两点是对侧立面的重影点。两点向 V 面投影时 C 点可见，D 点不可见，在不可见投影的符号上加括号，如图 3-7 中的 (d')。故对重影点，其可见性是前遮后、上遮下、左遮右。

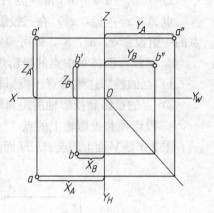

图 3-6 两点的相对位置图

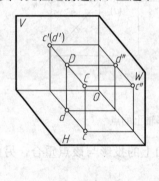

a)

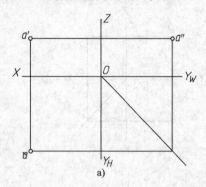

b)

图 3-7 重影点

【例 3-2】 已知点 A 的三面投影图（见图 3-8a），试作点 B（30，10，0）的三面投影，并判断 A、B 两点在空间的相对位置。

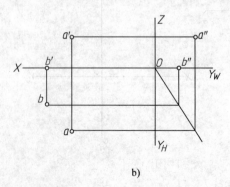

a)   b)

图 3-8 判断两点的相对位置

作图：由于点 B 的 Z 轴坐标等于 0，说明点 B 在 H 面上，点 B 的正面投影 b' 一定在 OX 轴上，侧面投影 b'' 一定在轴 OY_W 上。所以，在 OX 轴上由 O 向左量取 30，得 b'；由 b' 向下作垂线并取 $b'b=10$，得 b。根据作出的 b、b'，即可求出 b''，如图 3-8b 所示。注意：b'' 一定在 OY_W 轴上，而不在 OY_H 轴上。

根据水平投影 a 和 b 的位置，可判断点 A 在点 B 的右方 10mm、前方 10mm；根据正面投影 a' 和 b' 的位置，可判断点 A 在点 B 的上方 10mm。故点 A 在点 B 的右、前、上方各 10mm 处。

第二节 直线的投影

一、直线的投影图

如图 3-9 所示的直线 AB，求作它的三面投影图时，可分别作出两端点 A、B 的投影 (a, a', a'')、(b, b', b'')，然后将其同面投影连接起来，即得直线 AB 的三面投影图（ab，$a'b'$，$a''b''$）。

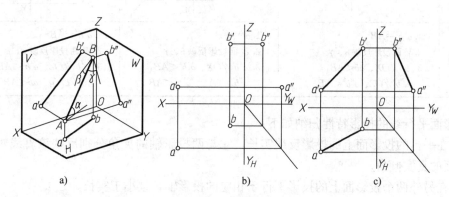

| a) | b) | c) |

图 3-9 直线的投影

二、各类直线的投影

1. 投影面倾斜线

与三个投影面都成倾斜的直线称为投影面倾斜线。如图 3-9 所示，设倾斜线 AB 对 H 面的倾角为 α；对 V 面的倾角为 β；对 W 面的倾角为 γ。直线的三个投影 ab、$a'b'$、$a''b''$ 均小于实长。

倾斜线的投影特性为：三个投影都与投影轴倾斜且都小于实长。各个投影与投影轴的夹角都不反映直线对投影面的倾角。

2. 投影面平行线

平行于一个投影面而与另外两个投影面倾斜的直线称为投影面平行线。平行于 V 面的直线称为正平线；平行于 H 面的直线称为水平线；平行于 W 面的直线称为侧平线。

表 3-1 分别列出了正平线、水平线、侧平线的轴测图、投影图及投影特性。

表 3-1 投影面平行线及投影特性

名 称	正平线（AB//V 面）	水平线（AB//H 面）	侧平线（AB//W 面）
轴测图			
投影图			
投影特性	1. $a'b'=AB$ 2. V 面投影反映 α、γ 3. ab//OX、$ab<AB$， $a''b''$//OZ、$a''b''<AB$	1. $ab=AB$ 2. H 面投影反映 β、γ 3. $a'b'$//OX、$a'b'<AB$， $a''b''$//OY$_w$、$a''b''<AB$	1. $a''b''=AB$ 2. W 面投影反映 α、β 3. $a'b'$//OZ、$a'b'<AB$， ab//OY$_H$、$ab<AB$

投影面平行线的投影特性归纳如下：

1) 在平行的投影面上的投影反映实长，它与两投影轴的夹角分别反映该直线对另外两个投影面的真实倾角。

2) 在另外两个投影面上的投影平行于相应的投影轴，且小于实长。

3. 投影面垂直线

垂直于一个投影面而与另外两个投影面平行的直线称为投影面垂直线。垂直于 V 面的直线称为正垂线；垂直于 H 面的直线称为铅垂线；垂直于 W 面的直线称为侧垂线。

表 3-2 分别列出了正垂线、铅垂线、侧垂线的轴测图、投影图及投影特性。

投影面垂直线的投影特性归纳如下：

1) 在垂直的投影面上的投影积聚为一点。

2) 在另外两个投影面上的投影垂直于相应的投影轴，且反映实长。

表 3-2 投影面垂直线及投影特性

名 称	正垂线（AB⊥V 面）	铅垂线（AB⊥H 面）	侧垂线（AB⊥W 面）
轴测图			

（续）

名　　称	正垂线（$AB \perp V$ 面）	铅垂线（$AB \perp H$ 面）	侧垂线（$AB \perp W$ 面）
投影图	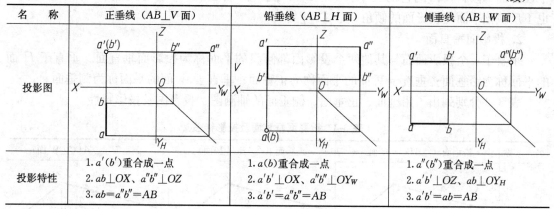		
投影特性	1. $a'(b')$ 重合成一点 2. $ab \perp OX$、$a''b'' \perp OZ$ 3. $ab = a''b'' = AB$	1. $a(b)$ 重合成一点 2. $a'b' \perp OX$、$a''b'' \perp OY_W$ 3. $a'b' = a''b'' = AB$	1. $a''(b'')$ 重合成一点 2. $a'b' \perp OZ$、$ab \perp OY_H$ 3. $a'b' = ab = AB$

第三节　平面的投影

一、平面的表示法

平面通常用确定该平面的点、直线或平面图形等几何元素的投影表示，如图 3-10 所示。

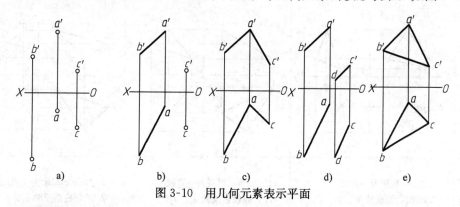

图 3-10　用几何元素表示平面

二、各类平面的投影

1. 投影面倾斜面

与三个投影面都处于倾斜位置的平面称为投影面倾斜面。如图 3-11 所示，$\triangle ABC$ 与三

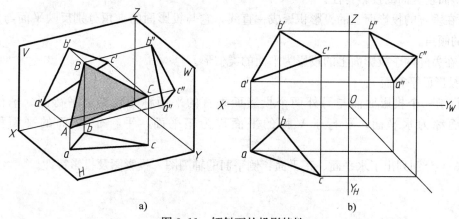

图 3-11　倾斜面的投影特性

个投影面都倾斜，因此它的三个投影△abc、△a'b'c'、△a"b"c"均为类似形，不反映实形，也不反映该平面与投影面的倾角 α_1、β_1、γ_1。

2. 投影面垂直面

垂直于一个投影面而与其他两个投影面都倾斜的平面称为投影面垂直面。垂直于 H 面的平面称为铅垂面；垂直于 V 面的平面称为正垂面；垂直于 W 面的平面称为侧垂面。

表 3-3 分别列出了铅垂面、正垂面、侧垂面的轴测图、投影图及投影特性。

表 3-3　投影面垂直面及投影特性

名　　称	铅垂面（△ABC⊥H 面）	正垂面（△ABC⊥V 面）	侧垂面（△ABC⊥W 面）
轴测图			
投影图			
投影特性	1.△abc 积聚为一直线 2.H 面投影反映 β_1、γ_1 3.△a'b'c'、△a"b"c" 为类似形	1.△a'b'c' 积聚为一直线 2.V 面投影反映 α_1、γ_1 3.△abc、△a"b"c" 为类似形	1.△a"b"c" 积聚为一直线 2.W 面投影反映 α_1、β_1 3.△a'b'c'、△abc 为类似形

投影面垂直面的投影特性：

1）在垂直的投影面上的投影积聚成一直线，它与投影面的夹角分别反映平面与另两个投影面的倾角。

2）在另外两个投影面上的投影为平面的类似形。

3. 投影面平行面

平行于一个投影面而与另外两个投影面垂直的平面称为投影面平行面。平行于 H 面的平面称为水平面；平行于 V 面的平面称为正平面；平行于 W 面的平面称为侧平面。

表 3-4 分别列出了水平面、正平面、侧平面的轴测图、投影图及投影特性。

表 3-4 投影面平行面及投影特性

名 称	水平面（△ABC//H 面）	正平面（△ABC//V 面）	侧平面（△ABC//W 面）
轴测图			
投影图			
投影特性	1. △abc=△ABC 2. a'b'c' 与 a"b"c" 具有积聚性 3. a'b'c' //OX、a"b"c" //OY_W	1. △a'b'c'=△ABC 2. abc 与 a"b"c" 具有积聚性 3. abc//OX、a"b"c" //OZ	1. △a"b"c"=△ABC 2. a'b'c' 与 abc 具有积聚性 3. a'b'c' //OZ、abc//OY_H

投影面平行面的投影特性：

1）在平行的投影面上的投影反映实形。

2）在另外两个投影面上的投影分别积聚成直线，并平行于相应的投影轴。

三、平面上的点和直线

在平面的投影图中，取平面内的点和直线，必须有以下几何条件：

1）在平面内取点，必须取在此平面内的一条直线上。

2）在平面内取直线，必须过平面内的两个已知点；或者过平面内的一个已知点，且平行于此平面内的另一条直线。

【例3-3】 已知平面 $ABCD$ 的两面投影图，如图 3-12a 所示。1）判别 K 点是否在平面上。2）已知平面上一点 E 的正面投影 e'，作出其水平投影 e。

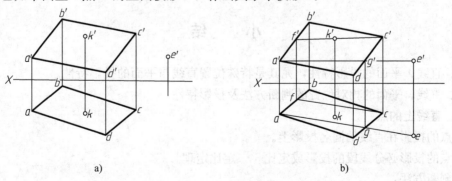

a)　　　　　　　　　　　　　　b)

图 3-12 平面上的点

作图：如图 3-12b 所示。

1）连接 c'、k' 并延长与 $a'b'$ 交于 f'，由 $c'f'$ 求出其水平投影 cf，则 CF 是平面 $ABCD$ 上一条直线，如 K 点在 CF 上，则 k、k' 应分别在 cf、$c'f'$ 上。从作图中得知 k 不在 cf 上，所以 K 点不在平面上。

2）连接 a'、e' 与 $c'd'$ 交于 g'，由 $a'g'$ 求出水平投影 ag，则 AG 是平面上的一条直线，如 E 点在平面上，则 E 应在 AG 上，所以 e 应在 ag 上，因此过 e' 作投影连线与 ag 延长线的交点 e 即为所求 E 点的水平投影。

由此可见，即使点的两个投影都在平面图形的投影轮廓线范围内，该点也不一定在平面上。即使一点的两个投影都在平面图形的投影轮廓线范围外，该点也不一定不在平面上。

【例 3-4】 已知在平行四边形 $ABCD$ 上开一燕尾槽 I II III IV，要求根据其正面投影作出其水平投影（见图 3-13a）。

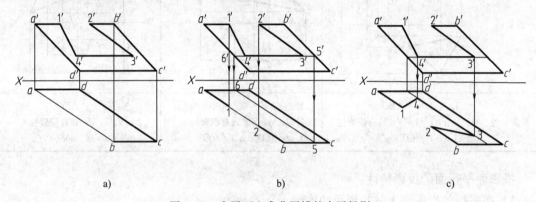

图 3-13 在平面上求燕尾槽的水平投影

作图：如图 3-13b、c 所示。

1）由于 I、II 两点在 AB 上，则 1、2 在 ab 上。

2）延长 $3'4'$ 与 $b'c'$、$a'd'$ 相交于 $5'$、$6'$，分别求出水平投影 5、6。由于 V、VI 是平面上一直线，而 $5'6' /\!/ c'd'$，则 $56 /\!/ cd$。

3）III、IV 两点在直线 V VI 上，因此 3、4 两点应在直线 56 上，可由 $3'$、$4'$ 作投影连线作出。

4）连接 1-4-3-2 即得燕尾槽的水平投影。

小 结

点、直线、平面的投影特性，尤其是特殊位置直线与平面的投影特性。

点、直线、平面的相对位置的判断方法及投影特性

一、直线上的点

1. 点的投影在直线的同名投影上。

2. 点的投影必分线段的投影成定比——定比定理。

3. 判断方法：

1）直线为一般位置时。

2）直线为特殊位置时。

二、点与平面的相对位置

面上取点的方法：

1）利用平面的积聚性求解

2）通过在面内作辅助线求解。

思 考 题

1.试述侧平线、侧垂线的投影特性，取任意一段直线作其投影图。

2.平面对投影面有些哪些位置关系？有何投影特性？举例说明正平面、正垂面的投影特性。

3.平面有哪些表示方法？

4.平面上的点、直线各应满足什么条件？用什么方法判断任意四个点是否属于同一个平面？

第四章　基本几何体的投影及尺寸标注

【内容提要】

本章主要介绍基本几何体的三视图画法以及尺寸标注。

【教学要求】

1. 掌握基本几何体三视图的画法。
2. 熟悉基本几何体表面求点的方法。
3. 了解基本几何体的尺寸标注。

第一节　基本几何体的投影

基本几何体包括平面立体和曲面立体两类。

一、平面立体

表面均为平面的立体，称为平面立体。平面立体上相邻平面的交线，称为棱线。平面立体主要分为棱柱和棱锥两类。画平面立体的三视图可归结为画立体上的平面与棱线的投影。有些表面和棱线处于不可见位置，必须用虚线表示。

1. 棱柱

棱柱分为直棱柱（侧棱与底面垂直）和斜棱柱（侧棱与底面倾斜）。棱柱上、下端面是两个形状相同且互相平行的多边形，各侧面都是矩形或平行四边形。上、下端面是正多边形的直棱柱，称为正棱柱。

现以图 4-1 所示的正六棱柱为例，说明其投影及作图方法。

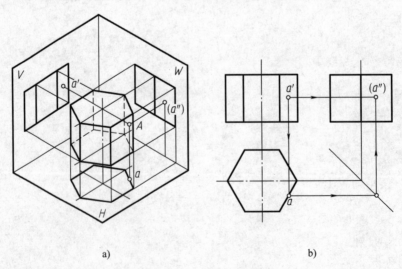

a)　　　　　　　　　　　　　b)

图 4-1　六棱柱的投影

（1）形状和位置　正六棱柱的顶面和底面是两个互相平行的正六边形，六个侧棱面为矩形，各侧棱面均与顶面和底面垂直。为了便于作图，选择六棱柱的顶面和底面平行于水平面，并使其中的两个侧棱面与 V 面平行。

（2）投影分析　正六棱柱的水平投影是一个正六边形，它反映了正六棱柱的顶面和底面的实形，六条边分别是六个侧棱面的积聚性投影。正面投影中，上、下两条横线是顶面和底面积聚性投影，三个封闭的线框是侧棱面的投影，中间矩形线框是前、后两侧面的重合投影，反映实形；左、右两矩形线框是其余四个侧面的重合投影，为类似形。侧面投影中，两个矩形线框是左、右四个侧面的重合投影，为类似形。上、下两条横线是顶面和底面积聚性投影，左、右两条竖线是前、后两侧面的积聚性投影。

（3）作图步骤（见图 4-2）

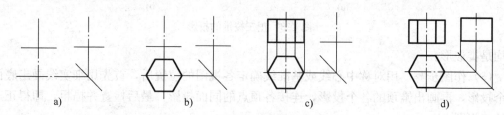

图 4-2　正六棱柱投影图作图步骤

1）布置图面，画对称中心线或基准线，确定各视图的位置。

2）用细线画水平投影——正六边形。

3）根据长对正的关系和六棱柱的高度画出正面投影。

4）根据正面投影和水平投影，按投影关系画出其侧面投影。

5）检查并描粗，完成作图。

（4）棱柱表面上的点　由于直棱柱的各表面都处在特殊位置，因此求直棱柱各表面上点的投影可利用各表面投影的积聚性来作图。

判断棱柱表面上点的可见性，若点所在面为可见，则该点可见；若点所在面为不可见，则该点也不可见。

【例 4-1】　如图 4-1 所示，已知正六棱柱表面上 A 点的正面投影 a'，求 A 点在其余两面的投影。

作图：点 A 在右前方的侧棱面上，根据该侧棱面水平投影的积聚性求出 a，根据 a' 和 a 求得 a''。判断可见性，由于点所在侧棱面的侧面投影为不可见，故 a'' 是不可见的。

2. 棱锥

棱锥的底面为多边形，各侧面为若干过锥顶的三角形。若棱锥的底面为正多边形，各侧棱面为全等的等腰三角形，则该棱锥称为正棱锥。

现以图 4-3 所示的正三棱锥为例，说明其投影及作图方法。

（1）形状和位置　正三棱锥的底面为正三角形 $\triangle ABC$，三个侧棱面为全等的等腰三角形 $\triangle SAC$、$\triangle SAB$ 和 $\triangle SBC$。将正三棱锥的底面平行于 H 面，并使其一侧棱面垂直 W 面。

（2）投影分析　正三棱锥的底面平行于 H 面，其水平投影反映实形，正面和侧面投影积聚为一直线。后侧棱面 $\triangle SBC$ 垂直于 W 面，因此在 W 面上的投影积聚为一直线，在 H 面上的投影和 W 面上的投影为类似形。棱面 $\triangle SAC$ 和 $\triangle SAB$ 为一般位置平面，它的三个投

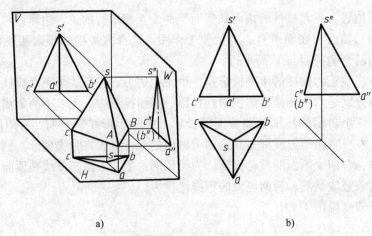

a)   b)

图 4-3　正三棱锥的投影

影均是类似形。

（3）作图步骤　用对称中心线或基准线确定各视图的位置后，首先用细实线画出底面的各个投影，再画出锥顶的各个投影，连接各顶点的同面投影，最后检查并描粗，即得正三棱锥的三视图。

（4）棱锥表面上的点　正三棱锥的表面有特殊位置平面，也有一般位置平面。属于特殊位置平面的点的投影，可利用该平面投影的积聚性直接作图。属于一般位置平面的点的投影，可通过在平面上作辅助线的方法求得。判断棱锥表面上点的可见性原则与棱柱相同。

【例 4-2】　如图 4-4a 所示，已知正三棱锥表面上点 M 的正面投影 m'，求 M 点在其余两面的投影。

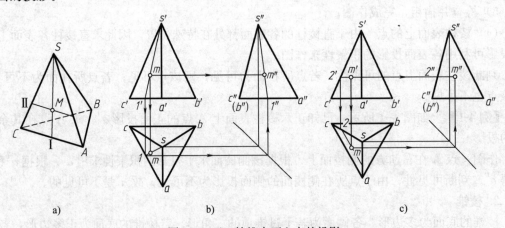

a)   b)   c)

图 4-4　正三棱锥表面上点的投影

作图：过锥顶 S 和 M 点作一辅助线 $S\mathrm{I}$，求出 $S\mathrm{I}$ 的三个投影，然后根据属于直线的点的投影特性，可分别在 $s1$ 和 $s''1''$ 上求出 m 和 m''，如图 4-4b 所示。

因为点 M 所在的左侧棱面的三个投影均为可见，故 M 点的三个投影都为可见。

二、曲面立体

表面由曲面或曲面和平面围成的立体，称为曲面立体。常见的曲面立体为回转体，如圆柱、圆锥、圆球、圆环等。

1. 圆柱

（1）圆柱的形成　如图 4-5 所示，圆柱体是由圆柱面与上、下端面围成。圆柱面是由一条直母线 AB 绕着与它平行的轴线回转而形成的曲面。圆柱面上任意一条平行于轴线的直线，称为素线。

（2）投影分析　将圆柱的轴线垂直于 H 面放置，如图 4-6 所示，圆柱的上、下端面在 H 面的投影反映实形；它的 V 面投影和 W 面投影积聚为直线。圆柱面的 H 面投影积聚为一圆周；V 面投影为一矩形，表示前、后两半圆柱面的重合投影，矩形的两条竖线分别是圆柱的最左与最右轮廓素线的投影，也是圆柱面前半部（可见）与后半部（不可见）的分界线，也称为转向线。这两条轮廓素线的 H 面投影积聚为点，W 面投影与圆柱轴线重合。因圆柱面是光滑曲面，所以 W 面投影不再画此轮廓素线。点画线表示圆柱轴线的投影。

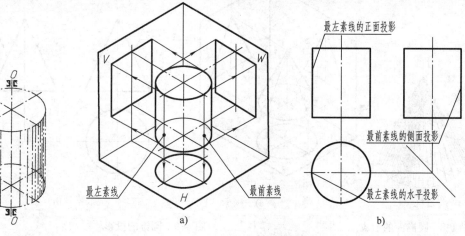

图 4-5　圆柱面的形成　　　　　　　　图 4-6　圆柱的投影

对于圆柱面的 W 面投影，读者可参看 V 面投影分析方法作类似地分析。

（3）作图步骤　作图时应先画圆的中心线和圆柱轴线的各投影，然后画出投影为圆的视图，再按投影关系画出其他视图。

（4）表面上取点　在圆柱表面上取点，可利用圆柱投影的积聚性直接求出。点的可见性判断与平面立体相同。

【例 4-3】　如图 4-7 所示，已知圆柱面上 A 点的 V 面投影 a' 和 B 点的 W 面投影 b''，求 A、B 两点的其余两面投影。

作图：首先由圆柱面 H 面投影的积聚性求出 a，再由 a' 和 a 按投影关系求出 a''。因 A 点在左边前半圆柱面上，左前半圆柱面的 W 面投影是可见，所以 a'' 可见。因点 B 属于圆柱最后边那条素线，此素线的 H 面投影积聚为圆的最后一点，V 面投影与轴线投影重合，因此，可由 b'' 作投影连线直接求得 b' 和 b。因 B 点在后半圆柱面上，所以 b' 为不可见，用 (b') 表示。

2. 圆锥

（1）圆锥的形成　如图 4-8 所示，圆锥体是由圆锥面

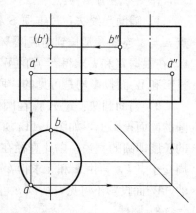

图 4-7　属于圆柱面的点

和底面围成的立体。圆锥面是由一条直母线 SA 绕着与它相交的轴线回转而形成的曲面。圆锥面上过锥顶的任意一条直线，称为素线。

（2）投影分析　因圆锥的轴线垂直于 H 面放置，如图 4-9 所示，故圆锥的底面在 H 面投影中反映实形；它的 V 面投影和 W 面投影积聚为直线。圆锥面的三个投影都没有积聚性，其 H 面投影与底面的投影相重合，全部可见；V 面投影为一等腰三角形，表示前、后两半圆锥面的重合投影，三角形的两腰分别是圆柱的最左与最右轮廓素线的投影，也是圆锥面前半部（可见）与后半部（不可见）的分界线，也称为转向线。这两条轮廓素线的 H 面投影与横向对称中心线重合，W 面投影与圆锥轴线重合。因圆锥面是光滑曲面，所以 W 面投影不再画此轮廓素线。细点画线表示圆锥轴线的投影。

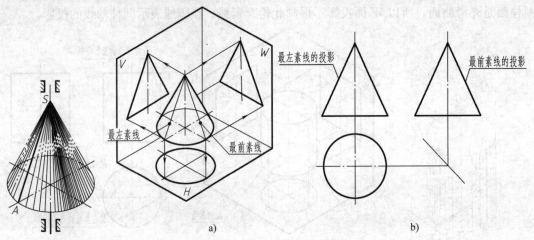

图 4-8　圆锥面的形成　　　　　　　图 4-9　圆锥的投影

圆锥面的 W 面投影，读者可参考 V 面投影分析方法作类似地分析。

（3）作图步骤　圆锥投影图的作图步骤与圆柱投影图的作图步骤相同。

（4）表面上取点　由于圆锥面的各个投影都没有积聚性，因此要在圆锥表面上取点，必须用辅助线法作图。

【例 4-4】　已知圆锥面上 K 点的 V 面投影 k'，求其余两面投影。

作图方法有两种：

1）辅助素线法：过锥顶 S 和锥面上 K 点作一直线 SA，如图 4-10a 所示。作图时，过点 k' 与 s' 连线并延长到与底圆 V 面投影相交于 a'，求得 sa，在 sa 上定出 K 点的 H 面投影 k，在根据 k' 和 k 求得 K 点的 W 面投影 k''。因 K 点在左前圆锥面上，而左前圆锥面的 H 面投影和 W 面投影均是可见的，所以 k 和 k'' 也均是可见，如图 4-10b 所示。

2）辅助圆法：过 K 点在圆锥面上作一垂直于圆锥轴线的圆，则点 K 的各个投影必在圆的同面投影上，如图 4-11a 所示。为此，先过 k' 作水平线与最左、最右素线相交，交点间的长度即圆的直径，以此直径在 H 投影面上作出圆实形。由 k' 向下作投影线与圆的前半圆周交于点 k，再由 k' 和 k 求得 k''。因 K 点在右前圆锥面上，而右前圆锥面的 H 面投影可见的，W 面投影不可见，所以 k 可见，（k''）不可见，如图 4-11b 所示。

3. 圆球

（1）圆球的形成　圆球面可看作由一条圆母线绕其直径回转而成。

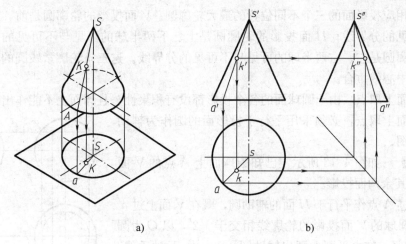

a)   b)

图 4-10 辅助素线法求圆锥表面上点的投影

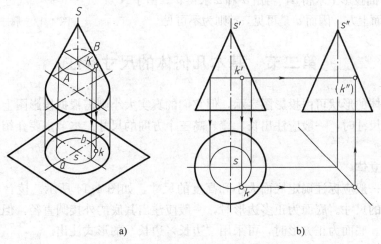

a)   b)

图 4-11 辅助圆法求圆锥表面上点的投影

（2）投影分析 如图 4-12 所示，圆球体任何方向的投影都是直径相同的圆，并且是圆

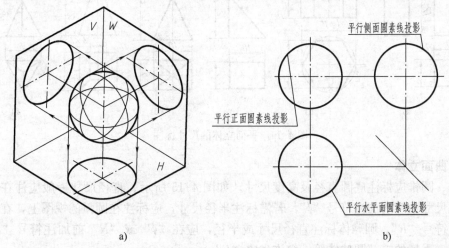

a)   b)

图 4-12 圆球的投影

球上平行于相应投影面的三个不同位置的最大轮廓圆。V 面投影的轮廓圆是前、后两半球的可见与不可见的分界线；H 面投影的轮廓圆是上、下两半球的可见与不可见的分界线；W 面投影的轮廓圆是左、右两半球的可见与不可见的分界线。这三条轮廓素线圆的其他投影都与圆的相应中心线重合。

（3）表面上取点　由于圆球面的各个投影都没有积聚性，且球面上不能作出直线，因此要在圆球表面上取点，必须采用平行于投影面的圆作为辅助圆的方法作图。

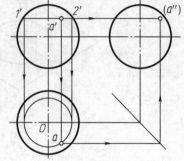

【例 4-5】　如图 4-13 所示，已知圆球面上 A 点的 V 面投影 a'，求其余两面投影。

作图：过 A 点作平行于 H 面的辅助圆，既在 V 面上过 a' 水平线，与圆球的 V 面投影的轮廓线相交于 $1'2'$，以 O 为圆心，$1'2'$ 为直径，在水平面上画出辅助圆，由 a' 作 X 轴垂线，在辅助圆的 H 面投影上求得 a，再由 a' 和 a 求得 a''。由于 A 点在右边前半球面上方，因而 a 是可见，a'' 则为不可见。

图 4-13　属于球面的点

第二节　基本几何体的尺寸标注

基本几何体的形状可由投影图表示，但它们的真实大小则需根据投影图上所标注的尺寸来确定。标注尺寸时，一般应注出长、宽、高三个方向的尺寸。本节主要介绍基本几何体的尺寸标注。

一、平面立体

平面立体一般应标注确定底面大小和高度的尺寸，如图 4-14 所示。棱台应注上、下底面大小和高度的尺寸。底面为正多边形时，一般应注出其底的外接圆直径，但也可根据需要注成其他形式。底面为正方形时，可采用"边长×边长"的形式注出。

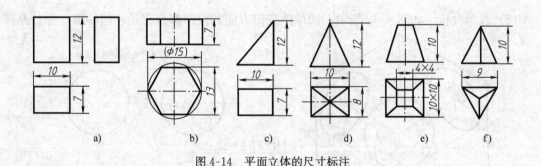

图 4-14　平面立体的尺寸标注

二、曲面立体

圆柱、圆锥应标注底圆直径及高度尺寸，如图 4-15 所示。直径尺寸一般应注在非圆视图上并在尺寸数字前加注符号"ϕ"，若需标注半径尺寸，应标注在圆弧的视图上，在尺寸数字前加注符号"R"。圆球体标注直径尺寸或半径，应在"ϕ"或"R"前加注符号"S"，对球头螺钉、手柄的端部圆球体等，允许省略"S"。

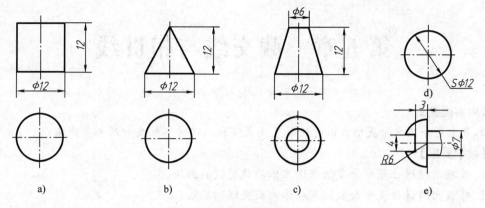

图 4-15　曲面立体的尺寸标注

小　结

基本体的三视图画法及面上找点的方法。

1. 平面体表面找点，利用平面上找点的方法。
2. 圆柱体表面找点，利用投影的积聚性。
3. 圆锥体表面找点，用辅助线法或辅助圆法。
4. 球体表面找点，用辅助圆法。

思　考　题

1. 常见的曲面立体有哪些？曲面立体的轴线为什么一般都设置成投影面的垂直线？
2. 求圆锥表面上的点有哪几种方法？
3. 怎样判别曲面立体表面上点的可见性？

第五章 截交线与相贯线

【内容提要】

本章主要介绍平面截切立体时的截交线求法和两回转体相交时的相贯线求法。

【教学要求】

1. 掌握用特殊位置平面截切平面立体的截交线的画法。
2. 掌握用特殊位置平面截切圆柱体的截交线的画法。
3. 熟悉用特殊位置平面截切圆锥和圆球的投影画法。
4. 掌握两圆柱轴线垂直相交时的相贯线画法。
5. 熟悉相贯线的特殊情况。

第一节 截 交 线

在零件上，常见到平面截切立体和立体与立体相交时表面产生的交线。这种交线可分为截交线和相贯线两大类，如图 5-1 所示。

a)

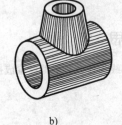
b)

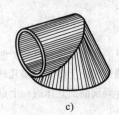
c)

图 5-1 零件表面的截交线与相贯线

a）六角螺母 b）三通管 c）弯头

立体被平面截切后，在平面和立体表面所产生的交线，叫做截交线。这个平面叫做截平面。由截交线围成的平面图形就是截断面。如图 5-2 所示。

截交线是被截切立体和截平面的共有线；截交线上的点是截平面和立体表面的共有点；截交线的形状是由被截切立体的形状和截平面与被截切立体之间的相对位置决定的，一般情况下截交线是平面曲线。

下面分别介绍平面截切棱柱、圆柱、圆锥和球的情况。

一、平面截切棱柱

【例 5-1】 求三棱柱被两个平面截切后的正面投影和水平投影，如图 5-3 所示。

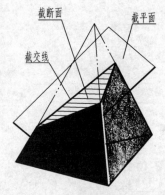

图 5-2 平面截切棱锥

分析： 图 5-3 所示三棱柱被正平面 P 和侧垂面 Q 所截切。正平面 P 与侧垂面 Q 两平面相交于直线 I IV，为一侧垂线，侧面投影重影成一点；截交线多边形各边是 P、Q 两截平面与三棱柱表面的交线，其侧面投影与 P、Q 两截平面的侧面投影重影；正平面 P 与三棱柱两侧面的交线是 II I、III IV，正面、侧面投影均反映实长，水平投影为重影点；侧垂面 Q 与三棱柱侧面交线为 I IV、IV V，与前棱线交点为 V，它们的水平投影与三棱柱的水平投影重影，正面投影可由侧面投影和水平投影求出。

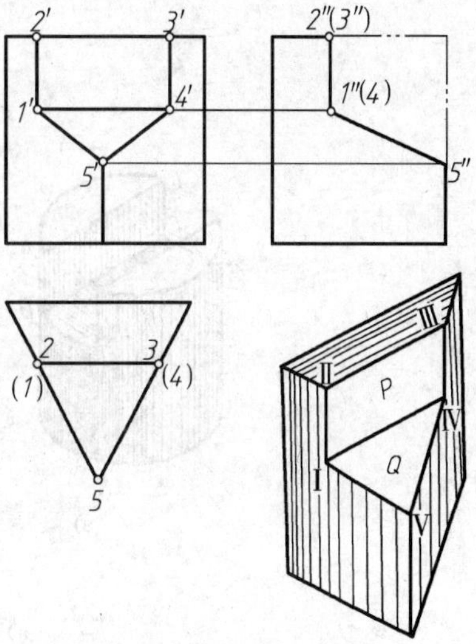

作图：

1）画出三棱柱的三视图，在被截切的三棱柱的侧面投影上标明截交线上各点的投影，如图 5-3 所示的点 $1''$、$2''$、$3''$、$4''$、$5''$。

图 5-3 平面截切三棱柱

2）作截交线的水平投影。根据宽相等的投影规律求出点 2、1 和点 3、4，连接 23 即得 P 平面与三棱柱截交的水平投影（积聚成线）。折线 154 即为 Q 平面与三棱柱截交的水平投影。

3）作截交线的正面投影。由 $5''$ 求出 $5'$；由 2 和 $2''$、1 和 $1''$、3 和 $3''$、4 和 $4''$ 求出 $2'$、$1'$、$3'$、$4'$，连接 $1'$、$2'$、$3'$、$4'$ 即为 P 平面与三棱柱截交的正面投影；连接 $1'$、$5'$、$4'$ 即为 Q 平面与三棱柱截交的正面投影。

二、平面截切圆柱

平面与圆柱表面相交时，根据截平面对回转体轴线位置的不同，截交线有三种形状，即圆、椭圆和两条与轴线平行的直线，见表 5-1。

表 5-1 圆柱的截交线

投影图	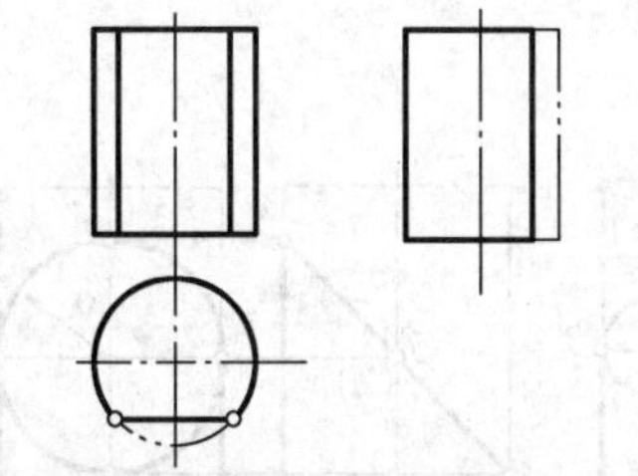	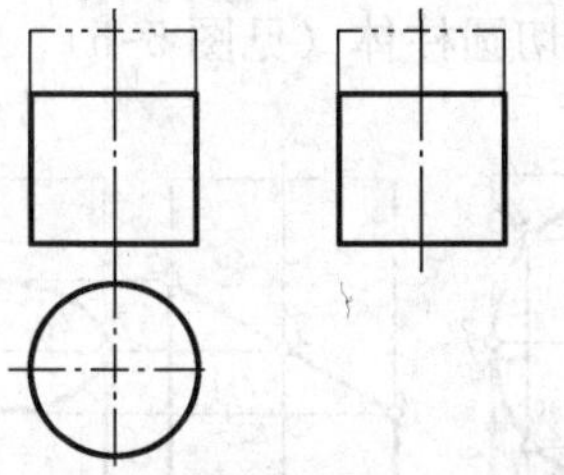	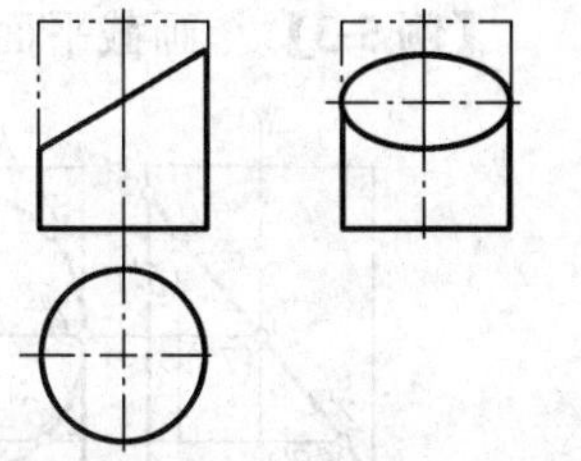
交线情况	截平面平行于轴线，交线为平行于轴线的两条直线	截平面垂直于轴线，交线为圆	截平面倾斜于轴线，交线为椭圆

根据截交线是截平面和圆柱面上共有线这一性质，作截交线的投影图时，可以利用圆柱面上取点、线的方法作图。

【例 5-2】 画出图 5-4a 所示的开槽圆柱的三视图。

分析： 如图 5-4a 所示，圆柱开槽部分是由两个与轴线平行的侧平面 $ABCD$ 和一个与轴线垂直的水平面 $BDEF$ 截切而成。

侧平面 $ABCD$ 与圆柱面的截交线是直线，即圆柱素线的一段，和截切面的交线围成一矩形，该矩形正面投影有重影性，所以截交线 AB 和 CD 的正面投影 $a'b'$、(c') (d') 重合。

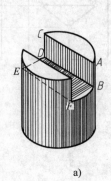

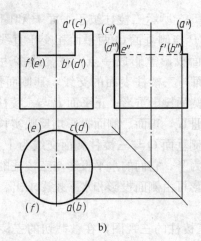

a)   b)

图 5-4   开槽圆柱的投影作图

a）开槽圆柱轴侧图   b）开槽圆柱投影图

因为圆柱的轴线为铅垂线，圆柱的水平投影积聚为一圆，所以截交线 AB 和 CD 的水平投影在该圆周上积聚为两个点 a（b）、c（d），与之对称的另一矩形的投影特点与此相同，二者的侧面投影重影，都反映实形。

水平面 $BDEF$ 与圆柱面的截交线是前后端圆弧，与截切面 $ABCD$ 的交线围成槽底水平平面，其侧面投影、正面投影有积聚性，水平投影和圆柱面的水平投影重合。

作图：

1）按槽宽和槽深依次画出槽的正面投影和水平投影。

2）侧平面 $ABCD$ 的侧面投影是矩形，水平面 $BDEF$ 的侧面投影积聚为一直线，且中间部分不可见。

作图结果如图 5-4b 所示。

【例 5-3】   画截平面斜切圆柱体（见图 5-5）。

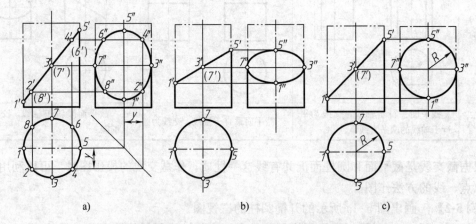

a)   b)   c)

图 5-5   与圆柱轴线成不同夹角的正垂面截切圆柱体的投影作图

a）夹角<45°   b）夹角>45°   c）夹角=45°

分析： 由图 5-5 可知，虽然截平面均为椭圆，但其投影却不同。

作图：

1）求特殊点。最高点Ⅴ、最低点Ⅰ、最前点Ⅲ、最后点Ⅶ位于四条转向轮廓线上，它们在俯视图上的投影1、5、3、7可先画出，然后向上引线，得1′、5′、3′、(7′)，最后根据视图投影规律求出1″、5″、3″、7″。

2）求一般位置点。在俯视图上定2、4、6、8，然后向上引垂线，得2′(8′)、4′、(6′)，最后根据视图投影规律求出2″、4″、6″、8″。

3）在左视图上平滑地连接各点，就是截交线在左视图上的投影，然后描深。

注意，椭圆曲线过3″、7″点时与圆柱侧面投影外轮廓线相切。

三、平面截切圆锥

平面与圆锥相交，因截平面与圆锥轴线的相对位置不同，其截交线有五种形状，即圆、过锥顶的两直线、椭圆、抛物线和双曲线，见表5-2。

表5-2 圆锥的截交线

截平面的位置	与轴线垂直	过圆锥顶点	平行于一素线	与轴线倾斜	与轴线平行
轴测图					
投影图					
截交线的形状	圆	两相交直线	抛物线	椭圆	双曲线

【例5-4】 如图5-6所示，为一直立圆锥被正垂面截切，完成截交线的投影。

分析：该正垂截切面倾斜于圆锥轴线，且圆锥素线与水平面的倾角大于截平面对水平面的倾角，因此截交线为一椭圆。

椭圆的前后、左右均对称。椭圆长轴就是截平面与圆锥前后对称面的交线，为一正平线，其端点在圆锥的最左、最右素线上。椭圆短轴为通过长轴中点的正垂线。

截交线的正面投影积聚为一直线，水平投影和侧面投影各为一椭圆。

作图：

1）作截交线上的特殊点。在截交线和圆锥面最左、最右素线的正面投影的交点处，作出椭圆长轴两个端点投影 $1'$、$2'$，由 $1'$、$2'$ 可求出 1、2 和 $1''$、$2''$。

取 $1'2'$ 的中点，为椭圆短轴正面投影的重影点 $3'$、$(4')$，按圆锥面上取点的方法——辅助纬圆法，作出 3、4，再作出 $3''$、$4''$。

在正面投影中作出截交线椭圆与圆锥最前最后素线的交点投影 $5'$、$(6')$，再作出 $5''$、$6''$，然后用辅助纬圆法再作出 5、6。

2）用辅助纬圆法作一般点 $7'$、$(8')$ 及其他两面投影点 7、8、$7''$、$8''$。

3）依次圆滑连接各点的同面投影。

4）整理轮廓线、判别可见性。正垂面以上部分圆锥的轮廓线被切去，不应画出。截交线的水平投影和侧面投影均可见，应画成实线。

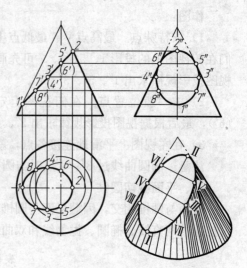

图 5-6　正垂面截切圆锥截交线作图

【例 5-5】　如图 5-7a 所示，正圆锥被一正平面截切，求截交线的投影。

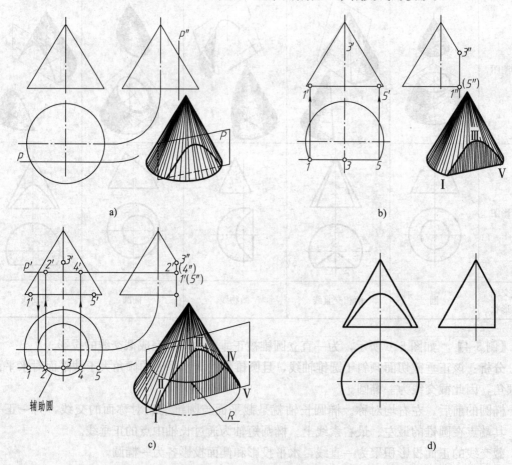

辅助圆

图 5-7　正平面截切正圆锥

a）作图条件　b）求作特殊点 Ⅰ、Ⅲ、Ⅴ　c）求一般点 Ⅱ、Ⅳ　d）完成截切圆锥的投影图

分析：由于截切平面平行于圆锥轴线，则截交线为一双曲线。

作图：

1）用细线画出圆锥轮廓线及截切平面 p 的迹线 p'、p''（见图 5-7a）。

2）求特殊点。特殊点为双曲线上的最高点Ⅲ及与圆锥底面的交点Ⅰ、Ⅴ。由于截平面为正平面，则双曲线上最高点位于圆锥的最前素线上，其侧面投影 $3''$ 及水平投影 3 可直接求出，按高平齐原则可求出最高点的正面投影 $3'$。截交线与圆锥底面的交点Ⅰ、Ⅴ的水平投影 1、5 和侧面投影 $1''$、$(5'')$ 也可直接求出，按长对正原则可求出其正面投影 $1'$、$5'$，如图 5-7b 所示。

3）求一般点。在适当位置取点Ⅱ、Ⅳ（见图 5-7c），先在 p'' 上确定其侧面投影 $2''$、$(4'')$，再过此两点在圆锥上作辅助纬圆，求出 2、4、$2'$、$4'$。

4）光滑连曲线。将所求各点的正面投影连成光滑曲线即可得截交线的正面投影，为一条双曲线（见图 5-7d）。

5）整理外轮廓线及判别可见性。如图 5-7d 所示，由于截平面将圆锥前面部分截去，故在侧面投影和水平投影中切去部分不应画出，正面投影可见，反映实形。

四、平面截切圆球

平面截切圆球时，截交线都是圆。其投影情况视截平面相对于投影面的位置而定，见表 5-3。

表 5-3 圆球的截交线

	与 V 面平行	与 H 面平行	与 V 面垂直
截平面位置			
投影图			
交线形状	圆	圆	圆

【例 5-6】 如图 5-8 所示，求铅垂面截切圆球的截交线的投影。

分析：铅垂面截切圆球，截交线为一圆，其水平投影是直线段 12，长度等于截交线圆的直径；正面投影和侧面投影均为椭圆，利用圆球表面取点的方法——辅助纬圆法，求出椭圆上的特殊点和一般位置点的投影，顺序光滑连接各点的同面投影即可得截交线的投影。

作图：

1）求特殊点的投影。求圆球轮廓线上点的投影，截交线水平投影中的点 1、2、5、6、7、8 分别是球面各投影面轮廓线上点的水平投影，由此可直接求出 $1'$、$(2')$、$5'$、$6'$、$(7')$、

（8′）、和 1″、2″、5″、6″、7″、8″。其中，点Ⅰ、Ⅱ为截交线的最左、最右点，点Ⅲ、Ⅳ为截交线最高、最低点，点 5′、6′ 为圆球正面投影转向轮廓线与截交圆的交点，点 7″、8″ 为圆球侧面投影转向轮廓线与截交圆的交点。

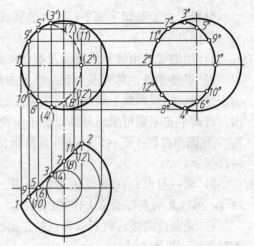

求长、短轴端点的投影，椭圆短轴端点为 1、2、1′、（2′）、1″、2″；椭圆长轴端点的水平投影即为线段 12 的中点 3（4），可利用辅助纬圆法可求出（3′）、（4′）和 3″、4″。

2）求截交线上一般位置点的投影。在截交线特殊点之间作一辅助水平圆，该圆与直线段交于 9、（10）、11、（12），即为一般位置点的水平投影，再求出点 9′、10′、（11′）、（12′）、9″、10″、11″、12″。

图 5-8　铅垂面截切圆球的投影作图

3）判别可见性，光滑连线。截交线圆的正面投影中，点 5′、6′ 为可见与不可见的分界点，侧面投影均可见。

4）整理轮廓线。圆球正面投影轮廓线自 5′、6′ 以左部分被切去，侧面投影轮廓线自 7″、8″ 以后部分被切去，不应画出。

【例 5-7】　绘制图 5-9a 所示半圆头螺钉头部的投影。

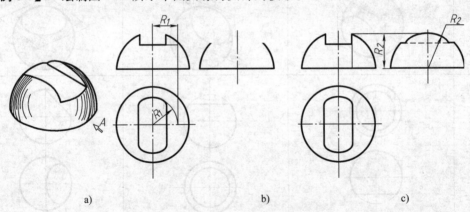

a)　　　　　　　　　　　b)　　　　　　　　　　　c)

图 5-9　半圆头螺钉头部的投影
a）开槽半球　b）画水平圆　c）画侧面圆

分析：以图 5-9a 所示箭头方向为正面投射方向，可以看出，螺钉头部是一个半圆球被两个侧平面和一个水平面截切出一长方形槽，各平面与球面的截交线均为部分圆弧。

因各截平面的正面投影分别积聚为一段直线，则各段截交线圆弧的正面投影分别与直线重合；两个侧平面截得的圆弧的侧面投影分别反映实形，其水平投影积聚成一直线段，而水平面截得两段圆弧的水平投影反映实形，侧面投影积聚为直线段。

作图：具体作图过程如图 5-9b、图 5-9c 所示。作图时为求出圆弧的半径，可假想将切平面扩大，画出平面与整个球面的交线圆，然后留取实际存在的部分圆弧。

第二节 相 贯 线

一、相贯线及其性质

两回转体表面相交时得到的交线称为相贯线。相贯线有以下性质：

1) 相贯线是两回转体表面上的共有线，也是两回转体表面分界线，所以相贯线上所有的点都是两回转体表面上的共有点。

2) 相贯线的形状由两相贯体的形状、大小及相对位置决定。一般情况下相贯线是封闭的曲线；在特殊情况下也可成为平面曲线或直线。

二、求相贯线的一般方法

1. 表面取点法

【例5-8】 求正交两圆柱的相贯线，如图5-10所示。

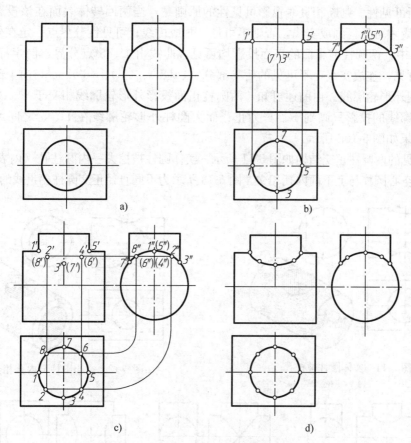

图5-10 正交两圆柱相贯线作图

分析：由图5-10a中可以看出，大圆柱轴线垂直于侧面，小圆柱轴线垂直于水平面，两圆柱轴线垂直相交。因为相贯线是两圆柱面上的共有线，所以其水平投影积聚在小圆柱的水平投影的圆周上，而侧面投影积聚在大圆柱侧面投影的圆周上（在小圆柱外形轮廓线之间的一段圆弧），需要求的是相贯线的正面投影。因相贯线前、后对称，所以相贯线前、后部分的正面投影重合。

作图：

1）求特殊点。特殊点是决定相贯线的投影范围及其可见性的点，它们大部分在外形轮廓线上。显然，本题相贯线的正投影应由最左、最右及最高、最低点确定其范围。由水平投影看出，1、5 两点是最左、最右点 Ⅰ、Ⅴ 的投影，它们也是圆柱正面投影外形轮廓线的交点，可由 1、5 对应求出 1″、(5″) 及 1′、5′；此两点也是最高点；由侧面投影看出，小圆柱侧面投影外形轮廓线与大圆柱交点 3″、7″ 是相贯线最低点 Ⅲ、Ⅶ 的投影，由 3″、7″ 直接对应求出 3、7 及 3′、(7′)。如图 5-10b 所示。

2）求一般点。一般点决定曲线的趋势。任取对称点 Ⅱ、Ⅳ、Ⅵ、Ⅷ 的水平投影 2、4、6、8，然后求出其侧面投影 2″、(4″)、(6″)、8″，最后求出其正面投影 2′、4′ 及 (8′)、(6′)，如图 5-10c 所示。

3）连接曲线。按各点的水平投影的顺序，将各点的正面投影连成光滑的曲线，得正面投影，如图 5-10d 所示。

4）判断可见性。判断相贯线投影可见性的原则是：当两回转体表面在该投影面上均可见时，相贯线才可见，画成实线，否则不可见，画成虚线；可见性分界点一定在外形轮廓线上。图 5-10 中，两圆柱前半面的正面投影均可见，曲线由 1′、5′ 点分界，前半部分 1′、2′、3′、4′、5′ 可见，连成实线，不可见的后半部分 1′、(8′)、(7′)、(6′)、5′ 与前半部分重合。

5）整理外形轮廓线。由前述可知，两圆柱正面投影外形轮廓线相交于 Ⅰ、Ⅴ 两点，所以相交的轮廓线的投影只画到 1′、5′ 为止；而大圆柱外形轮廓线在 1′、5′ 之间绝不能连虚线。作图结果如图 5-10d 所示。

其他常见的两圆柱正交结构如图 5-11 所示，实体圆柱被挖去一内圆柱孔（内表面）；如图 5-12 所示，空心圆柱与上下两内孔相交。图 5-13 所示为不同直径正交圆柱相贯线的变化情况。

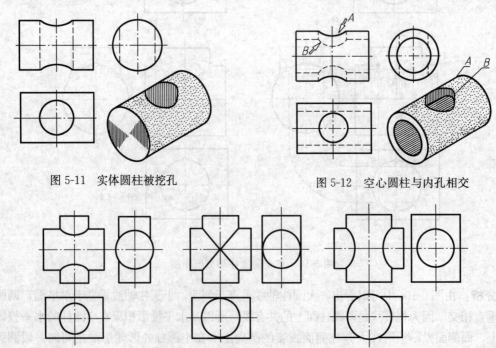

图 5-11 实体圆柱被挖孔　　　　图 5-12 空心圆柱与内孔相交

图 5-13 不同直径正交圆柱相贯线

【例 5-9】 如图 5-14a 所示，补全主视图所缺的相贯线。

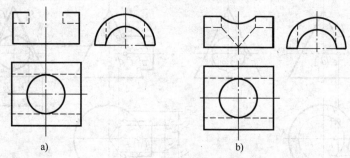

a)   b)

图 5-14 补画主视图所缺的相贯线

作图：如图 5-14b 所示，半空心圆柱的内孔与上部的圆柱孔直径相同，相贯线的正面投影为两条相交直线（画成虚线）。半空心圆柱的外表面与上部的圆柱孔直径不同，相贯线的正面投影可用表面取点法求出。

2. 辅助平面法

辅助平面法是利用三面共点的原理求相贯线上点的方法。

如图 5-15 所示，圆锥台与圆柱相交，假想用一平行圆柱轴线的辅助平面截切两回转体，辅助平面与圆柱的截交线是矩形，与圆锥的截交线是圆；矩形与圆分别交于四点，此四点即是相贯线上的点，它们是辅助平面、圆柱面及圆锥面三个面上的共有点。

辅助平面要根据相交两回转体的形状及其相对位置确定，应使辅助平面与两回转体截交线的投影为直线或圆，以便于准确作图。如图 5-15 中所示的圆柱与圆锥台相交，因圆锥台的轴线为铅垂线，可选水平面及过锥顶的正垂面和侧垂面为辅助平面；而圆柱的轴线为侧垂线，可选水平面、侧平面、正平面及铅垂面为辅助平面。显然，为使截交线的投影为圆和直线，只有选水平面和过锥顶的侧垂面作图最方便，图 5-15 所示为采用水平辅助平面的情况。由图中看出，水平面与圆锥面的截交线为圆，而与圆柱面的截交线为两直线，它们分别交于两点，此两点便是相贯线上的点。

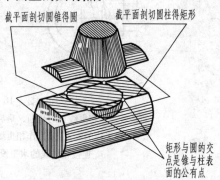

截平面剖切圆锥得圆　截平面剖切圆柱得矩形

矩形与圆的交点是锥与柱表面的公有点

图 5-15 辅助平面法的作图原理

辅助平面法求相贯线上点时应以下面步骤进行作图：

1）选择适当的辅助平面与两回转面都相交。

2）分别求出辅助平面与两回转面的截交线。

3）求出两回转面截交线的交点。

【例 5-10】 求图 5-16 中所示圆柱与圆锥的相贯线。

作图：

1）求特殊点。如图 5-16a 所示，由侧面投影可知 b''、a'' 是最高点和最低点 B、A 的投影，此两点是两回转体正面投影外形轮廓线的交点，可直接确定 b'、a'，并由此投影确定水平投影 b、a；而 c''、d'' 是最前点、最后点 C、D 的侧面投影，它们在圆柱水平投影外形轮廓线上。过圆柱轴线作水平面 P 为辅助平面（画出 P_V），求出平面 P 与圆锥面截交线

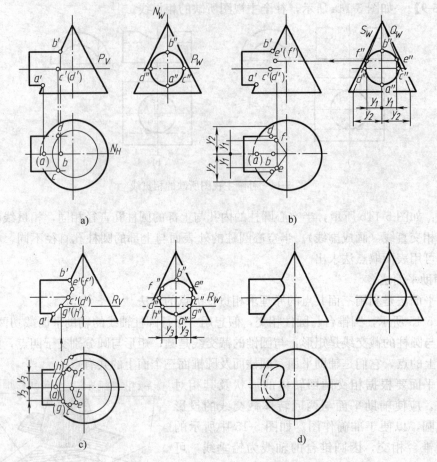

图 5-16 求圆锥与圆柱相贯线上的点

a) 已知条件。作相贯线上的最前、最后、最高、最低点 C、D、B、A，c、d 是圆柱面水平投影的转向
轮廓线的端点   b) 作相贯线上的特殊点 E、F c) 作相贯线上的一般点 G、H,
连接相贯线的水平投影和正面投影，并判断可见性   d) 作图结果

圆的水平投影，此圆与圆柱面水平投影外形轮廓线交于 c、d 两点，并求出正面投影 c'、(d')。

如图 5-16b 所示，过锥顶作辅助平面 Q、S，首先画出 Q_W、S_W，Q_W、S_W 与圆柱侧面投影相切的切点 e''、f'' 即为截交线正面投影和水平投影的最右点 E、F 的侧面投影。过 E、F 再作一水平纬圆分别与圆锥、圆柱相交，即得点 e、f、e'、(f')。

2）求一般点。如图 5-16c 所示，在适当的位置作一辅助水平面 R，先画出 R_W、R_V，求得一般位置点 h''、g''，按辅助平面法先后作出点 h、g、(h')、g'。

3）连曲线。如图 5-16d 所示，因曲线前、后对称，正面投影中，用实线画出可见的前半部曲线；水平投影中，由 d、c 点分界，在上半圆柱面上的曲线可见，将 $dfbec$ 段曲线画成实线，其余部分不可见，画成虚线。

4）整理外形轮廓线。如图 5-16d 所示，正面投影中，两回转体外形轮廓线画到交点 b'、a' 点为止；水平投影中，圆柱外形轮廓线用实线画到 c、d 点为止。

三、相贯线的特殊情况

两回转面相交，一般情况是空间曲线，在特殊情况下，它们的交线可以是平面曲线或是直线，下面介绍几种常见的特殊相贯线。

1）同轴的两回转体相交，相贯线是垂直于轴线的圆，在与轴线平行的投影面上，该圆的投影积聚成直线；在与轴线倾斜的投影面上，该圆的投影成椭圆。如图 5-17 所示。

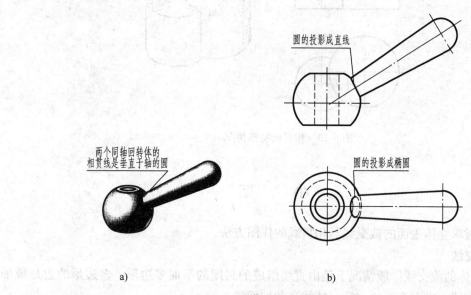

a)　　　　　　　　　　　　　　　　　b)

图 5-17　相贯线的特殊情况（一）

2）当相交两回转体表面共切于一个球面时，其相贯线为椭圆。在两回转体轴线同时平行的投影面上，椭圆的投影成为直线。

图 5-18 所示为两圆柱正交、圆柱与圆锥斜交、圆锥与圆锥正交，它们共切一个球面，其相贯线为大小相等的两个椭圆；以上三种情况中，因其轴线都平行于正面，所以相贯线的正面投影各积聚为一直线。

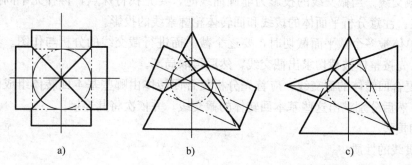

a)　　　　　　　　b)　　　　　　　　c)

图 5-18　相贯线的特殊情况（二）

a）圆柱与圆柱正交　b）圆锥与圆柱斜交　c）圆锥与圆锥正交

3）轴线互相平行的两圆柱相交，其相贯线是两条平行于轴线的直线，如图 5-19 所示。

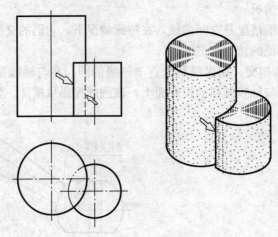

图 5-19　相贯线特殊情况（三）

小　结

重点掌握求立体表面的截交线与相贯线的作图方法。

一、截交线

1）平面体的截交线一般情况下是由直线组成的封闭的平面多边形，多边形的边是截平面与棱面的交线。求截交线的方法：棱线法和棱面法。

2）平面截切回转体，截交线的形状取决于截平面与被截立体轴线的相对位置。截交线是截平面与回转体表面的共有线。

解题方法与步骤：

1）空间及投影分析。分析截平面与被截立体的相对位置，以确定截交线的形状。分析截平面与被截立体对投影面的相对位置，以确定截交线的投影特性。

2）求截交线。当截交线的投影为非圆曲线时，要先找特殊点，再补充中间点，最后光滑连接各点。注意分析平面体的棱线和回转体轮廓素线的投影。

3）当单体被多个截平面截切时，要逐个截平面进行截交线的分析与作图。当只有局部被截切时，先按整体被截切求出截交线，然后再取局部。

4）求复合回转体的截交线，应首先分析复合回转体由哪些基本回转体组成以及它们的连接关系，然后分别求出这些基本回转体的截交线，并依次将其连接。

二、相贯线

1. 相贯线的性质

表面性、共有性、封闭性。

2. 求相贯线的基本方法

面上找点法、辅助平面法。

3. 解题过程

（1）空间分析　分析相交两立体的表面形状，形体大小及相对位置，预见交线的形状。

（2）投影分析　分析是否有积聚性投影，找出相贯线的已知投影，预见未知投影，从而选择解题方法。

（3）作图　当相贯线的投影为非圆曲线时，其作图步骤为：

1）先找特殊点。特殊点包括：最上点、最下点、最左点、最右点、最前点、最后点、轮廓线上的点等。

2）补充若干中间点。

3）连线。

4）检查、加深。尤其注意检查回转体轮廓素线的投影。

思　考　题

1. 求作截交线时有哪些基本作图方法？

2. 相贯线上有哪些特殊点？

3. 常见的特殊相贯线有哪些？

第六章 轴 测 图

【内容提要】

本章主要介绍轴测图的基本知识和基本方法。

【教学要求】

1. 了解轴测图的基本知识。
2. 掌握绘制正等轴测图的基本方法。
3. 掌握绘制斜二测图的基本方法。

第一节 轴测图的基本知识

将物体连同确定物体空间的直角坐标系，沿不平行于任一坐标面的 S_1 方向，用平行投影法将其投影在单一投影面上所得到的图形，即为轴测投影图（简称轴测图）。

如图 6-1 所示，平面 P 称为轴测投影面；空间直角坐标轴在轴测投影面上的投影 O_1X_1、O_1Y_1 和 O_1Z_1 称为轴测轴；相邻两轴测轴之间的夹角 $\angle X_1O_1Z_1$、$\angle X_1O_1Y_1$、$\angle Y_1O_1Z_1$ 称为轴间角。在轴测图中，因为空间直角坐标轴对轴测投影面 P 都倾斜成一定角度，因此，坐标轴 OX、OY、OZ 在轴测投影面上的投影长度将会变短，我们把轴测轴上的单位长度与相应投影轴上的单位长度的比值称为轴向伸缩系数。设 p_1、q_1、r_1 分别为 O_1X_1、O_1Y_1、O_1Z_1 轴的轴向伸缩系数。即：$p_1=\dfrac{O_1A_1}{OA}$，$q_1=\dfrac{O_1B_1}{OB}$，$r_1=\dfrac{O_1C_1}{OC}$。

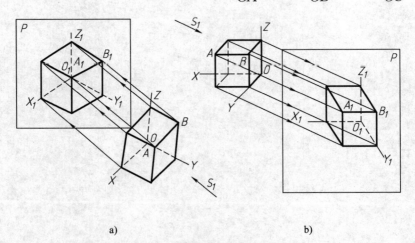

a)   b)

图 6-1 轴测投影的形成

a) 正等测图   b) 斜二测图

为了作图简便，轴向伸缩系数允许采用简单的数值，简化后的系数称简化伸缩系数，简称简化系数，分别用 p、q 和 r 表示。

第二节 正 等 测 图

正等测图：当投射方向 S_1 垂直于轴测投影面 P，且使确定机件空间位置的三个坐标轴对 P 面的倾角都相等的条件下，所得到的轴测投影图称为正等测图，简称正等测。

一、轴间角和轴向伸缩系数

1) 正等测的轴间角 $\angle X_1 O_1 Y_1 = \angle X_1 O_1 Z_1 = \angle Z_1 O_1 Y_1 = 120°$；作图时，一般使 $O_1 Z_1$ 轴处于垂直位置，则 $O_1 X_1$ 和 $O_1 Y_1$ 轴与水平线成 $30°$，可利用 $30°$ 三角板方便地作图，如图 6-2 所示。

2) 正等测的轴向伸缩系数 $p_1 = q_1 = r_1 \approx 0.82$。但为了绘制轴测图简便起见，常采用简化系数，即 $p_1 = q_1 = r_1 = 1$，也就是各轴测轴方向的所有尺寸都按真实长度量取，简捷快速方便。应当指出，使用简化系数绘制出来的图形，其线段长度比实际的轴测图投影长度要放大约 1.22 倍。

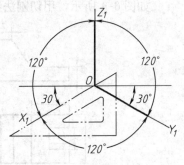

图 6-2　正等测的轴间角

二、平面立体的正等测画法

1. 坐标法

试画出图 6-3a 所示正六棱柱的正等测。

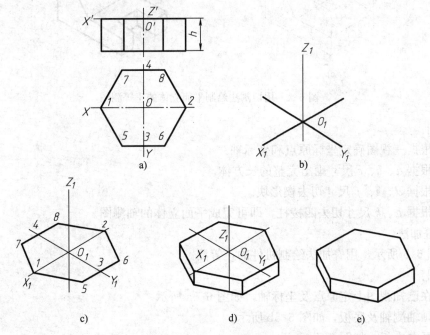

图 6-3　正六棱柱正等测的作图步骤

作图：

1) 先作轴测轴 $O_1 X_1$、$O_1 Y_1$、$O_1 Z_1$，使三个轴间角均等于 $120°$，如图 6-3b 所示。

2）作六棱柱顶面的正等测图。其作图方法为：在正投影图上按1∶1量得各边长度、各点的坐标，作出顶面，如图6-3c所示。

3）分别由各顶点沿 Z_1 轴向下量取高度 h，作出各棱线，得底面的正等测图，如图6-3d所示。

4）经整理加深得如图6-3e所示的六棱柱正等测图。

2. 切割法

如图6-4所示，用切割法绘制机件的正等测。

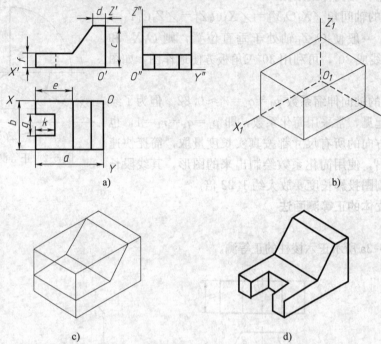

图6-4 用切割法绘制平面立体的正等测图

作图：

1）根据三视图确定坐标原点和坐标轴。

2）根据 a、b、c 尺寸画出完整的长方体。

3）根据 d、e、f 尺寸切去楔形块。

4）根据 g、k 尺寸切去四棱柱，即可完成平面立体的轴测图。

3. 叠加法

如图6-5所示，用叠加法绘制机件的正等测。

作图：

1）在已知视图上定原点及坐标轴，如图6-5a所示。

2）画轴测轴及底板，如图6-5b所示。

3）画右立板，如图6-5c所示。

4）画三角形肋板，如图6-5d所示。

5）完成组合体的正等测，如图6-5e所示。

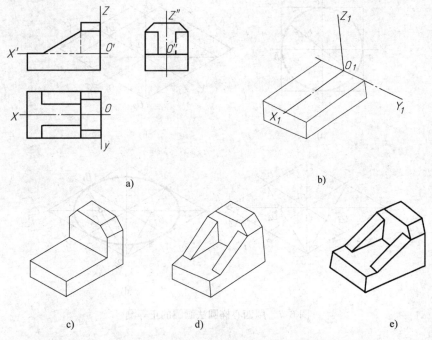

图 6-5 用叠加法绘制组合体的正等测图

三、曲面立体的正等测画法

1. 圆的正等测性质

在一般情况下，圆的轴测投影为椭圆。椭圆的长、短轴与轴测轴有以下的关系，如图 6-6 所示。

当圆所在的平面平行于面 $X_1O_1Y_1$（即水平面）时，椭圆的长轴垂直于 O_1Z_1 轴，短轴平行于 O_1Z_1 轴。

当圆所在的平面平行于面 $X_1O_1Z_1$（即正面）时，椭圆的长轴垂直于 O_1Y_1 轴，短轴平行于 O_1Y_1 轴。

当圆所在的平面平行于面 $Y_1O_1Z_1$（即侧面）时，椭圆的长轴垂直于 O_1X_1 轴，短轴平行于 O_1X_1 轴。

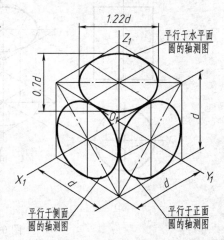

图 6-6 平行于各坐标面圆的正等测

2. 圆的正等测（椭圆）的画法

已知圆，求正等测图（用四心椭圆法）。

作图：

1）如图 6-7a 所示，确定坐标轴原点，作圆的外切正方形。

2）如图 6-7b 所示，画轴测轴和圆的外切正方形的轴测图（菱形）。

3）连接 O_2C_1、O_2B_1 与菱形长对角线交于 O_3、O_4 点，如图 6-7c 所示。

4）分别以 O_5、O_2 为圆心，O_5A_1、O_2B_1 为半径画大圆弧 A_1D_1 和 C_1B_1，再分别以 O_3、O_4 为圆心，O_3A_1、O_4B_1 为半径画小圆弧 A_1C_1 和 B_1D_1，与前面两圆弧相切为椭圆，如图 6-7d 所示。

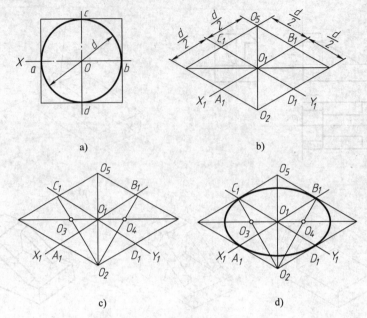

图 6-7　用四心椭圆法画圆的正等测

3. 圆柱体的正等测画法

求作圆柱体的正等测，如图 6-8a 所示。

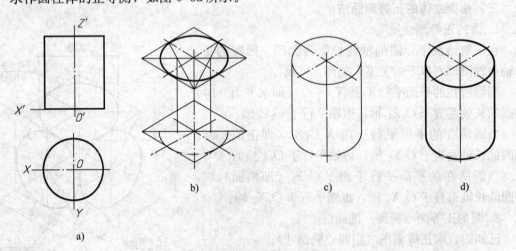

图 6-8　圆柱体的正等测图画法

作图：

1）如图 6-8b 所示，先画上顶圆和底圆的轴测图。

2）如图 6-8c 所示，作两椭圆的公切线。

3）如图 6-8d 所示，描深，完成圆柱的正等测。

4. 组合体的正等测图

轴承座由四个棱柱体叠加而成，下方的底板有两个 φ8 的圆柱孔和两个圆角，上方的长方体挖去半个圆柱孔，再加上两块三角形肋板组成，如图 6-9a 所示。

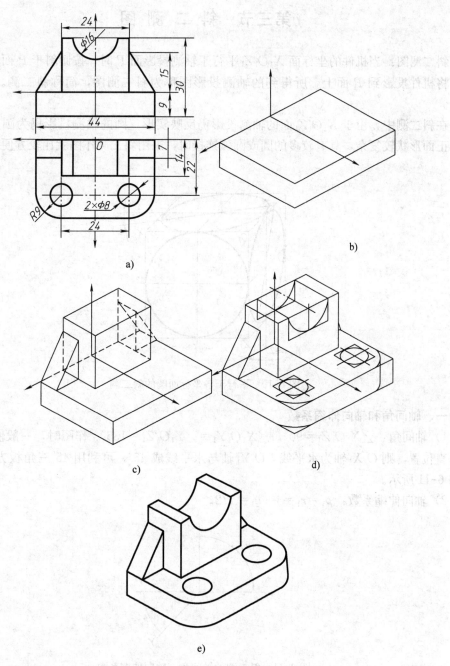

图 6-9　轴承座的正等测图

作图：

1）作出底板，如图 6-9b 所示。

2）作出叠加上长方体和三角形的肋板，如图 6-9c 所示。

3）作出细节部分，画出圆孔、半圆孔、圆角等，如图 6-9d 所示。

4）最后擦去多余图线并加深，如图 6-9e 所示。

第三节　斜二测图

斜二测图：当机件的坐标面 $X_1O_1Z_1$ 平行于轴测投影面 P 时，按倾斜于 P 面的投射方向 S_1，将机件投影到 P 面上，所得到的轴测投影图称为斜二测图，简称斜二测。如图 6-1b 所示。

在斜二测中，由于 $X_1O_1Z_1$ 面的轴测投影仍反映实形，圆的轴测投影仍为圆，因此当物体的正面形状较复杂，具有较多的圆或圆弧连接时，采用斜二测作图就比较方便。如图6-10所示。

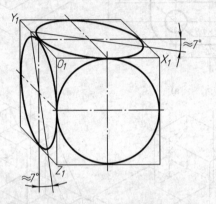

图 6-10　平行于各坐标面圆的斜二测

一、轴间角和轴向伸缩系数

1）轴间角：$\angle X_1O_1Z_1 = 90°$，$\angle X_1O_1Y_1 = \angle Y_1O_1Z_1 = 135°$。作图时，一般使 O_1Z_1 轴处于垂直位置，则 O_1X_1 轴为水平线，O_1Y_1 轴与水平线成 45°，可利用 45° 三角板方便地做出，如图 6-11 所示。

2）轴向伸缩系数：$p_1 = r_1 = 1$、$q_1 = 1/2$。

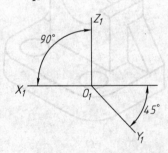

图 6-11　斜二测的轴间角、轴向伸缩系数

二、曲面立体的斜二测画法

试求端盖组合体的斜二测图，如图 6-12a 所示。

1）可知端盖在 V 面上的投影多数为圆，所以用斜二测来表达端盖形状比较简单。因为这些圆弧均可用真实大小的圆来画出，所以在端盖上确定原点和坐标轴。

2）先画端盖 $X_1O_1Z_1$ 坐标面的轴测图，如图 6-12b 所示。

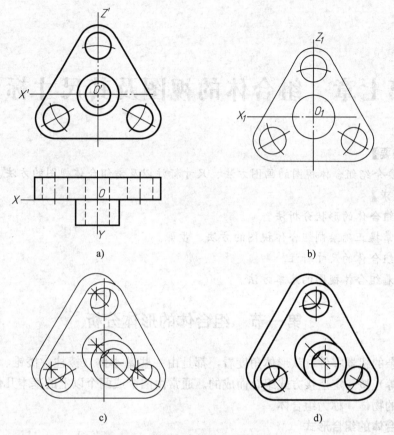

图 6-12　端盖组合体的斜二测图画法

3）由 $X_1O_1Z_1$ 坐标面向前向后分别画出圆筒前端面和三角板后端面轴测图，再将圆筒的前后端面用公切线连接，如图 6-12c 所示。

4）加深可见轮廓线，便得到端盖的斜二测图，如图 6-12d 所示。

小　结

重点掌握正等轴测图与斜二轴测图的画法。

由于正等轴测图中各个方向的椭圆画法相对比较简单，所以当物体各个方向都有圆时，一般采用正等轴测图画法。

斜二轴测图的优点是物体上凡是平行于投影面的平面在图上都反映实形，因此，当物体只有一个方向的形状比较复杂，特别是只有一个方向有圆时，一般采用斜二轴测图画法。

思 考 题

1. 画轴测图应注意运用哪些投影特性？

2. 正等测图的轴间角为多少度？3 个轴向伸缩系数是多少？为了方便画图将其简化为多少？

3. 正等测图的画法分为哪 3 种？

第七章　组合体的视图及其尺寸标注

【内容提要】

本章主要介绍组合体视图的画图方法、尺寸标注以及看组合体视图的方法。

【教学要求】

1. 掌握组合体的形状分析法。
2. 熟练掌握正确绘制组合体视图的方法、步骤。
3. 理解组合体的尺寸标注。
4. 掌握看组合体视图的基本方法。

第一节　组合体的形体分析

任何复杂的机器零件，从形体角度看，都是由一些基本体（棱柱、棱锥、圆柱、圆锥、圆球和圆环等）按一定连接方式组合而成的。通常由两个或两个以上的基本几何体组成的类似机器零件的物体，称为组合体。

一、组合体的组合形式

组合体的组合形式可分为叠加和切割两种。如图 7-1a 所示，螺栓可看成是由六棱柱和圆柱叠加而成；如图 7-1b 所示，导块可看成是由长方体Ⅰ，经切去Ⅱ、Ⅲ、Ⅳ块，挖去圆柱Ⅴ后形成的。

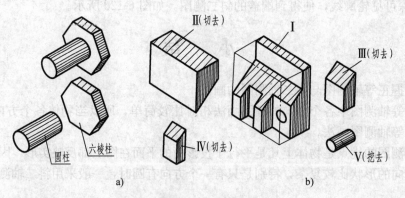

图 7-1　组合体的组合形式

较为复杂的形体往往是由基本几何体叠加和切割综合而成。如图 7-2a 所示的机座，可看作是由底板Ⅰ、拱形板Ⅱ、直角三角柱Ⅲ和长圆柱Ⅳ（两个半圆柱与方柱相切）四个部分的叠加和挖切而成，如图 7-2b 所示。

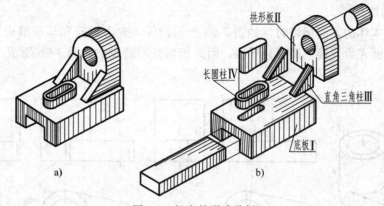

图 7-2 机座的形成分析

二、基本体之间的表面连接关系及其画法

基本体组合在一起之后，必须正确表示组合体的各基本体之间的表面连接关系，其表面之间的连接关系可分为表面不平齐、表面平齐、表面相切和表面相交四种。画图时注意这些关系，不多画线也不漏线。看图时注意这些关系，能帮助想清楚物体整体结构形状。

1. 表面不平齐

如图 7-3a 所示，当两个基本体的表面不平齐时，相接处应画分界线，如图 7-3b 所示。图 7-3c 所示的错误是漏画了线。因为若两表面的分界处不画线，就表示为同一个连续表面。

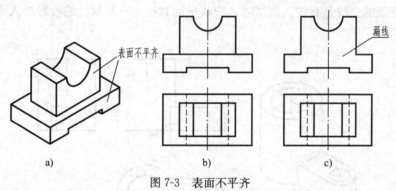

图 7-3 表面不平齐

2. 表面平齐

如图 7-4a 所示，当两个基本体的表面平齐时，相接处不应画分界线，如图 7-4b 所示。图 7-4c 所示的错误是多画了线。因为若多画一条线，成为两个线框，就表示两个表面了。

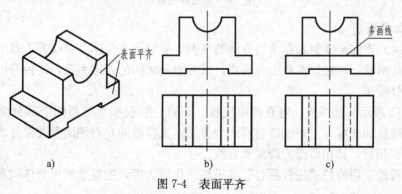

图 7-4 表面平齐

3. 表面相切

当两个基本体的表面相切时，如图 7-5a 所示物体，它由圆筒和耳板组成。耳板前、后表面与圆筒表面光滑连接，没有分界线，因此相切处不画线，如图 7-5b 所示。图 7-5c 所示是错误的画法。

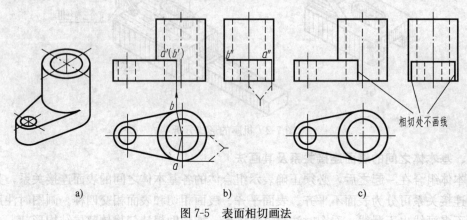

相切处不画线

图 7-5　表面相切画法

应注意，耳板顶面的投影应画至切点处，如图 7-5b 中的 a'（b'）、a''和 b''。

4. 表面相交

当两个基本体的表面相交时，在相交处应画出交线。图 7-6b 所示的物体，耳板前、后表面与圆筒表面的交线是直线。画图时，应从平面和柱面有积聚性的投影处入手画出交线的其余投影。

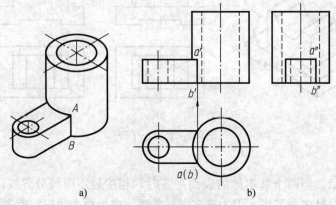

图 7-6　表面相交画法

三、形体分析法

为了正确而迅速地绘制和看懂组合体的视图，假想把组合体分解成若干基本几何体，分析各基本体的形状、相对位置和组合形式，以及表面之间的连接关系，这种分析组合体的方法称为形体分析法。

如图 7-7a 所示的轴承座，可看作由底板、圆筒、肋板和支撑板四个部分叠加和切割而成。底板、肋板和支撑板之间的组合形式为叠加；支撑板的左右侧面和圆筒外表面相切，肋板和圆筒属于相贯，其相贯线为圆弧和直线。

形体分析法采用的是"先分后合"的思想，化繁为简，把复杂的组合体问题转化为简单的基本体问题。所以，它是组合体画图、读图和标注尺寸最基本的方法。

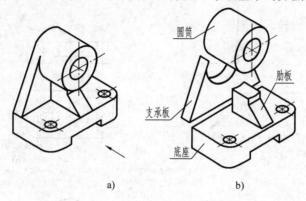

图 7-7 轴承座的形体分析

第二节 画组合体的视图

画组合体的视图时，应按一定的方法和步骤进行。下面举例说明组合体视图的画法。

一、叠加式组合体视图画法

现以图 7-7a 所示的轴承座为例，说明画叠加式组合体视图的方法和步骤。

1. 形体分析

画图之前，首先对组合体进行形体分析，弄清它的各组成部分的形状、相对位置和组合形式，以及各表面之间的连接关系。图 7-7a 所示的轴承座是由底板、圆筒、支撑板和肋板四个部分组成。

2. 视图的选择

在表达机件形状的一组视图中，主视图是最主要的视图。主视图的投射方向确定后，其他视图的投射方向及视图之间配置也就确定了。主视图的选择一般应考虑以下几个问题：

1）主视图最能反映机件的结构形状特征。也就是说，在主视图上能清楚地表达组成该机件的各基本体形状及它们的相对位置。

2）使主视图符合机件的自然安放位置。

3）尽量减少其他视图的虚线，使图幅的布局匀称合理。

因此，轴承座的主视图以图 7-7a 中箭头方向为主视方向。主视图决定后，其他两视图也就随之确定了。

3. 选比例，定图幅，布置视图

根据实物的大小和复杂程度，定出符合国家标准规定的作图比例，一般尽量选用 1：1 的比例。图幅的大小应根据视图范围、尺寸标注和画标题栏等所需的面积而定。布置视图应均匀，视图之间、视图与图框线之间的空当要适当，以便保证能注全所需的尺寸。

4. 画视图底稿，如图 7-8 所示。

为了迅速而正确地画出组合体的三视图，画底稿时应注意：

1）画图的先后顺序，先画主要部分，后画次要部分；先画基本形体，再画切口、穿孔、圆角等细部结构。

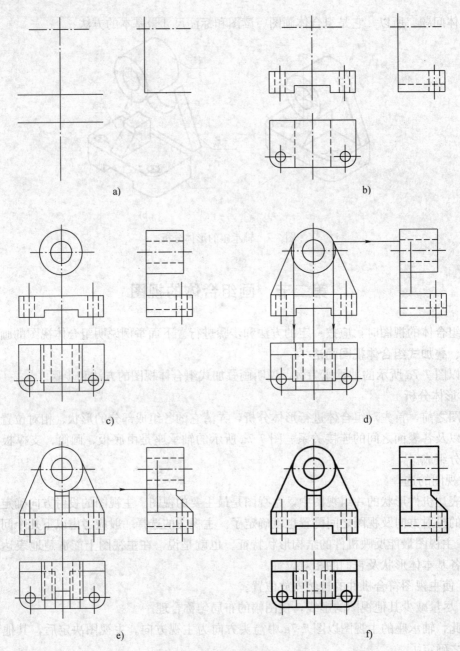

图 7-8　叠加式组合体画图步骤

2）画各部分的投影时，应从形状特征明显的视图入手，三个视图配合着同时画，不应画完一个视图后，再画另一视图。这样，不但可以提高绘图速度，而且能避免多线、漏线。

3）保持各形体之间的正确位置关系和表面连接关系，如圆筒在底板的上方，与底板的后面共面，支撑板与圆筒表面相切处不画线（俯、左视图上），肋板与圆筒交线的 W 面投影应根据主视图上的相交处按"高平齐"关系画出。

5. 检查、改错，描深图线，完成组合体三视图

完成底稿后，应认真检查全图，改正错、漏部分，擦去多余的线条，按国家标准规定的

线型进行加深描粗，并注意同类线型应保持粗细、浓淡一致。

二、切割式组合体画法

切割式组合体可看作是由一个基本体切去某些部分而形成的。图 7-1b 所示的导块可看作是由长方体 I 切去形体 II、III、IV 又钻一个孔而成。

现以图 7-1b 所示的导块为例说明切割式组合体三视图的画图步骤。

1) 首先应从整体出发，画出导块被切割前的主体轮廓，如图 7-9a 所示。

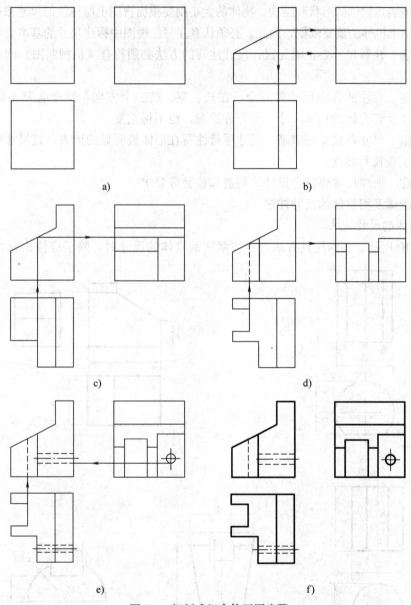

图 7-9 切割式组合体画图步骤

2) 按切割过程逐个画出被切部分的视图。画图步骤与叠加式组合体基本相同，只不过各个形体是一块块切割下来，而不是叠加上去罢了。对于被切去部分应先画反映其形状特征的视图，即从有积聚性的投影入手，再画其他视图。例如，切去形体 II，应先画主视图；而切去形体Ⅲ、Ⅳ，应先画俯视图；挖去圆柱孔Ⅴ，应先画左视图。具体画图步骤如图7-9所示。

<h2 align="center">第三节　组合体的尺寸标注</h2>

一、尺寸标注的基本要求

视图只能表达物体的形状和结构，物体的大小则要根据视图上所标注的尺寸来确定。视图中的尺寸是加工机件的重要依据，因此，必须认真注写。视图中标注尺寸的基本要求如下：

（1）正确　注写尺寸要正确无误，尺寸注写的方法必须符合《机械制图》国家标准的有关规定。

（2）完整　标注的各类尺寸要齐全，在长、宽、高三个方向，注全各基本体的定形尺寸、定位尺寸及组合体的总体尺寸，不允许遗漏，也不得重复。

（3）清晰　尺寸布置整齐清晰，尺寸尽量注写在形体最明显的地方，且尺寸布置的位置要恰当，便于查找和阅读。

（4）合理　所注尺寸要符合设计、制造和检验等要求。

二、切割体及相贯体的尺寸注法

1. 切割体的尺寸注法

如图7-10所示，在标注具有缺口或被截切的立体的尺寸时，除了应注出基本体的定形

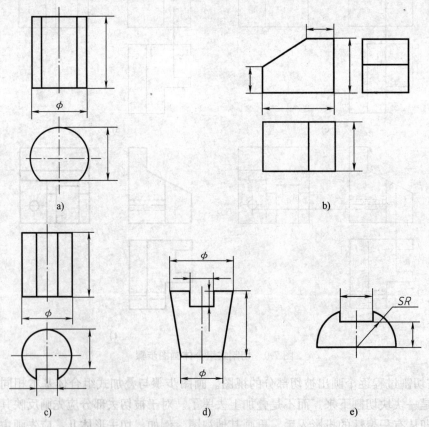

图7-10　切割体的尺寸注法

尺寸外，还应注出确定截平面位置的定位尺寸。由于截平面与立体的相对位置确定后，立体表面的截交线也就被唯一地确定了，因此对截交线不应再标注尺寸。

2. 相贯体的尺寸注法

标注处于相贯情况下立体的尺寸时，除应注出参与相贯的各立体的定形尺寸外，还应注出确定各立体相互位置关系的定位尺寸。当两相交立体的形状、大小及相对位置确定后，两相交立体的交线（相贯线）也就被唯一确定了。因此，对相贯线就不应再注尺寸。如图7-11所示。

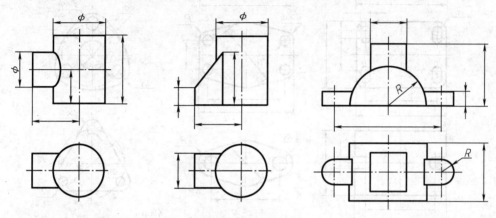

图 7-11 相贯体的尺寸注法

3. 机件上常见端盖、底板和法兰盘的尺寸注法

图 7-12 所示为常见端盖、底板和法兰盘的尺寸注法。由于这些机件符合生产实际，故标注组合体尺寸时，当遇到与图中所示的物体形状相似的形体结构时，应注意按照图例中的尺寸标注形式进行标注。

三、组合体的尺寸标注

1. 尺寸的种类

为了将尺寸标注完整，在组合体视图上，一般需标注下列三种尺寸：

（1）定形尺寸 确定组合体各组成部分的形状和大小的尺寸。

（3）定位尺寸 确定组合体各组成部分之间相对位置的尺寸。

（3）总体尺寸 确定组合体外形大小的总长、总宽、总高尺寸。

2. 尺寸基准

尺寸基准就是标注或测量尺寸的起点。由于组合体有长、宽、高三个方向的尺寸，每个方向至少应该有一个尺寸基准，以便从基准出发，确定组合体各组成部分之间相对位置的定位尺寸。选择尺寸基准必须体现组合体的结构特点，并使尺寸度量方便。一般选择组合体的对称面、底面、重要端面以及回转体轴线等。

3. 组合体尺寸标注的步骤

以图 7-13a 所示的支架为例，说明标注尺寸的方法与步骤。

1）形体分析，选定基准。如图 7-13b 所示，支架是由底板、竖板和肋板三个部分组成。如图 7-13a 所示，支架的竖板右侧面为长度方向的尺寸基准，支架的前、后对称面为宽度方向的尺寸基准，底板的底面为高度方向的尺寸基准。

2）逐个注出组合体各组成部分的定形尺寸和定位尺寸。支架的底板、竖板和肋板三部

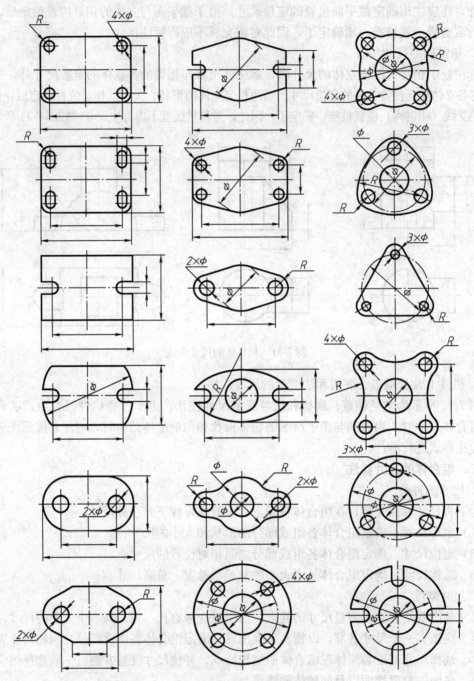

图 7-12　常见端盖、底板和法兰盘的尺寸注法

分的定形尺寸如图 7-13c 所示。如图 7-13d 所示，尺寸 22 是确定竖板圆孔高度方向的定位尺寸，尺寸 26 和 12 是确定底板上两个圆孔长和宽方向的定位尺寸。

　　3）标注总体尺寸。如图 7-13e 所示，总长、总宽、总高尺寸为 32、24、31。

　　4）按形体分析法从长、宽、高三个方向检查有无重复或遗漏尺寸。完成支架的尺寸标注，如图 7-13e 所示。

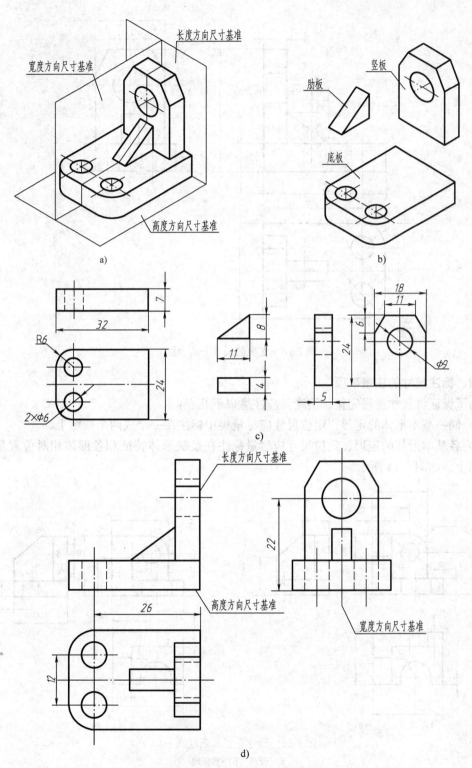

图 7-13　支架的尺寸分析

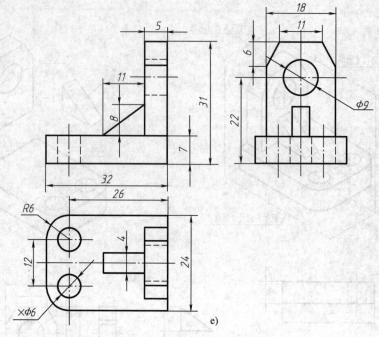

图 7-13　支架的尺寸分析（续）

四、标注尺寸的注意事项

为了保证将尺寸注得完整、清晰，应注意以下几点：

1) 同一基本形体的定形、定位尺寸应尽量集中标注在一个或两个视图上。

2) 各基本形体的定形、定位尺寸应尽量标注在反映形体特征和各形体相对位置最明显的视图上。如图 7-14 所示。

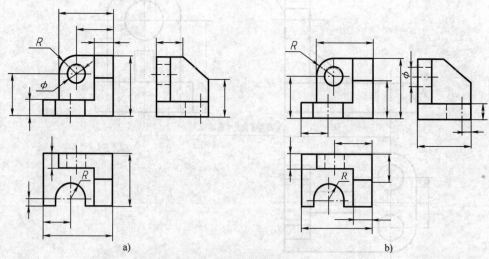

图 7-14　尺寸布置清晰性（一）

a）合理　b）不合理

3) 回转体的直径尺寸一般标注在非圆视图上。虚线上尽量避免标注尺寸。圆弧半径尺寸应标注在反映圆的视图上。

4）为使图形清晰，应尽量把尺寸注在视图外面，与两视图有关的尺寸，最好注在两视图之间，便于看图。如图 7-15 所示。

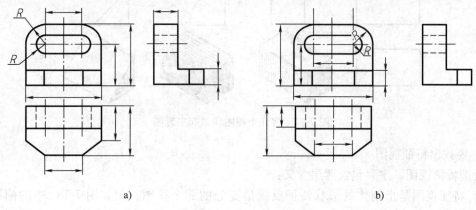

a)   b)

图 7-15　尺寸布置清晰性（二）

a）合理　b）不合理

第四节　看组合体视图的方法

看图是根据物体的视图想象出物体形状的过程，它采用的基本方法是形体分析法和线面分析法。读者在前面学习画图时，已积累了一定的看图知识，但要提高读图能力、迅速地读懂视图，还需进一步学习有关看图的基本知识和了解正确的看图步骤和方法，并需要进行大量的看图实践。

一、看图构思物体形状的思维方法

1. 熟悉常用基本体的视图特点

一个复杂的组合体总可以分解为若干个基本体（棱柱、棱锥、圆柱、圆锥、圆球等）。如果对常用基本体的投影特征非常熟悉，看图时就能较快地看懂其视图。

2. 要把几个视图联系起来看

在没有注尺寸的情况下，只看一个视图不能确定物体的形状，如图 7-16a 所示的一个视图，可以想象出如图 7-16b、c、d、e 所示的若干不同形状的物体。

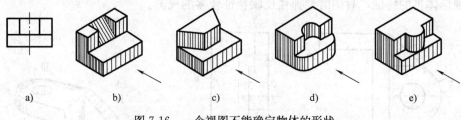

a)   b)   c)   d)   e)

图 7-16　一个视图不能确定物体的形状

有时虽有两个视图，但如果视图选择不当，物体的形状也不能确定。例如图 7-17 中，若只看主、俯两个视图，物体的形状仍然不能确定，随着左视图的不同，物体可能是长方体，或 1/4 圆柱，或三棱柱等等。因此，看图不能只盯住一、两个视图，必须把所给的视图联系起来识读，才能想出物体的形状。

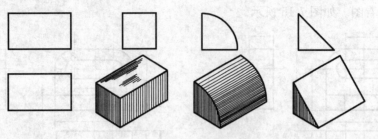

图 7-17　将几个视图联系起来看图

3. 要找出特征视图

所谓特征视图，主要包含两层含义：

1）特征视图是指物体的形状特征反映最充分的那个视图。例如图 7-18a 中的俯视图，图 7-18b 中的主视图，图 7-18c 中的左视图，找到这个视图，再配合其他视图，就能较快地认清物体了。

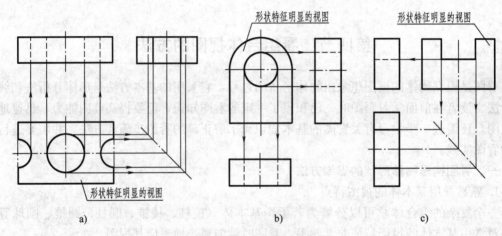

图 7-18　形状特征明显的视图

但是，组成物体的各个形体的形状特征，并非总是集中在一个视图上，可能每一个视图都有一些。例如图 7-19 的支架是由四个形体叠加而成。主视图反映形体Ⅰ、Ⅳ的特征，俯视图反映形体Ⅲ的特征，看图时要抓住反映特征较多的视图。

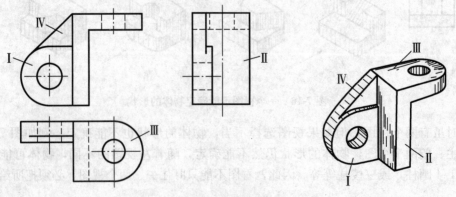

图 7-19　支架

2）特征视图是指物体的位置特征反映最充分的那个视图。例如图 7-20a 中，如果只看主、俯视图，Ⅰ、Ⅱ两块形体哪个凸出哪个凹进是不能确定的，可能是图 7-20b 所示的情况，也可能是图 7-20c 所示的情况。如果将主、左视图配合起来看，就可以想象出Ⅰ是凹进去的，Ⅱ是凸出来的，所以，左视图是反映物体各组成部分之间相对位置特征最明显的视图。

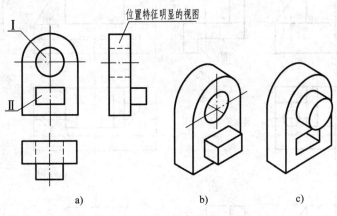

图 7-20 位置特征明显的视图

4. 明确视图上图线及线框的空间含义

识别视图上图线及线框的空间含义，是看图思维基础之一。如图 7-21a 所示，线 $1'$ 表示圆柱面轮廓素线，线 $2'$ 表示六棱柱侧面的交线；线框 a' 表示圆柱面，线框 b' 和 c' 分别表示六棱柱的两个侧面；俯视图中的线框 d 表示在六棱柱上凸出一个圆柱；图 7-21b 所示俯视图中的线框 e 与 f 则表示在圆柱体上有一个台阶孔。

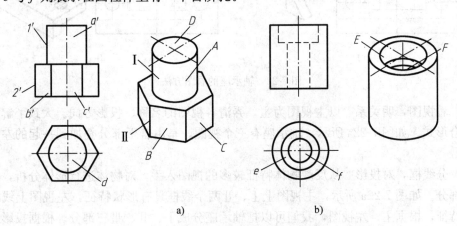

图 7-21 视图上图线及线框的空间含义

二、看图的方法和步骤

看图的基本方法是形体分析法和线面分析法，以前者为主，后者为辅。通常问题用形体分析法即可看懂，遇到疑难问题时才用线面分析法。

1. 形体分析法看图

看图时，按封闭线框将视图分解成几个部分，再与其他视图对投影，然后逐个部分想象其形状，并确定其相对位置，组合形式和表面连接方式，从而想象出整体形状。

形体分析法尤其适合于叠加式组合体，下面以图 7-22a 所示的轴承座为例，说明看组合体视图的一般步骤。

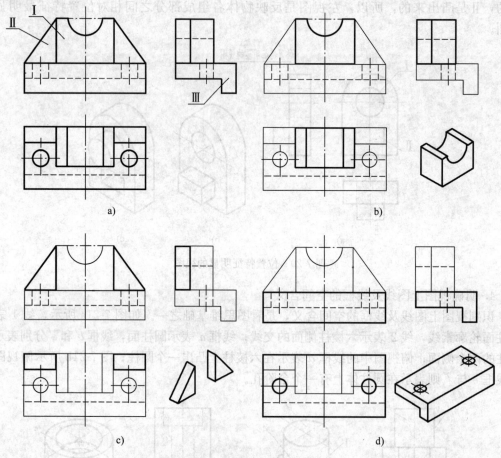

图 7-22　轴承座的看图方法

（1）看视图，明关系　以主视图为主，弄清各视图的名称、投影方向。大致了解所示物体的组合形式。如图 7-22a 所示，轴承座有三个视图，是由若干部分叠加到一起的左、右对称物体。

（2）分线框，对投影　从反映物体特征较多的视图入手，对物体进行形体分析，把它分解成几部分。如图 7-22a 所示，主视图上Ⅰ、Ⅱ两个线框具有形状特征，左视图上线框Ⅲ具有形状特征，根据主、左视图，我们可以把轴承座分成Ⅰ、Ⅱ、Ⅲ三部分。根据投影的"三等"对应关系，使用三角板、分规等工具，找出Ⅰ、Ⅱ、Ⅲ三部分的三面投影。

（3）按特征，想形状　形体Ⅰ、Ⅱ在主视图中反映的形状最明显，形体Ⅲ在左视图中反映的形状最明显，根据"三等"对应关系对投影，分别在其他视图上找到相应投影，如图 7-22b、c、d 中的粗实线所示。然后想象出各组成部分的形状，如图 7-22b、c、d 中的立体图所示。

（4）综合起来想整体　在看懂每块形状的基础上，再根据整体的三视图，分析它们的相对位置、组合形式及表面连接方式，形成一个整体形状。

如图 7-22a 所示，从俯、左视图中可以看出，三个形体后面平齐，左右对称分布，叠加形成整体，整体形状如图 7-23 所示。

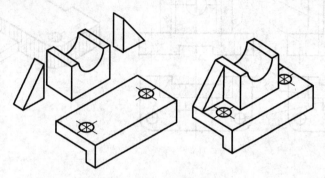

图 7-23 轴承座整体形状

2. 线面分析法看图

线面分析法就是运用投影规律，把物体表面分解为线、面等几何要素，通过识别这些要素的空间位置、形状，进而想象出物体形状。在看切割式组合体的视图时，主要靠线面分析法。

三、读图举例

1. 已知两个视图补画第三个视图

在看懂所给出的两个视图的基础上，想象出物体的形状，再根据投影关系补画出第三个视图。这实际上是看图与画图的综合练习，是培养和检验画图、看图能力的一种有效方法。

【例 7-1】 根据图 7-24a 所示主视图和俯视图，补画左视图。

作图步骤：

1）形体分析，从图 7-24a 的主视图入手，将组合体分为三个部分。

2）按投影规律逐一找出俯视图中对应的投影，并想象出它们各自的形状，如图 7-24b、c、d 所示。

3）按组合位置，综合起来想整体形状，如图 7-24e 所示。

4）补画左视图，如图 7-24f 所示。

【例 7-2】 根据图 7-25 所示主视图和左视图，补画俯视图。

作图步骤：

1）根据主、左视图的外形，确定该组合体是由长方体切割而成。画出长方体俯视图。如图 7-26a 所示。

2）从左视图的斜线 $1''$ 出发，对应主视图线框 $1'$，想象长方体切去一角 I，画出切去部分的俯视图。如图 7-26b 所示。

3）从主视图的切槽形状 $2'$，对应左视图的虚线，想象长方体切去梯形体 II，画出切槽部分的俯视图。如图 7-26c 所示。

4）从左视图的线段 $4''$ 对应主视图的线框 $4'$，从左视图的线框 $3''$ 对应主视图线段 $3'$，想象左右切去部分 III。画出俯视图的切口。如图 7-26d 所示。

【例 7-3】 根据图 7-27a 所示座体的主视图和俯视图，补画左视图。

作图步骤：

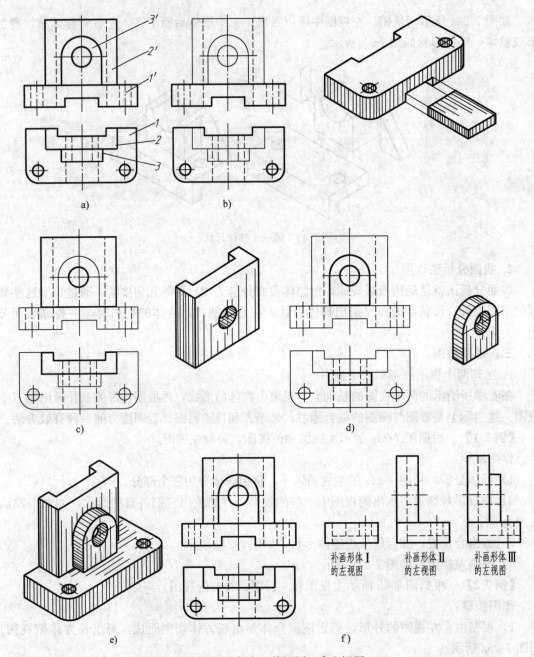

图 7-24 已知主、俯视图，求左视图

1）按形体分析法把座体分成三个部分，Ⅰ为长方形底板，前面左、右角各被切去一长方块，底板上有两个小通孔和一个大通孔；Ⅱ为三角形肋板，左、右对称各一块；Ⅲ为具有半个圆柱的 U 形体，轴线垂直于水平面，且中间有圆柱孔，前边有一切口，切口下部为一轴线垂直于正立面的半圆柱孔，U 形体的后方有凹槽。三个组成部分叠加为

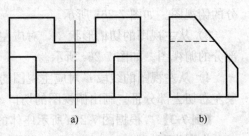

图 7-25 已知主、左视图，求俯视图

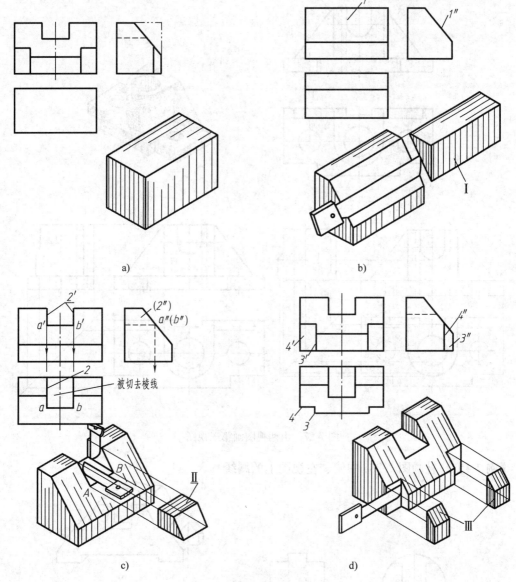

图 7-26 用切割法画第三视图

左、右对称的座体，其形状如图 7-27b 所示。

2）根据想出的形状，分部分按投影关系画出左视图，如图 7-27c、d 所示。应注意分析内表面的交线（截交线和相贯线），这是初学者易忽略的。

3）检查全图，检查投影关系是否正确，想象出的物体与视图表达是否符合，是否有遗漏或多余的图线。

2. 补画视图中所缺的图线

补画视图上的漏线，是培养看图能力的又一方法。首先根据给出的视图想象所表达物体的形状；然后分析漏线的性质，逐个按投影关系补画漏线；最后检查图线是否补全，投影是否正确，完整的三视图与所设想的物体是否符合。

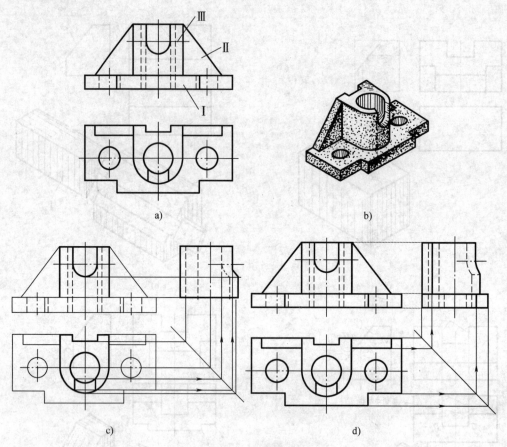

图 7-27　由两视图画第三视图

【例 7-4】　补画图 7-28a 中俯、左视图上的漏线。

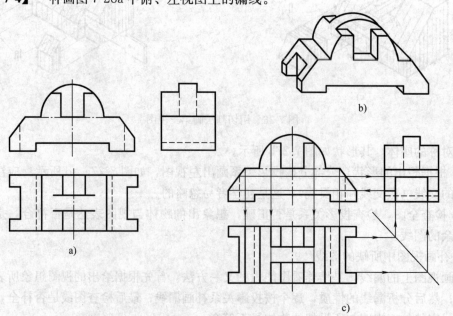

图 7-28　补画视图上的漏线

作图步骤：

1）根据三视图的形体分析，可知该组合体分为上、下两部分，上部是轴线垂直于正立面的半圆柱；下部是长方形底板，底板的前、后面与半圆柱的前、后面平齐，底板的左、右上方各切去一角并切割出竖槽，底面前后有通槽；半圆柱的前、后各削平并切割出竖槽。形状如图 7-28b 所示。

2）根据分析补画长方体底板中的漏线，具体作图如图 7-28c 所示。

3）补画出上半圆柱中的漏线。如图 7-28c 所示。

小　结

一、形体分析法是组合体的画图、读图和尺寸标注的一种行之有效的基本方法。要熟练掌握组合体的组成形式及表面连接关系。

二、画图时，一定要在形体分析的基础上"分块逐块画"，要注意分析形体之间的组合方式及表面连接关系，避免发生多线和漏线。

三、对于用切割方法形成的组合体，有时需借助线面分析方法进一步分析表面的形状特征及投影特性，以便准确地想象出物体的形状和正确地画出图形。

四、标注尺寸时一定要在形体分析的基础上逐个标注每个形体的定形、定位尺寸，同时注意正确选择尺寸基准。最后标注总体尺寸时要注意调整，避免出现封闭的尺寸链。

思　考　题

1. 什么是形体分析法？
2. 基本体表面连接关系有哪些？画法有何区别？
3. 什么是特征视图？它在画图、看图和标注尺寸时有何作用？
4. 读组合体三视图要注意哪些要点？
5. 怎样才能做到所标注的尺寸正确、完整、清晰？

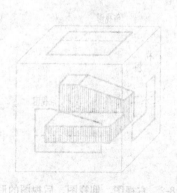

第八章 机件常用的表达方法

【内容提要】

本章主要是介绍表达机件内、外结构形状的各种方法以及《机械制图 图样画法》和《技术制图 简化表示法》中有关表达方法的规定。

【教学要求】

1. 掌握视图的基本概念、画法和标注方法。
2. 掌握剖视图的基本概念、画法和标注方法。
3. 掌握断面图的基本概念、画法和标注方法。
4. 了解其他的表达方法。

前面已介绍了用主、俯、左三个视图表达机件结构形状的方法。在生产实际中，有些简单的机件只用一个或两个视图并注上尺寸，就可以表达清楚。然而，有些复杂的机件，就是用三个视图也难以将其内外结构形状表达出来。所以，还必须增加表示方法，扩充表达手段。为此，国家标准《技术制图》和《机械制图》中规定了其他基本表示法。掌握这些基本表示法，可根据机件不同的结构特点，完整、清晰、简便地表达机件的内外形状。

第一节 视 图

视图分为基本视图、向视图、局部视图和斜视图，主要用于表达机件的外形。

一、基本视图

在原来的三个投影面的基础上，再增加三个互相垂直的投影面，从而构成一个正六面体的六个侧面，这六个侧面为基本投影面，如图8-1所示。将机件放在正六面体内，分别向各基本投影面投射，所得的视图称为基本视图，其中，除了前面学过的主视图、俯视图和左视图外，还有右视图、仰视图和后视图，如图8-2所示。

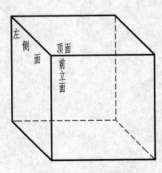

图8-1 基本投影面

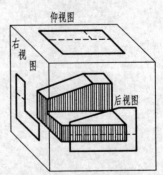

图8-2 右视图、仰视图、后视图的形成

六个基本投射方向、六个基本视图名称分别是：

1）从物体的前方投射所得的视图——主视图。

2）从物体的上方投射所得的视图——俯视图。

3）从物体的左方投射所得的视图——左视图。

4）从物体的右方投射所得的视图——右视图。

5）从物体的下方投射所得的视图——仰视图。

6）从物体的后方投射所得的视图——后视图。

各投影面的展开方法如图 8-3 所示。在同一张图样内，六个基本视图按图 8-4 所示配置时，一律不标注视图名称。六个基本视图之间仍满足"长对正、高平齐、宽相等"的投影规律。

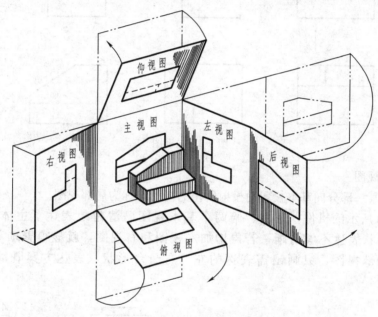

图 8-3　六个基本投影面的展开

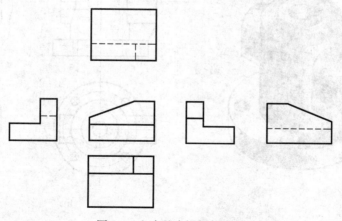

图 8-4　六个基本视图的配置

实际使用中，不一定要将六个基本视图都画出来，而是根据机件形状的复杂程度和结构特点，选择若干个基本视图。

二、向视图

向视图是可以自由配置的基本视图。

在同一张图样内，六个基本视图按图 8-4 配置时，可不标注视图的名称，如果不能按图 8-4 配置视图时，应在视图的上方标注名称"×"（"×"为大写字母，如"*A*"、"*B*"等），在相应的视图附近用箭头指明投射方向，并标注上相同的字母，如图 8-5 所示。

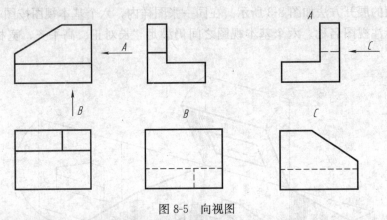

图 8-5　向视图

三、局部视图

将机件的某一部分向基本投影面投射所得的视图，称为局部视图。

如图 8-6a 所示的机件，用主、俯两个基本视图已清楚地表达了主体形状，但左、右两个凸台形状表达不够清晰，若再增加左视图和右视图，就显得繁琐和重复，此时可采用两个局部视图，只画出需表达的左、右凸台形状，表达方案既简练又突出了重点。

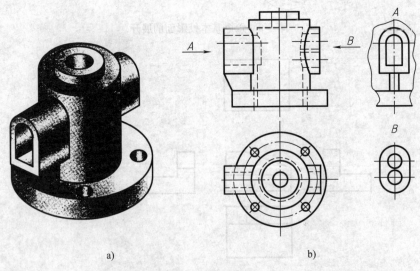

a)　　　　　　　　　　　　b)

图 8-6　局部视图

当采用一定数量的基本视图后，该机件上只有部分结构尚未表达清楚，而又没有必要再画出完整的基本视图时，可采用局部视图。

局部视图的配置、标注及画法：

1) 局部视图可按基本视图配置的形式配置（如图 8-6 中的局部视图 A），也可按向视图配置在其他适当位置（如图 8-6 的局部视图 B）。

2) 局部视图必须进行标注，即用带字母的箭头标明所要表达的部位和投射方向，并在局部视图的上方标注相应的视图名称，如 "B"。但当局部视图按投影关系配置，中间又没有其他视图隔开时，可省略标注（图 8-6 中局部视图 A 的箭头和字母均可省略）。

3) 局部视图的断裂边界用波浪线（如图 8-6 中的局部视图 A）。但当所表示的局部结构完整，且其投影的外轮廓线又成封闭时，波浪线可省略不画（如图 8-6 中的局部视图 B）。波浪线不应超出机件实体的投影范围。

四、斜视图

机件向不平行于基本投影面的平面投射所得的视图，称为斜视图，如图 8-7a 所示。

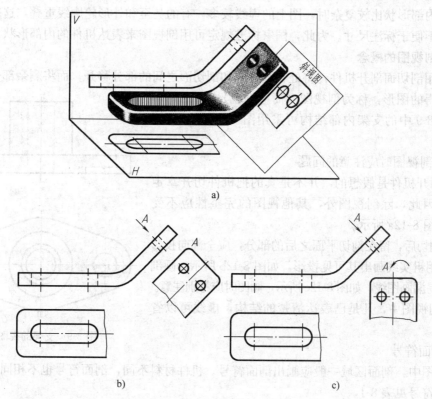

图 8-7　斜视图

当机件上有倾斜于基本投影面的结构时，在基本视图中不能反映该部分的实形。这时，可设置一个与倾斜结构平行且垂直于一个基本投影面的辅助投影面，然后将该倾斜结构向辅助投影面投射，再将辅助投影面按箭头所指方向，旋转到与其垂直的基本投影面重合的位置，就可得到反映该部分实形的斜视图。

斜视图的配置、标注及画法：

1）斜视图一般按向视图的配置形式配置并标注，即在斜视图的上方用字母标出视图的名称，在相应的视图上用带相同字母的箭头指明投射方向，如图8-7b 所示。

2）在不致引起误解的情况下，为方便作图，允许将图形旋转，这时斜视图应加注旋转符号。旋转符号为半圆形，如图8-8 所示。必须注意，表示视图名称的大写拉丁字母应靠近旋转符号的箭头端，如图8-7c 所示。

3）斜视图只表达倾斜表面的真实形状，其他部分用波浪线断开。

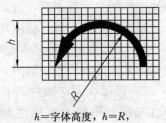

h=字体高度，$h=R$，
符号笔画宽度=$h/10$ 或 $h/14$
图 8-8　旋转符号

第二节　剖　视　图

画视图时，机件的内部形状，如孔、槽等，因其不可见而用虚线表示，如图8-9 所示。但当机件内部形状比较复杂时，图上的虚线较多，有的甚至和外形轮廓线重叠，这既不利于读图，也不便于标注尺寸。为此，国家标准规定可用剖视图来表达机件的内部形状。

一、剖视图的概念

假想用剖切面剖开机件，将处在观察者和剖切面之间的部分移开，而将剩余部分向投影面投射所得的图形，称为剖视图（简称剖视），如图8-10所示。图8-9 中的支架内部结构可采用图8-11 所示的剖视图表示。

1. 画剖视图时应注意的问题

1）剖开机件是假想的，并不是真的把机件切开拿走一部分，因此，除剖视图外，其他视图的完整性应不受影响，如图8-12a 所示。

2）剖切后，留在剖切平面之后的部分，应全部向投影面投射，用粗实线画出其可见投影，如图8-12b 所示。画剖视图时容易漏画图线，如图8-12c 所示，画图时应特别注意。

3）剖视图中，凡是已表达清楚的结构，虚线可以省略不画。

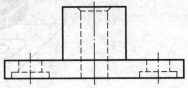

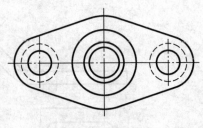

图 8-9　支架的视图

2. 剖面符号

剖视图中，剖面区域一般应画出剖面符号。机件材料不同，剖面符号也不相同，部分材料的剖面符号见表8-1。

金属材料的剖面符号又称剖面线，一般画成与水平线成 45°角的等距细实线。剖面线向左或向右倾斜均可，但同一机件在各个视图中的剖面线倾斜方向应相同，间距也应相等。

当图形中的主要轮廓线与水平线成 45°或接近 45°时，该图形上的剖面线应画成与水平线成30°（或 60°）的平行线，倾斜方向和间距仍应与其他剖视图上的剖面线一致，如图8-13所示。

3. 剖视图的配置与标注

剖视图一般按投影关系配置，如图8-11 中的主视图，图8-13 中的 A—A 剖视图。

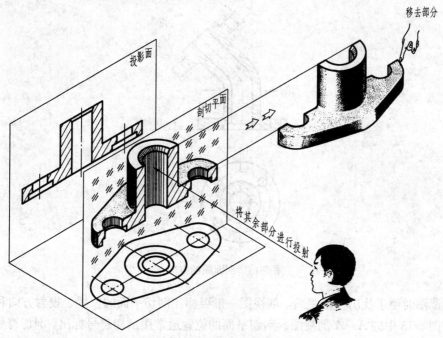

图 8-10 剖视图的概念

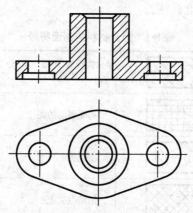

图 8-11 支架的剖视图

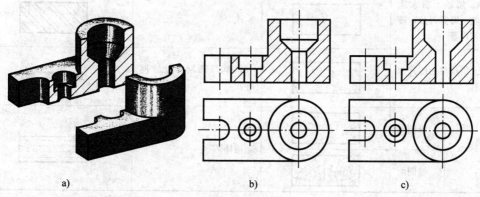

a)   b)   c)

图 8-12 剖视图

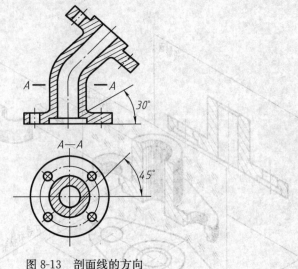

图 8-13　剖面线的方向

　　为了读图时便于找出投影关系，剖视图一般要标注剖切平面的位置、投射方向和剖视图名称，如图 8-13 中的 A—A 剖视图。剖切平面的位置通常用剖切符号标出，剖切符号用粗实线绘制，它不能与图形轮廓线相交；投射方向是在剖切符号的外侧用箭头表示；剖视图名称则是在所画剖视图的上方用字母标注。

表 8-1　部分材料的剖面符号

金属材料（已有规定剖面符号者除外）		木质胶合板（不分层数）	
线圈绕组元件		基础周围的泥土	
转子、电枢、变压器和电抗器等的迭钢片		混凝土	
非金属材料（已有规定剖面符号者除外）		钢筋混凝土	
型砂、填砂、粉末冶金、砂轮、陶瓷刀片等，硬质合金刀片等		砖	
玻璃及供观察用的其他透明材料		格网（筛网、过滤网等）	
木材	纵剖面	液体	
	横剖面		

　　在下列两种情况下，可省略或部分省略标注：

1）当剖视图按投影关系配置，且中间又没有其他图形隔开时，由于投射方向明确，可省略箭头。

2）当单一剖切平面通过机件的对称面或基本对称面，同时又满足情况1）的条件，此时剖切位置、投射方向以及剖视图都非常明确，故可省去全部标注，如图8-13中的主视图。

二、剖视图的种类

按机件被剖开的范围来分，剖视图可分为全剖视图、半剖视图和局部剖视图三种。

1. 全剖视图

用剖切面完全地剖开机件所获得的剖视图，称为全剖视图。前述的各剖视图例均为全剖视图。

由于全剖视图是将机件完全剖开，机件外形的投影会受影响，因此，全剖视图一般适用于外形简单、内部形状较复杂的不对称机件或外形简单的对称机件。如图8-14所示。无论是用哪一种机件，只要是完全剖开，全部移去观察者与剖切面之间的部分所得到的剖视图，都是全剖视图。

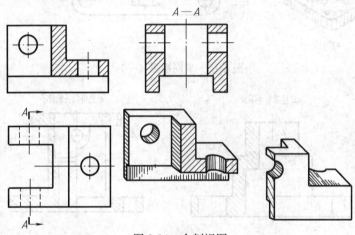

图8-14　全剖视图

对于一些具有空心回转结构的机件，即使结构对称，但由于外形简单，亦常采用全剖视图。

2. 半剖视图

当机件具有对称平面时，向垂直于对称平面的投影面上投射所得的图形，允许以对称中心线为界，一半画成剖视图，另一半画成视图，这样获得的剖视图，称为半剖视图，如图8-15所示。

半剖视图主要用于内、外形状都需要表达，且结构对称的机件。

当机件的形状接近于对称，且不对称部分已另有图形表达清楚时，也可以画成半剖视图。

半剖视图中，因机件的内部形状已由半个剖视图表达清楚，所以在不剖的半个视图中，表达内部形状的虚线应省去不画，如图8-16a中的主视图所示。

画半剖视图，不影响其他视图的完整性，所以图8-16a中主视图为半剖，俯视图应完整画出而不应缺四分之一。

半剖视图中间应以细点画线为分界线，不应该画成粗实线，如图8-16b所示。

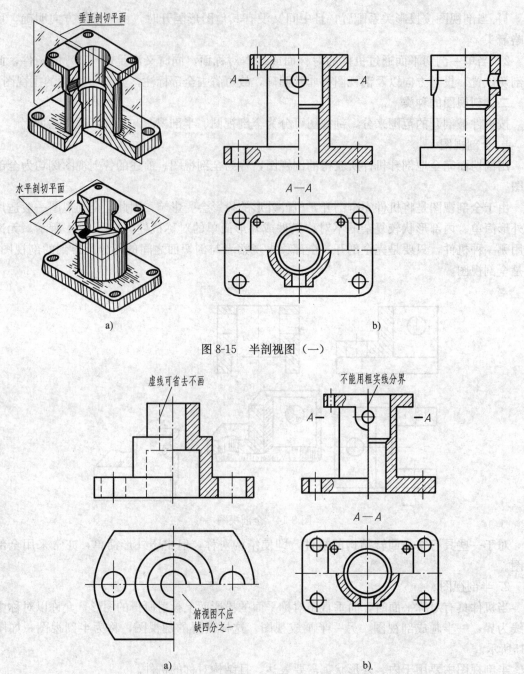

图 8-15　半剖视图（一）

图 8-16　半剖视图（二）

　　半剖视图的标注方法与全剖视图的标注方法相同，半剖视图标注方法正误对比如图 8-17 所示。

　　3. 局部剖视图

　　用剖切平面局部地剖开机件所获得的剖视图，称为局部剖视图。如图 8-18 所示。

　　局部剖视图应用比较灵活，适用范围较广。

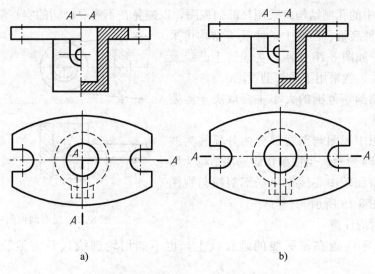

图 8-17 半剖视图标注方法正误对比

a）错误注法 b）正确注法

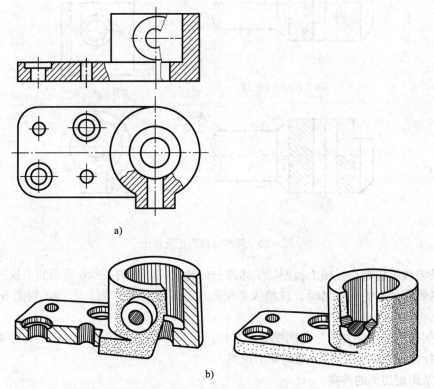

a)

b)

图 8-18 局部剖视图（一）

1）需要同时表达不对称机件的内外结构时，可采用局部剖视图。

2）虽有对称面，但轮廓线与对称中心线重合，不宜采用半剖视图时，可采用局部剖视图。

3）实心轴中的孔槽结构宜采用局部剖视图，以避免在不需要剖切的实心部分画剖面线。

4）表达机件底板、凸缘上的小孔等结构可采用局部剖视图。如图 8-18 所示，为表达上凸缘及下底板上的小孔，就采用了局部剖视图。

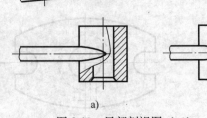

局部剖视图剖切范围的大小主要取决于需要表达的内部形状。

局部剖视图中视图与剖视部分的分界线为波浪线，如图 8-18a 所示。当被剖切的局部结构为回转体时，允许将回转中心线作为局部剖视与视图的分界线，如图 8-19 所示。

图 8-19　局部剖视图（二）

画波浪线时应注意：

1）波浪线不应画在轮廓线的延长线上，也不能用轮廓线代替波浪线，如图 8-20a 所示。

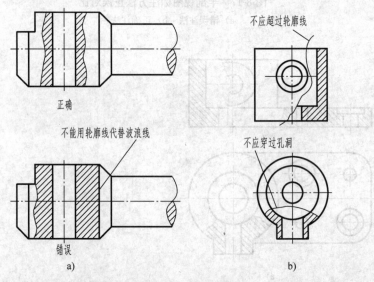

图 8-20　局部剖视图正误对比

2）波浪线不应超出视图上被剖切实体部分的轮廓线，如图 8-20b 所示的主视图。

3）遇到零件上的孔、槽时，波浪线必须断开，不能穿孔（槽）而过，如图 8-20b 的俯视图所示。

局部剖视图的标注方法与全剖视图基本相同；若为单一剖切平面，且剖切位置明显时，可以省略标注，如图 8-18 所示的局部剖视图。

三、常用剖切面的种类

国家标准规定，根据机件的结构特点，可选择以下剖切面剖切物体：单一剖切面，不平行于任何基本投影面的剖切平面，几个平行的剖切平面，几个相交的剖切面（交线垂直于某一基本投影面），组合的剖切平面。

1. 单一剖切面（平行于基本投影面）

仅用一个剖切平面剖开机件。本节前述的图例均为单一剖切面，这种剖切方式应用较多。

2. 不平行于任何基本投影面的剖切平面

当机件上倾斜部分的内部结构需要表达时，与斜视图一样，可以选择一个与该倾斜部分平行的辅助投影面，然后用一个平行于该辅助投影面的单一斜剖切平面剖切机件，在辅助投影面上获得剖视图，如图 8-21a 所示。为了看图方便，用这种方法获得的剖视图应尽量使剖视图与剖切面投影关系相对应。在不至引起误解的情况下，允许将图形作适当的旋转，此时必须加注旋转符号，如图 8-21b 所示。

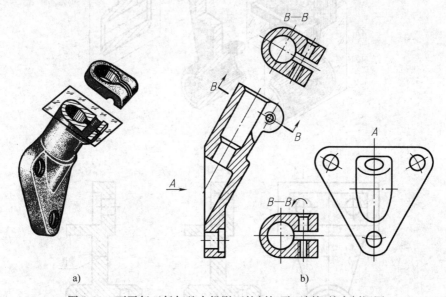

图 8-21　不平行于任何基本投影面的剖切平面剖切的全剖视图

3. 几个平行的剖切面

当机件上具有几种不同的结构要素（如孔、槽等），而且它们的中心线排列在几个互相平行的平面上时，难以用单一剖切平面剖切，宜采用几个平行的剖切平面剖切，如图8-22所示。这种剖切方式也称为阶梯剖。

用几个平行的剖切面剖切获得的剖视图，必须标注剖切符号，如图 8-22b 所示。

画阶梯剖视图时，应注意以下几个问题：

1）不应画出剖切平面转折处的分界线，如图 8-22c 所示。

2）剖切面的转折处不应与轮廓线重合；转折处如因位置有限，在不会引起误解的情况下，可以不注写字母。

3）剖视图中不应出现不完整结构要素。只有当两个要素在图形上具有公共对称中心线或轴线时，可以各画一半，合并成一个剖视图。此时应以中心线或轴线为分界线，如图 8-23 所示。

4. 几个相交的剖切面

用两个相交的剖切平面（交线垂直于某一基本投影面）剖开机件，以表达具有回转轴机件的内部形状，两剖切平面的交线与回转轴重合，如图 8-24a 所示。用该方法画剖视图时，应将被剖切平面的断面旋转到与选定的基本投影面平行，再进行投射，如图 8-24b 所示。这种剖切方式也称为旋转剖。

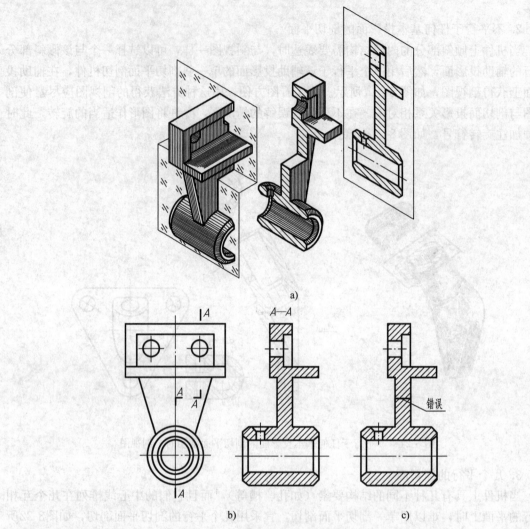

a)

错误

b)   c)

图 8-22 几个平行的剖切面剖切的全剖视图（一）

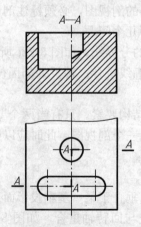

图 8-23 几个平行的剖切面剖切的全剖视图（二）

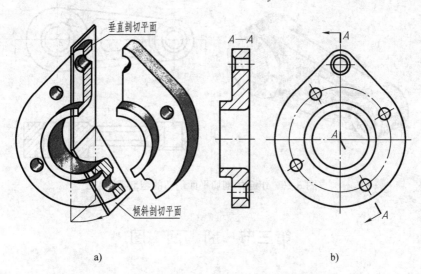

a)　　　　　　　　　　　　b)

图 8-24　几个相交的剖切平面剖切的全剖视图（一）

应注意的是，凡没有被剖切平面剖到的结构，应按原来的位置投射。如图 8-25 所示，机件上小圆孔的俯视图即是按原来位置投射画出的。

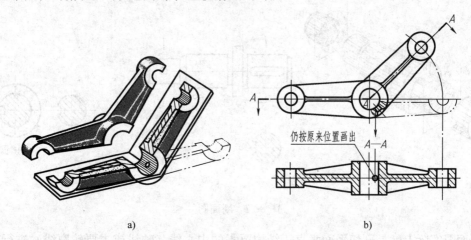

a)　　　　　　　　　　　　b)

图 8-25　几个相交的剖切平面剖切的全剖视图（二）

用相交的剖切平面剖切获得的剖视图，必须标注剖切符号，如图 8-25 所示。剖切符号的起、止及转折处应用相同的字母标注，但当转折处位置有限又不致引起误解时，允许省略字母。

5. 组合的剖切平面

除旋转剖、阶梯剖外，还有用组合的剖切平面剖开机件的方法。

为了把机件上各部分不同形状、大小和位置的孔或槽等结构表达清楚，可以采用组合的剖切平面进行剖切。这些剖切平面有的与基本投影面平行，有的与基本投影面倾斜，但它们都同时垂直于另一投影面。用这种方法画剖视图时，将倾斜剖切平面剖切到的部分旋转到与选定的投影面平行后再进行投射，其标注方法如图 8-26 所示。

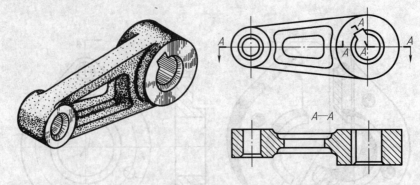

图 8-26　组合的剖切平面剖切的全剖视图

第三节　断　面　图

一、断面图的形成

假想用剖切平面将机件的某处切断，仅画出该剖切面与物体接触部分的图形，称为断面图，可简称断面，如图 8-27a 所示。

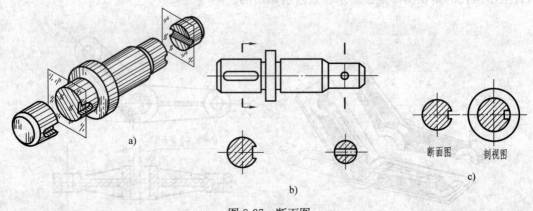

图 8-27　断面图

断面图实际上就是剖切平面垂直于结构要素的中心线（轴线或主要轮廓线）进行剖切，然后将断面图形旋转 90°，使其与图样平面重合而得到的。如图 8-27b 所示，轴的主视图上表明了键槽的形状和位置，键槽的深度虽然可用视图或剖视图来表达，但通过比较不难发现，用断面图表达，图形更清晰、简洁，同时也便于标注尺寸。

画断面图时，应特别注意断面图与剖视图的区别，断面图仅画出机件被切断处的断面形状，而剖视图除了画出断面形状外，还必须画出剖切面以后的可见轮廓线，如图 8-27c 所示。

二、断面图的种类

1. 移出断面图

画在视图之外的断面图，称为移出断面图。画移出断面图时，如图 8-28 所示。

1）移出断面图的轮廓线用粗实线绘制。

2）为了看图方便，移出断面图应尽量画在剖切线的延长线上；必要时，也可配置在其

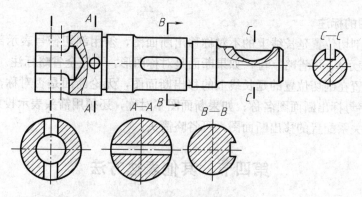

图 8-28　移出断面图（一）

他适当位置；也可按投影关系配置，如图 8-28 所示。

3）剖切平面一般应垂直于被剖切部分的主要轮廓线。当遇到如图 8-29a 所示的肋板结构时，可用两个相交的剖切平面，分别垂直于左、右板进行剖切，这样画出的断面图，中间应用波浪线断开。

4）当剖切平面通过回转面形成的孔、凹坑，或当剖切平面通过非圆孔，导致出现完全分离的部分时，可按剖视绘制，如图 8-29b、图 8-30 所示。

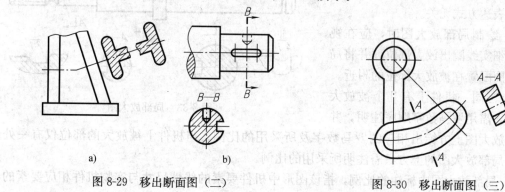

图 8-29　移出断面图（二）　　　　　　　　　　　　图 8-30　移出断面图（三）

2. 重合断面图

将断面图绕剖切位置线旋转 90°后，与原视图重叠画出，称为重合断面图。

重合断面图的轮廓线用细实线绘制，如图 8-31、图 8-32 所示。当视图中的轮廓线与重合断面图的图形重叠时，视图中的轮廓线仍需完整地画出，不能间断，如图 8-31 所示。

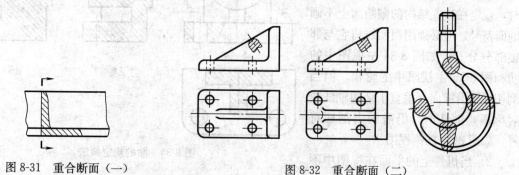

图 8-31　重合断面（一）　　　　　　　　　　图 8-32　重合断面（二）

三、断面图的标注

1）配置在剖切位置延长线上的不对称移出断面图，须用剖切符号表示剖切位置和投射方向（用箭头表示），可省略字母；如果断面是对称图形，可完全省略标注。

2）没有配置在剖切位置的延长线上的移出断面图，无论断面是否对称，都应画出剖切符号，用大写字母标出断面图名称；如果断面图不对称，还须用箭头表示投射方向。

3）按投影关系配置的移出断面图，可省略箭头。

第四节 其他表达方法

一、局部放大图

将机件的部分结构用大于原图形所采用的比例画出的图形，称为局部放大图。如图8-33所示。当机件上某些局部细小结构在视图中表达不够清楚，或不便于标注尺寸和技术要求时，可采用局部放大图。

画局部放大图时应注意的问题：

1）局部放大图可以画成视图、剖视图或断面图，它与被放大部分所采用的表达方式无关。

2）绘制局部放大图时，应在视图上用细实线圈出放大部位，并将局部放大图配置在被放大部位的附近。

3）当同一机件上有几个被放大部位时，需用罗马数字顺序注明，并

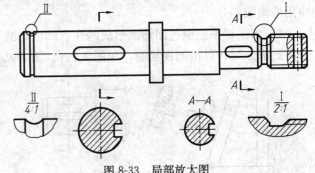

图 8-33 局部放大图

在局部放大图上方标出相应的罗马数字及所采用的比例。当机件上被放大的部位仅有一处时，在局部放大图的上方只需注明所采用的比例。

4）局部放大图中标注的比例，指该图形中机件要素的线性尺寸与实物机件相应要素的线性尺寸之比，而不是与原图形所采用的比例之比。

二、简化画法

1）对于机件上的肋、轮辐和薄壁等结构，当剖切平面沿纵向（通过轮辐、肋等的轴线或对称平面）剖切时，规定在这些结构的截断面上不画剖面符号，但必须用粗实线将它与邻接部分分开，如图8-34左视图中的肋和图8-35主视图中的轮辐。但当剖切平面沿横向（垂直于结构轴线或对称面）剖切时，仍需画出剖面符号，如图8-34的俯视图。

2）当机件上的平面在视图中不

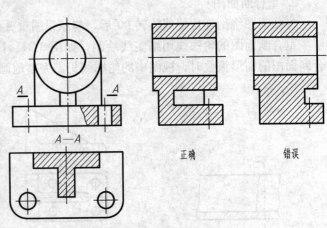

图 8-34 肋的规定画法

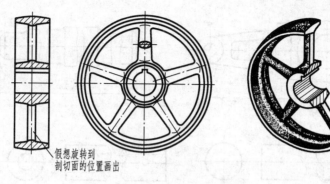

图 8-35 轮辐的规定画法

能充分表达时，可采用平面符号（两条相交的细实线）表示，如图 8-36 所示。

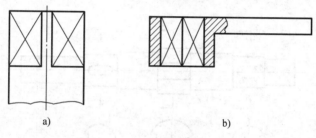

图 8-36 用平面符号表示平面

3）当回转体机件上均匀分布的肋、轮辐、孔等结构不处于剖切平面上时，可将这些结构假想旋转到剖切平面上画出，图 8-37 所示。

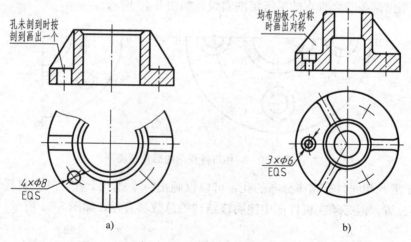

图 8-37 均布结构剖视的规定画法

4）对于较长的机件（如轴、杆或型材等），当沿长度方向的形状一致或按一定规律变化时，可将其断开缩短绘出，但尺寸仍要按机件的实际长度标注，如图 8-38 所示。

5）移出断面图一般要画出剖面符号，但当不致引起误解时，允许省略剖面符号，如图 8-39 所示。

6）在不致引起误解的前提下，对称机件的视图可只画一半或 1/4，但需在对称中心线

107

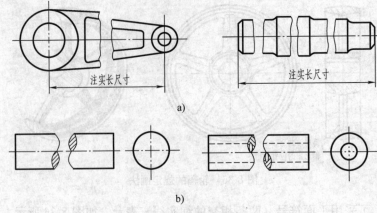

a)

b)

图 8-38　断开画法

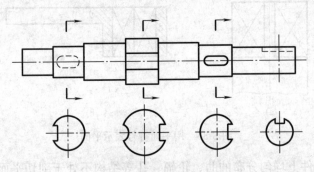

图 8-39　剖面符号的简化

的两端分别画出两条与之垂直的平行短细实线，如图 8-40 所示。

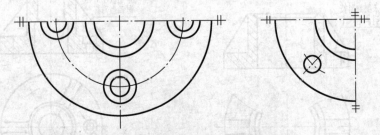

图 8-40　对称机件视图的简化画法

7）若干形状相同且有规律分布的孔，可以仅画出一个或几个孔，其余只需用细点画线表示其中心位置，但必须在机件图中注明该结构的总数和直径，如图 8-41 所示。

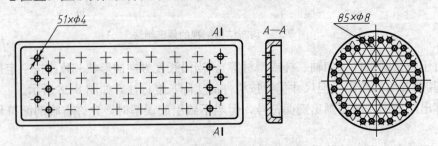

51×φ4

A—A

85×φ8

图 8-41　相同孔的规律分布结构

8）若干形状相同且有规律分布的齿、槽等结构，可以仅画出一个或几个完整结构的图形，其余用细实线连接，但必须在机件图中注明该结构的总数，如图 8-42 所示。

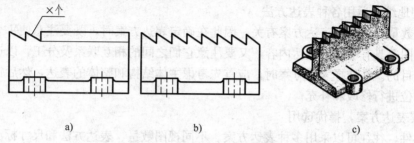

图 8-42 重复结构的简化画法
a）简化后 b）简化前 c）立体模型

9）圆柱上的孔、键槽等较小结构产生的表面交线允许简化成直线，如图 8-43 所示。

10）与投影面倾斜角度小于或等于 30°的圆或圆弧，其投影可用圆或圆弧代替，如图 8-44所示。

11）圆柱形法兰和类似零件上均匀分布的孔，可按图 8-45 所示的方法表示。

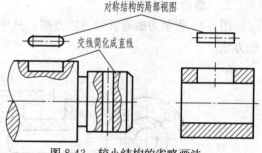

图 8-43 较小结构的省略画法

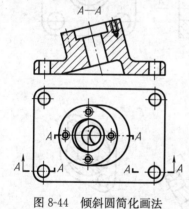

图 8-44 倾斜圆简化画法

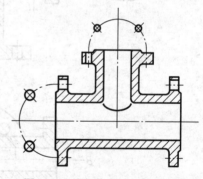

图 8-45 均匀分布孔的简化画法

第五节 表达方法综合应用举例

一、机件表达方法的选用原则

本节介绍了表达机件的各种方法，如视图、剖视图、断面图及简化画法等。在绘制图样时，确定机件表达方案的原则是：在完整、清晰地表达各部分内外结构形状及相对位置的前提下，力求看图方便、绘图简单。因此，在绘制图样时，应有效、合理地综合应用这些表达方法。

1. 视图数量应适当

在完整、清晰地表达机件内外结构形状，且看图方便的前提下，视图的数量要尽量少，但也不是越少越好，如果由于视图数量的减少而增加了看图的难度，则应适当补充视图。

2. 合理地综合运用各种表达方法

视图的数量与选用的表达方案有关，因此在确定表达方案时，既要注意使每个视图、剖视图和断面图等具有明确的表达内容，又要注意它们之间的相互联系及分工，以达到表达完整、清晰的目的。在选择表达方案时，应首先考虑主体结构和整体的表达，然后针对次要结构及细小部位进行修改和补充。

3. 比较表达方案，择优选用

同一机件，往往可以采用多种表达方案。不同视图数量、表达方法和尺寸标注方法可以构成多种不同的表达方案。同一机件的几个表达方案相互比较，可能各有优缺点，要认真分析，择优选用。

二、综合运用举例

图 8-46 所示为四通管的表达方案，从中可学习表达方法的运用技巧和分析较复杂图样的方法。

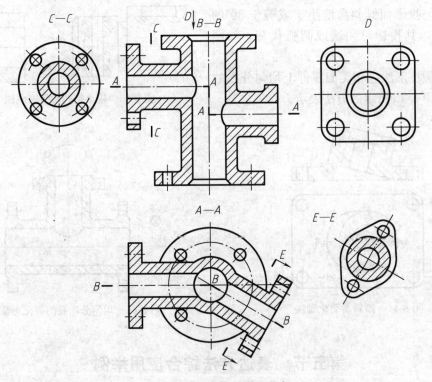

图 8-46　四通管的表达方案

四通管表达方案共有五个图形，两个基本视图（全剖视主视图 B—B、全剖视俯视图 A—A）、C—C 全剖视图、E—E 斜剖的全剖视图和 D 向局部视图。

主视图 B—B 是采用两个相交的剖切平面（旋转剖）获得的全剖视图，表达四通管的内部结构形状；俯视图 A—A 是采用两个平行的剖切平面（阶梯剖）获得的全剖视图，着重表达左、右管道的相对位置，还表达了下连接板的外形及 4 个小孔的位置。

右视图 C—C 是采用单一剖切平面获得的全剖视图，表达左端连接板上 4 个孔的大小和相对位置；D 向局部视图相当于俯视图的补充，表达了上连接板的外形及其上 4 个孔的大小与位置。

因右端连接管与正投影面倾斜 45°，所以采用斜剖面画出 E—E 全剖视图，以表达右连接板的形状。

由图形分析可知，四通管的构成大体可分为管体、上连接板、下连接板、左连接板、右连接板五部分。

管体的内外形状通过主、俯视图已表达清楚，它是由中间的竖管、左边的横管、右边向前方倾斜 45°的横管三部分组合而成。三段管子的内径互相连通，形成有四个通口的管件。

四通管的上、下、左、右四块连接板形状大小各异，它们的轮廓可以分别由主视图以外的四个视图表达清楚。四通管轴测图如图 8-47 所示。

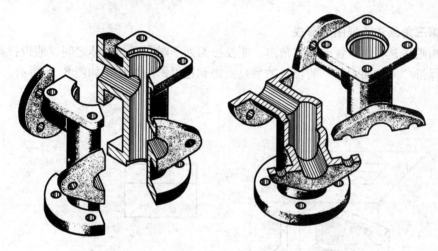

图 8-47　四通管轴测图

第六节　第三角画法简介

世界各国普遍采用正投影法来绘制机械图样。ISO 国际标准规定，在表达机件结构时，第一角画法和第三角画法等效使用；GB/T 14692—2008 中规定："应按第一角画法布置六个基本视图，必要时（如按合同规定等），才允许使用第三角画法"。目前，美国和日本等国采用的是第三角画法。为适应国际科学技术交流的需要，本书在此对第三角画法的特点作简单介绍。

一、视图的基本概念

三个互相垂直的平面将空间划分为八个分角，分别称为第一角、第二角、第三角……如图 8-48 所示。第一角画法是将物体置于第一角内，使其处于观察者与投影面之间（即保持"人－物－面"的位置关系）而得到正投影的方法，如图 8-49 所示。

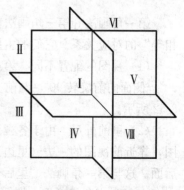

图 8-48　八个分角

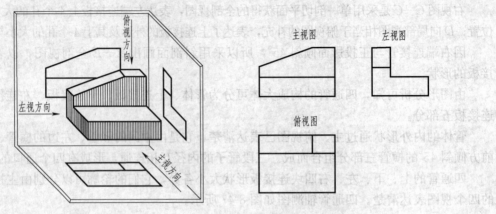

图 8-49　第一角画法

二、第三角画法三视图的形成

第三角画法是将物体置于第三角内，使投影面处于观察者与物体之间（假设投影面是透明的，并保持"人—面—物"的位置关系）而得到正投影的画法，如图 8-50 所示。

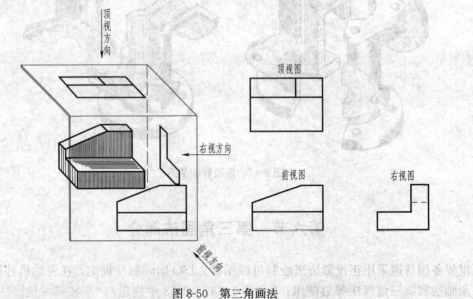

图 8-50　第三角画法

第一角画法和第三角画法都是采用正投影法，各视图之间仍保持"长对正、高平齐、宽相等"的对应关系。它们的主要区别是：

（1）视图的配置不同　第三角画法规定，投影面展开摊平时前立面不动，顶面向上旋转90°、侧面向前旋转90°，与前立面摊平在一个平面上，如图 8-51 所示。各视图的配置如图8-52 所示。

（2）里前外后　由于各视图的配置不同，第三角画法的顶视图、底视图、右视图、左视图，靠近前视图的一边（里边），表示物体的前面；远离前视图的一边（外边），表示物体的后面。这与第一角画法"里后外前"正好相反。

在 ISO 国际标准中，第一角画法用图 8-53a 所示的投影识别符号表示；第三角画法用图

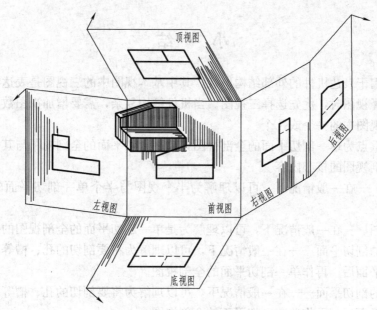

图 8-51 第三角画法投影面的展开

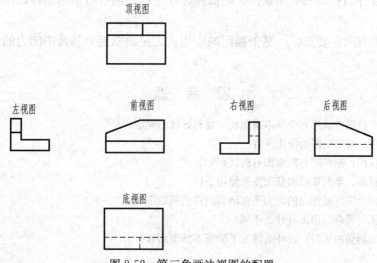

图 8-52 第三角画法视图的配置

8-53b所示的投影识别符号表示。投影识别符号画在标题栏中。国家标准规定，我国采用第一角画法。因此，采用第一角画法时无需标出画法的投影识别符号。当采用第三角画法时，必须在图样中标题栏中画出第三角画法的投影识别符号。

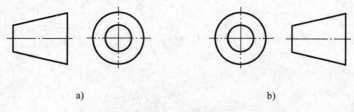

a)   b)

图 8-53 第一角与第三角画法的投影识别符号

小　结

　　视图主要用于表达机件的外部结构形状，其中基本视图中的三视图是表达机件形状的基本方法。在选择视图时，优先选择三视图。当机件结构复杂，需要增加视图数量时，再依次增加其他三个视图中的一个或几个。

　　剖视图的重点为单一剖切平面的全剖视图，单一剖切平面的全剖视图与其他各种剖视图联系密切，是剖视图的核心内容。

　　半剖视图——在一般情况下，可以理解为半个视图与半个单一剖切平面的全剖视图的组合。

　　局部剖视图——在一般情况下，可以理解为是单一剖切平面的全剖视图的一部分。

　　几个平行的剖切平面——在一般情况下，可以理解为将要剖切的孔、槽等内部结构，平移到同一剖切平面后，再作单一剖切平面的全剖视图。

　　几个相交的剖切平面——在一般情况下，可以理解为将要剖切的孔、槽等内部结构，旋转到同一剖切平面后，再作单一剖切平面的全剖视图。

　　重点掌握各种剖视图的适用条件、画法和标注方法。能针对不同形体选用适当的剖视图表达物体形状。

　　本章的实训有两大要点，一是剖视图的应用，二是画图能力和读图能力的进一步拓展和提高。

思　考　题

1. 什么是基本视图？试述六个基本视图的配置和标注的规定。
2. 试述斜视图、局部视图的使用条件。
3. 什么是剖视图？剖视图与断面图有何区别？
4. 试述全剖视图、半剖视图和断面图的使用条件。
5. 如何理解多个平行或相交的剖切平面剖切机件所画的剖视图？
6. 移出断面图与重合断面图有什么不同？
7. 当剖切平面剖切肋板时，在什么情况下肋板不画剖面线？

第九章　标准件与常用件

【内容提要】

本章主要介绍标准件及常用件的有关基本知识、规定画法、代号与标记的标注方法，以及几个零件连接后的装配画法。

【教学要求】

1. 掌握螺纹的画法和标注方法。

2. 掌握常用螺纹连接件（螺栓、双头螺柱、螺钉、螺母、垫圈）的画法和规定标记，以及它们的连接画法。

3. 掌握圆柱齿轮及其啮合的规定画法。

4. 掌握键联结和销连接的画法和规定标记。

5. 了解常用滚动轴承、弹簧的规定画法和简化画法。

在各种机械设备中，除一般零件外，还会经常用到螺栓、螺母、垫圈、键、销、滚动轴承、齿轮、弹簧等标准件和常用件。

由于这些零部件用途广、用量大，为了便于批量生产和使用，它们的结构与尺寸都已全部或部分地实行了标准化。为了提高绘图效率，对上述零部件某些结构和形状不必按其真实投影画出，而是根据相应的国家标准所规定的画法、代号和标记进行绘图和标注。

第一节　螺　纹

螺纹是在圆柱或圆锥表面上，沿着螺旋线所形成的具有相同剖面的连续凸起（凸起是指螺纹两侧面间的实体部分，又称牙）。螺纹是零件上常见的一种结构。螺纹分外螺纹和内螺纹两种，成对使用。在圆柱或圆锥外表面上加工的螺纹称为外螺纹，在圆柱或圆锥内表面上加工的螺纹称为内螺纹。螺纹有多种加工方法，图 9-1 所示为内、外螺纹的一般加工方法。

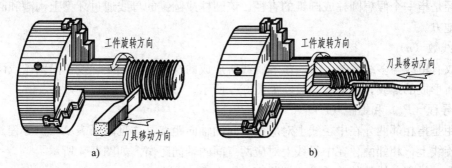

图 9-1　螺纹加工方法

a）车削外螺纹　b）车削内螺纹

一、螺纹各部分的名称和要素

1. 牙型

沿螺纹轴线对螺纹进行剖切获得的轮廓形状称为牙型。常见标准螺纹的牙型有三角形、梯形和锯齿形等，如图9-2所示。

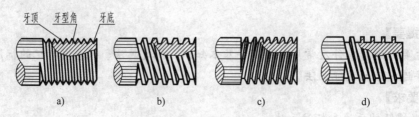

图 9-2　常见标准螺纹的牙型
a) 三角形　b) 梯形　c) 锯齿形　d) 矩形

2. 直径

螺纹直径有大径（d、D）、中径（d_2、D_2）和小径（d_1、D_1）之分，如图9-3所示。其中外螺纹大径 d 和内螺纹小径 D_1 亦称顶径。

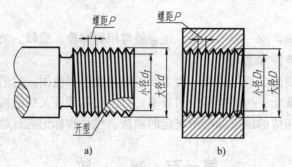

图 9-3　螺纹的牙型、大径、小径和螺距
a) 外螺纹　b) 内螺纹

大径一般又称为螺纹的公称直径（管螺纹直径的大小用尺寸代号表示）。它是指与外螺纹牙顶或内螺纹牙底相切的假想圆柱或圆锥的直径。

小径是指与外螺纹牙底或内螺纹牙顶相切的假想圆柱或圆锥的直径。

中径是指一个假想圆柱或圆锥的直径。该圆柱或圆锥的母线通过牙型上沟漕和凸起宽度相等的地方。

3. 线数（n）

螺纹有单线与多线之分。沿一条螺旋线所形成的螺纹，称单线螺纹；沿两条或两条以上螺旋线所形成的螺纹，称多线螺纹。如图9-4所示。

4. 导程（P_h）和螺距（P）

螺距是指相邻两牙在中径线上对应两点间的轴向距离，详见附录表 A-1。导程是指在同一条螺旋线上，相邻两牙在中径线上对应两点间的轴向距离。如图9-4所示。

螺距、导程、线数的关系是：螺距 $P=$ 导程 $P_h/$ 线数 n。

5. 旋向

内、外螺纹旋合时的旋转方向称为旋向。螺纹的旋向有左旋、右旋之分。顺时针旋转时

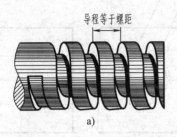

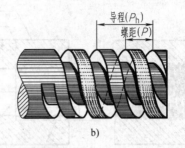

图9-4　螺纹的线数、导程与螺距
a) 单线螺纹　b) 多线螺纹

旋入的螺纹称为右旋螺纹；逆时针旋转时旋入的螺纹称为左旋螺纹。旋向可用图9-5所示的方法判断。将外螺纹轴线垂直放置，螺纹的可见部分是右高左低者为右旋螺纹；左高右低者为左旋螺纹。

凡是牙型、直径和螺距符合标准的螺纹，称为标准螺纹（普通螺纹牙型、直径与螺距见附录表A-1）。牙型符合标准，而直径或螺距不符合标准的螺纹称为特殊螺纹。牙型不符合标准的螺纹称为非标准螺纹。

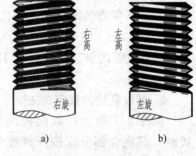

图9-5　螺纹的旋向
a) 右旋螺纹　b) 左旋螺纹

二、螺纹的规定画法

1. 外螺纹

如图9-6所示，螺纹牙顶圆所在的轮廓线（即大径）画成粗实线；螺纹牙底圆所在的轮廓线（即小径，小径通常画成大径的0.85倍）画成细实线，在螺杆的倒角或倒圆部分也应画出。在垂直于螺纹轴线的投影面上的视图中，表示牙底圆的细实线圆只画约3/4圈，螺杆的倒角投影不应画出。

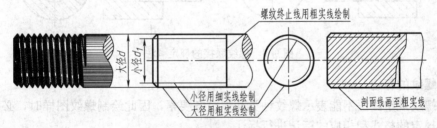

图9-6　外螺纹的规定画法

2. 内螺纹

如图9-7所示，在剖视图中，内螺纹牙顶圆所在的轮廓线（即小径）投影画成粗实线；螺纹牙底圆所在的轮廓线（即大径）投影画成细实线，螺纹终止线用粗实线绘制，剖面线应画到表示小径的粗实线为止。在垂直于螺纹轴线的投影面上的视图中，表示牙底为大径的细实线圆只画约3/4圈，表示倒角的投影不应画出。当内螺纹为不可见时，螺纹的所有图线均用细虚线绘制在不可见的螺纹中。

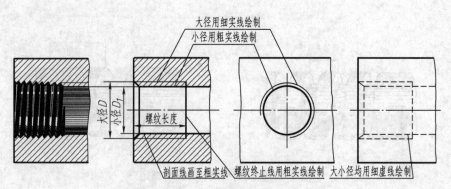

图 9-7　内螺纹的规定画法

对于不穿通的螺纹孔，钻孔深度应比螺孔深度大（0.2~0.5）d。由于钻头的锥角约等于120°，因此，钻孔底部的锥顶角应画成120°，不要画成90°，如图 9-8 所示。

3. 螺纹联接的规定画法

如图 9-9 所示，以剖视图表示内、外螺纹联接时，其旋合部分应按外螺纹绘制，其余部分仍按各自的画法表示。应该注意的是：表示内、外螺纹大径的粗实线和细实线，以及表示小径的细实线和粗实线必须分别对齐，而与倒角的大小无关。

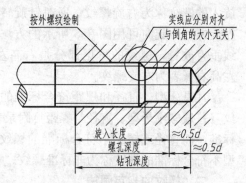

图 9-8　不穿通螺纹孔的画法

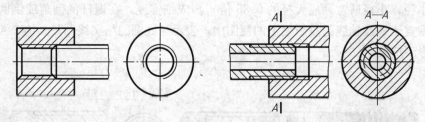

图 9-9　螺纹联接的规定画法

三、螺纹的标记

由于螺纹规定画法不能表示螺纹种类和螺纹各要素，因此绘制螺纹图样时，必须按照国家标准所规定的格式和相应的标记进行标注。

（1）普通螺纹标记　普通螺纹标记的规定格式如下：

螺纹特征代号　公称直径×螺距　旋向—中径和顶径公差带—螺纹旋合长度

螺纹代号　　　　　　　公差带代号　　　　　　　旋合长度代号

（2）管螺纹标记　管螺纹的牙型为等腰三角形，牙型角为55°。由于管螺纹按其性能分成55°非密封管螺纹和55°密封管螺纹，两种管螺纹的标记又有很大不同，现分述如下。

1）55°非密封管螺纹标记的规定格式如下：

螺纹特征代号 尺寸代号 公差等级代号—旋向代号

螺纹特征代号用 G 表示。尺寸代号用 1/2，3/4，1，$1\frac{1}{2}$ 等表示，详见附录表 A-2。公差等级代号：外螺纹分 A、B 两级标记；内螺纹则不标记。左旋螺纹加注 LH，右旋螺纹不标注旋向。

2）55°密封管螺纹标记的规定格式如下：

螺纹特征代号 尺寸代号—旋向代号

需要注意的是，管螺纹的尺寸代号并非公称直径，也不是管螺纹本身任何一个直径的尺寸。至于管螺纹的大径、中径、小径及螺距等具体尺寸，应通过查阅相关的国家标准来确定（详见附录表 A-2）。

（3）梯形螺纹和锯齿形螺纹标记 多线梯形螺纹和锯齿形螺纹标记的规定格式如下：

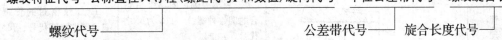

螺纹特征代号 公称直径×导程(螺距代号*P*和数值)旋向代号—中径公差带代号—螺纹旋合长度

螺纹代号　　　　　　　　　公差带代号　　旋合长度代号

单线梯形螺纹和锯齿形螺纹标记的规定格式如下：

螺纹特征代号 公称直径×螺距 旋向

梯形螺纹和锯齿形螺纹的螺纹特征代号分别用字母 Tr 和 B 表示。公称直径指螺纹副中外螺纹的大径。左旋螺纹用 LH 表示，右旋螺纹不标注旋向。旋合长度分为中（N）和长（L）两种，一般采用中等旋合长度，其代号 N 可省略（详见附录表 A-3）。

四、螺纹的标注

公称直径以 mm 为单位的螺纹（如普通螺纹、梯形和锯齿形螺纹等），其标记直接注在大径的尺寸线上；管螺纹的标记一律注在由大径处引出的水平折线上。常见螺纹的标记和标注示例见表 9-1。

表 9-1 常见螺纹的标记和标注示例

螺 纹 种 类		标记及其标注示例	标记的识别	标注要点说明
紧固螺纹	普通螺纹（M）	*M20-5g6g-s*	粗牙普通螺纹，公称直径为 20，右旋，中径、顶径公差带分别为 5g、6g，短旋合长度	1. 粗牙螺纹不注螺距，细牙螺纹标注螺距（螺距参见附录表 A-1） 2. 右旋省略不注，左旋以"LH"表示（各种螺纹皆如此） 3. 中径、顶径公差带相同时，只注一个公差带代号。中等公差精度（如 6H，6g）不注公差带代号 4. 旋合长度分短（S）、中（N）、长（L）三种，中等旋合长度不注 5. 螺纹标记应直接注在大径的尺寸线或延长线上
		M20×2-LH	细牙普通螺纹，公称直径为 20，螺距 2，左旋，中径、顶径公差带皆为 6H，中等旋合长度	

（续）

螺纹种类		标记及其标注示例	标记的识别	标注要点说明
管螺纹	55°非密封管螺纹（G）	$G1\frac{1}{2}$-A	非螺纹密封的管螺纹，尺寸代号为 $1\frac{1}{2}$，公差为A级，右旋	1. 管螺纹的尺寸代号是指管子内径（通径）"英寸"的数值，不是螺纹大径 2. 非螺纹密封的管螺纹，其内、外螺纹都是圆柱管螺纹 3. 外螺纹的公差等级代号分为A、B两级。内螺纹公差等级只有一种，不标记
		$G1\frac{1}{2}$-LH	非螺纹密封的管螺纹，尺寸代号为 $1\frac{1}{2}$，左旋	
	55°密封管螺纹（R_1）（R_2）（R_c）（R_p）	$R_21/2$-LH	R_2 表示与圆锥内螺纹相配合的圆锥外螺纹，1/2 为尺寸代号，左旋	1. 螺纹密封的管螺纹，只注螺纹特征代号、尺寸代号和旋向 2. 管螺纹一律标注在引出线上，引出线应由大径处引出或由对称中心线处引出 3. 密封管螺纹的特征代号为： R_1 表示与圆柱内螺纹相配合的圆锥外螺纹 R_2 表示与圆锥内螺纹相配合的圆锥外螺纹 R_c 表示圆锥内螺纹 R_p 表示圆柱内螺纹
		$R_c1\frac{1}{2}$	圆锥内螺纹，尺寸代号为 $1\frac{1}{2}$，右旋	
		$R_p1\frac{1}{2}$	圆柱内螺纹，尺寸代号为 $1\frac{1}{2}$，右旋	
传动螺纹	梯形螺纹（Tr）	T_r 36×12(P6)-7H	梯形螺纹，公称直径为36，双线，导程12，螺距6，右旋，中径公差带为7H，中等旋合长度	1. 两种螺纹只标注中径公差带代号 2. 旋合长度只有中等旋合长度（N）和长旋合长度（L）两组 3. 中等旋合长度规定不标
	锯齿形螺纹（B）	B40×7-LH-8c	锯齿形螺纹，公称直径为40，单线，螺距7，左旋，中径公差带为8c，中等旋合长度	

第二节 常用螺纹紧固件的规定画法

螺纹紧固件就是运用一对内、外螺纹的联接作用来联接紧固一些零部件。常用的螺纹紧固件有螺钉、螺栓、螺柱（亦称双头螺柱）、螺母和垫圈等，如图9-10所示。

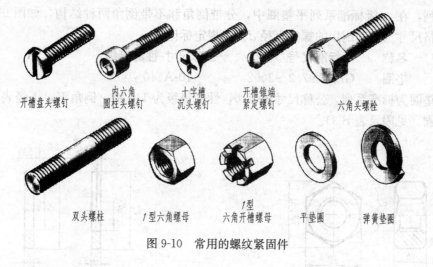

开槽盘头螺钉　　内六角圆柱头螺钉　　十字槽沉头螺钉　　开槽锥端紧定螺钉　　六角头螺栓

双头螺柱　　1型六角螺母　　1型六角开槽螺母　　平垫圈　　弹簧垫圈

图 9-10　常用的螺纹紧固件

一、常用螺纹紧固件及其标记

1. 螺栓

螺栓由头部和杆身组成。常用的螺栓为六角头螺栓，如图 9-11 所示。根据螺栓的功能及作用，六角头螺栓有"全螺纹"、"半螺纹"、"粗牙"、"细牙"等多种规格。螺栓的规格尺寸是螺纹大径 d 和螺栓长度 l。其规定标记为：

名称　　　　标准代号　　　　　　　　螺纹代号×长度

螺纹　　GB/T 5780—2000　　　　　　M24×100

根据标记可知：螺栓上的螺纹是粗牙普通螺纹。螺纹大径 d＝M24、螺栓长度 l＝100，经查阅 GB/T 5780—2000（见附录表 B-1）得知：此螺栓系性能等级为 4.8 级、不经表面处理、杆身半螺纹、C 级的六角头螺栓。其他尺寸均可由附录表 B-1 查得。

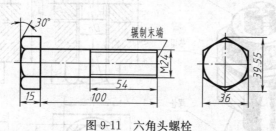

图 9-11　六角头螺栓

2. 螺母

常用的螺母有六角螺母、方螺母和圆螺母等。其中六角螺母应用最广泛。六角螺母的规格尺寸是螺纹大径 D，其规定标记为：

名称　　　　标准代号　　　　　　螺纹代号

螺母　　GB/T 6170—2000　　　　　M20

本例螺母为粗牙普通螺纹，螺纹大径 D＝M20。经查阅 GB/T 6170—2000（见附录表 B-2）得知：此螺母系性能等级为 10 级、不经表面处理、B 级、1 型六角螺母。图 9-12 中所注的尺寸，均是根据 M20 由附录表 B-2 中查得。

3. 垫圈

垫圈一般置于螺母与被联接件之间。常用的有平垫圈和弹簧垫圈。平垫圈有 A 和 C 两级标准系列,在 A 级标准系列平垫圈中,分带倒角和不带倒角两种结构,如图 9-13 所示。垫圈的规格尺寸为与其配用的螺栓直径 d。其规定标记为:

名称	标准代号	公称尺寸-性能等级
垫圈	GB/T 97.2—2002	10-A140

本例垫圈为标准系列,公称尺寸 $d=10$,性能等级为 140 级,倒角型,不经表面处理的 A 级平垫圈(见附录表 B-3)。

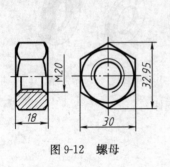

图 9-12 螺母

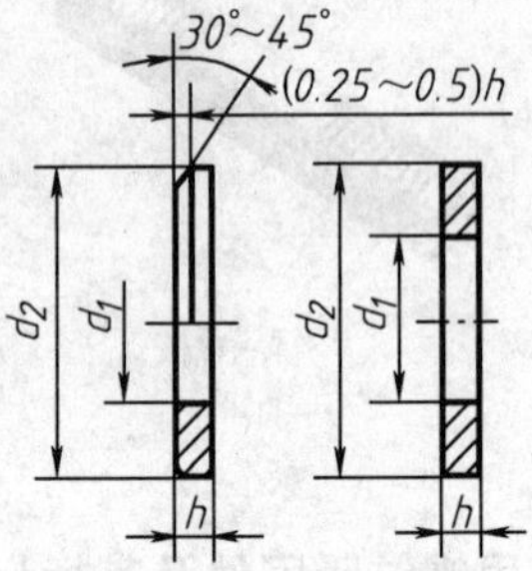

图 9-13 垫圈

二、常用螺纹紧固件的联接画法

1. 螺栓联接的画法

螺栓联接是将螺栓的杆身穿过两个被联接件的通孔,套上垫圈,再用螺母拧紧,使两个零件联接在一起的联接方式,如图 9-14 所示。

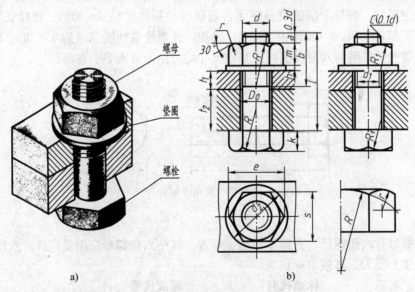

a)

b)

图 9-14 螺栓联接的近似画法
a) 轴测图 b) 近似画法

在生产中,螺纹联接件的各部分尺寸都可以从相应的标准中查出。但画图时为了节省查表时间,提高画图的速度,联接件的各个尺寸可不按相应标准的数值画,而是采用近似画法。这时除螺纹直径 d 及被联接件的厚度 t_1 和 t_2 外,其他各部分尺寸都按螺纹直径的一定比例确定，画图时，各部分尺寸的比例关系见表 9-2。

表 9-2　螺栓联接件近似画法的比例关系

部　位	尺寸比例	部　位	尺寸比例
螺栓	$b=2d$ $R=1.5d$ $k=0.7d$ $R_1=d$ $e=2d$ $d_1=0.85d$ $c=0.1d$ s 由作图决定	螺母	$e=2d$ $R=1.5d$ $R_1=d$ $m=0.8d$ r 由作图决定 s 由作图决定
		垫圈	$h=0.15d$ $d_2=2.2d$
		被联接件	$D_0=1.1d$

作图时必须遵守下列规定：

1）螺栓的长度 $l=t_1+t_2+h+m+a$（$0.2d\sim0.3d$）。

2）零件接触面处只画一条粗实线。

3）当剖切平面沿标准件轴线剖切时，这些标准件均按不剖绘制，即仍画其外形。

4）在剖视图中，相互接触的两个零件其剖面线方向应相反。而同一个零件在各剖视图中，剖面线的倾斜方向和间隔应该相同。

2. 螺柱联接

双头螺柱多用于被联接件之一比较厚，不便使用螺栓联接，或因拆卸频繁不宜使用螺钉联接的地方。其螺母下边常用弹簧垫圈。弹簧垫圈的弹性所产生的摩擦力可以防止螺母松动。

螺柱联接是在机体上加工出螺孔，双头螺柱的旋入端全部旋入螺孔，而另一端穿过被联接零件的通孔，然后套上垫圈再拧上螺母，其联接画法如图 9-15 所示。

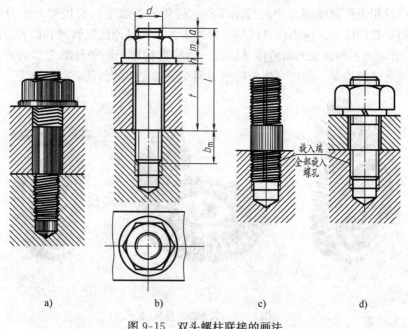

a)　　　b)　　　c)　　　d)

图 9-15　双头螺柱联接的画法

螺柱的旋入端螺纹长度可根据旋入零件的材料选择（钢与青铜：$b_m = d$；铸铁：$b_m = 1.25d$；铸铁或铝合金：$b_m = 2d$），计算出 l 后，其他尺寸可从附录表 B-4 中查得。

3. 螺钉联接

螺钉联接用在受力不大和不常拆卸的地方，有紧定螺钉和联接螺钉两种。螺钉联接一般是在较厚的主体零件上加工出螺孔，而在另一被联接零件上加工出通孔，然后把螺钉穿过通孔旋进螺孔，从而达到联接的目的，其画法如图 9-16 所示，相关尺寸可从附录表 B-5～表 B-7 中查得。

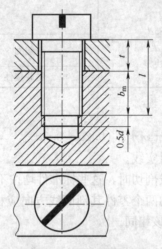

图 9-16　螺钉联接的画法

第三节　齿轮的几何要素和规定画法

齿轮是广泛用于机器或部件中的传动零件。齿轮的参数中只有模数、压力角已经标准化，因此它属于常用件。齿轮不仅可以用来传递动力，而且能改变转速和回转方向。

图 9-17 所示为三种常见的齿轮传动形式。圆柱齿轮用于两平行轴之间的传动；锥齿轮用于两相交轴之间的传动；蜗杆与蜗轮则用于两交错轴之间的传动。

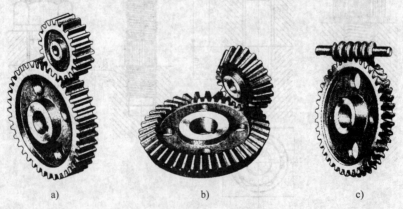

a)　　　　　　　　　　　b)　　　　　　　　　　　c)

图 9-17　常见的齿轮传动

a) 圆柱齿轮　b) 锥齿轮　c) 蜗轮蜗杆

齿轮上的齿称为轮齿，圆柱齿轮的轮齿有直齿、斜齿、人字齿等形式，如图9-18所示。当圆柱齿轮的轮齿方向与圆柱的素线方向一致时，称为直齿圆柱齿轮。下面主要介绍直齿圆柱齿轮的基本知识及画法。

图 9-18 圆柱齿轮

1. 直齿圆柱齿轮各部分名称及尺寸计算（见图9-19）

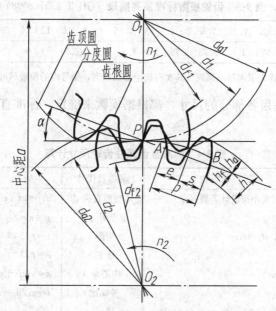

图 9-19 直齿圆柱齿轮轮齿各部分名称

已知齿数（z）：齿轮的齿数。

1）**齿顶圆**（直径 d_a）：通过齿顶的圆。

2）**齿根圆**（直径 d_f）：通过齿根的圆。

3）**分度圆**（直径 d）：作为计算轮齿各部分尺寸的基准圆。

节圆：当两齿轮传动时，其齿廓（轮齿在齿顶圆和齿根圆之间的曲线段）在连心线 O_1O_2 上的接触点 P 处，两齿轮的圆周速度相等，以 O_1P 和 O_2P 为半径的两个圆称为相应齿轮的节圆。由此可见，两个节圆相切于 P 点（称为节点）。节圆直径只有在装配后才能确定。一对装配准确的标准齿轮，其节圆和分度圆重合。

4）**齿顶高**（h_a）：分度圆到齿顶圆的径向距离。

5）**齿根高**（h_f）：分度圆到齿根圆的径向距离。

6）**齿高**（h）：齿顶圆与齿根圆之间的径向距离。

7）齿距（p）：在分度圆上，相邻两齿对应点的弧长。

8）齿厚（s）：在分度圆上，每一齿的弧长。

9）压力角（α）：过齿廓与分度圆的交点 P 的径向直线与该点处的齿廓切线所夹的锐角。我国规定标准齿轮的压力角为 20°。

10）啮合角（α'）：两齿轮传动时，两啮合齿轮的齿廓接触点处的公法线与两节圆的内公切线所夹的锐角，称为啮合角。啮合角就是在 P 点处两齿轮受力方向与运动方向的夹角。

一对装配准确的标准齿轮，其啮合角等于齿形角，即 $\alpha'=\alpha$。

11）模数（m）：由于 $\pi d = pz$，可得 $d = pz/\pi$，比值 p/π 称为齿轮的模数，即 $m = p/\pi$，则 $d = mz$。

由于 π 是常数，所以 m 的大小取决于 p，而 p 决定了轮齿的大小，所以 m 的大小即反映轮齿的大小。两啮合齿轮的 m 必须相等。为了便于设计和加工，模数已标准化，见表 9-3。

表 9-3　齿轮模数标准系列摘录（GB/T 1357-2008）

第一系列	1　1.25　1.5　2　2.5　3　4　5　6　8　10　12　16　20　25　32　40　50
第二系列	1.25　1.375　1.75　2.25　2.75　3.5　4.5　5.5　(6.5)　7　9　(11)　14　18　22　28　36　45

注：在选用模数时，应优先采用第一系列，其次再选用第二系列，括号内的模数尽可能不用。

标准直齿轮圆柱轮齿各部分的尺寸，都根据模数来确定，标准直齿圆柱齿轮尺寸计算见表 9-4。

表 9-4　标准直齿圆柱齿轮尺寸计算

名称及代号	公　式	名称及代号	公　式
模数 m	$m=p/\pi$（大小按设计需要而定）	齿根圆直径 d_f	$d_{f1}=m(z_1-2.5)$；$d_{f2}=m(z_2-2.5)$
压力角 α	$\alpha=20°$	齿距 p	$p=\pi m$
分度圆直径 d	$d_1=mz_1$；$d_2=mz_2$	齿厚 s	$s=p/2$
齿顶高 h_a	$h_a=m$	槽宽 e	$e=p/2$
齿根高 h_f	$h_f=1.25m$	中心距 a	$a=(d_1+d_2)/2=m(z_1+z_2)/2$
全齿高 h	$h=h_a+h_f=2.25m$	传动比 i	$i=n_1/n_2=z_2/z_1$
齿顶圆直径 d_a	$d_{a1}=m(z_1+2)$；$d_{a2}=m(z_2+2)$		

2. 圆柱齿轮的规定画法

（1）单个圆柱齿轮　根据 GB/T 4459.2—2003 规定的齿轮画法，齿顶圆和齿顶线用粗实线绘制，分度圆和分度线用细点画线绘制，齿根圆和齿根线用细实线绘制（也可省略不画），如图 9-20a 所示；在剖视图中，当剖切平面通过齿轮的轴线时，轮齿一律按不剖处理，齿根线用粗实线绘制，如图 9-20b 所示。当需要表示斜齿与人字齿的齿线形状时，可用三条与齿线方向一致的细实线表示，如图 9-20c、d 所示。

（2）啮合的圆柱齿轮　在垂直于圆柱齿轮轴线的投影面上的视图中，啮合区内齿顶圆均用粗实线绘制，如图 9-21b 所示的左视图；或按省略画法绘制，如图 9-21c 所示。在剖视图中，当剖切平面通过两啮合齿轮轴线时，在啮合区内，将一个齿轮的轮齿用粗实线绘制；另一个齿轮的轮齿被遮挡的部分用细虚线绘制，如图 9-21a 所示；但被遮挡的部分也可省略不画。在平行于圆柱齿轮轴线的投影面的外形视图中，啮合区的齿顶线不需画出。节线用粗实

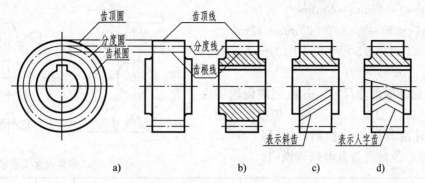

图 9-20　圆柱齿轮的规定画法

a) 齿轮画法　b) 剖视图　c) 斜齿圆柱齿轮　d) 人字齿圆柱齿轮

线绘制，其他处的节线仍用细点画线绘制，如图 9-21c、d 所示。

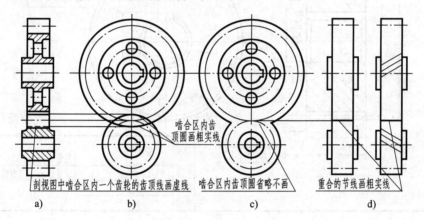

图 9-21　圆柱齿轮啮合的规定画法

a) 规定画法　b) 左视图　c) 省略画法　d) 外形视图

如图 9-22 所示，在齿轮啮合的剖视图中，由于齿根高与齿顶高相差 $0.25m$，因此，一个齿轮的齿顶线和另一个齿轮的齿根线之间，应有 $0.25m$ 的间隔。

3. 圆柱齿轮的测绘

测量齿轮确定其主要参数并画出零件图的过程称为齿轮测绘。测绘时应首先确定模数，现以测绘减速箱传动系统中的直齿圆柱齿轮为例，说明齿轮测绘的一般方法和步骤。

图 9-22　两个齿轮啮合区的间隙

1) 数出齿数 $z=40$。

2) 对齿数为偶数的齿轮可直接量得齿顶圆直径，如 $d_a=41.9\text{mm}$。

当齿轮的齿数为奇数时，可先测出孔径 d_z 和孔壁到齿顶间的距离 $H_顶$（见图 9-23），再计算出齿顶圆直径 $d_a=2H_顶+d_z$。

3) 根据 d_a 计算模数 m：对照表 9-3 取标准值 $m=1$。

4) 根据表 9-4 所示的公式计算齿轮各部分尺寸：

$d = mz = 1 \times 40\,\text{mm} = 40\,\text{mm}$

$d_a = m(z+2) = 1 \times (40+2)\,\text{mm} = 42\,\text{mm}$

$d_f = m(z-2.5) = 1 \times (40-2.5)\,\text{mm}$
$= 37.5\,\text{mm}$

5）测量其他部分尺寸，并绘制该齿轮零件图。其尺寸标注如图9-24所示，齿根圆直径一般在加工时由其他参数控制，故可以不标注。齿轮的模数、齿数等参数要列表说明。

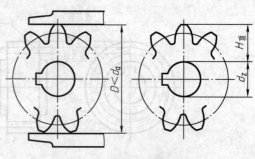

图9-23 测量齿顶圆直径

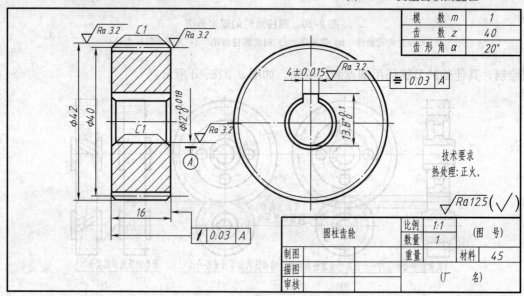

图9-24 直齿圆柱齿轮零件图

第四节 键、销联接

一、键联接

为了使齿轮、带轮等零件和轴一起转动，通常在轮孔和轴上分别切制出键槽，用键将轴、轮联接起来进行传动，如图9-25所示。

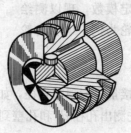

图9-25 键联接

1. 常用键的种类和标记

键的种类很多，常用的有普通平键、半圆键和钩头楔键等，如图 9-26 所示。

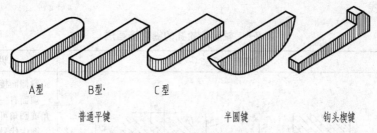

图 9-26 常用的几种键

平键应用最广，它可分为圆头普通平键（A 型）、平头普通平键（B 型）和单圆头普通平键（C 型）三种形式。键已标准化，键与键槽的形式和尺寸可在有关的标准中查出。表 9-5 列举了常用键的形式和标记示例。

表 9-5 键的形式和标记示例

名称及标准编号	图 例	标记示例	说 明
普通平键 GB/T 1096—2003		GB/T 1096—2003 键 18×11×100	圆头普通平键 键宽 $b=18$，$h=11$， 键长 $l=100$
半圆键 GB/T 1099.1—2003		GB/T 1099.1—2003 键 6×10×25	半圆键 键宽 $b=6$，$h=10$， 直径 $d=25$
钩头楔键 GB/T 1565—2003		GB/T 1565—2003 键 18×100	钩头楔键 键宽 $b=18$，$h=8$， 键长 $l=100$

2. 键槽及其画法和注法

表 9-6 列出了轴和齿轮的键槽及其画法和注法。轴的键槽用轴的主视图（局部剖视）和在键槽处的移出剖面图表示。尺寸则要注键槽长度 L、键槽宽度 b 和 $d-t_1$（t_1 是轴上的键槽深度）。齿轮的键槽采用全剖视图及局部视图表示，尺寸则应注 b 和 $d+t_2$（t_2 是齿轮轮毂的键槽深度）。b、t_1 和 t_2 都可按轴径由附录表 B-8 查出。L 则应根据设计要求和相关国家标准的规定选取。

3. 键联接画法

轴和齿轮孔的键联接画法见表 9-6。剖切平面通过轴和键的轴线或对称面，轴和键均按不剖形式画出。为了表示轴上的键槽，采用了局部剖视图。键的顶面和轮毂键槽的底面有间隔，应画两条线。

表 9-6 轴和齿轮孔的键联接画法

名　称	键联接的画法	说　明
普通平键	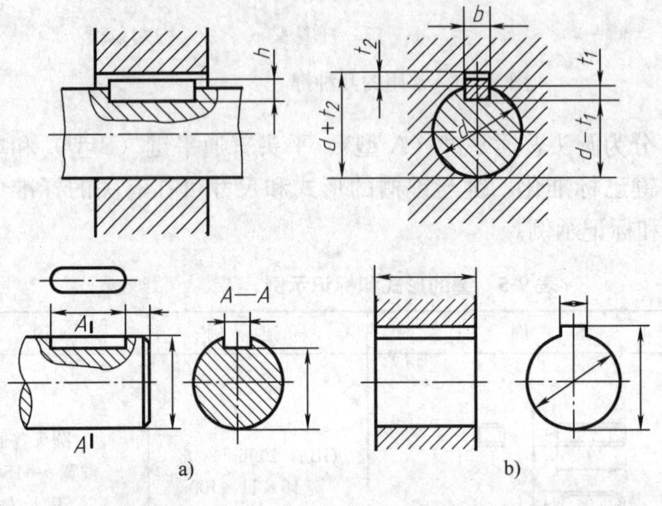 a)　　　　　　　　b)	键侧面接触 顶面有一定间隙，键的倒角或圆角可省略不画 图中代号的含义： b：键宽 h：键高 t_1：轴上键槽深度 $d-t_1$：轴上键槽深度表示法 t_2：轮毂上键槽深度 $d+t_2$：轮毂上键槽深度表示法 以上代号的数值，均可根据轴的公称直径 d 从相应标准中查出 （左面的图 a、图 b 分别示出了轴和轮毂上键槽的表示法和尺寸注法）
半圆键	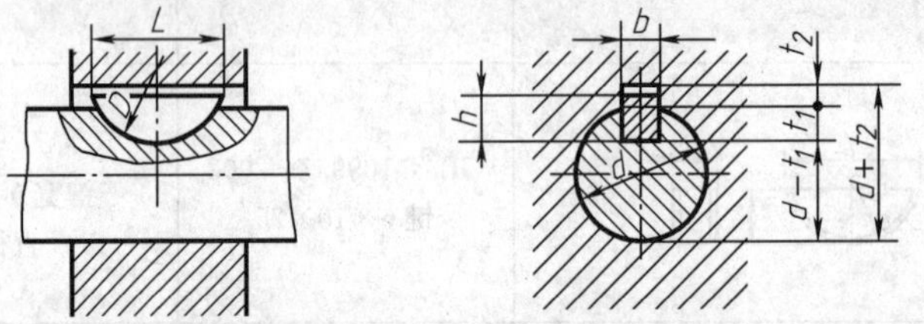	键与槽底面、侧面接触顶面有间隙
钩头锲键	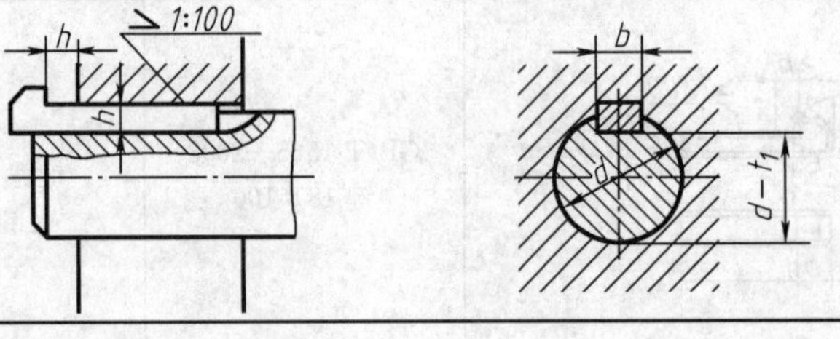	键与槽在顶面、底面、侧面同时接触（键的顶、底面为工作面，接触很紧，两侧面为非工作面，接触较松，以偏差控制，间隙配合）

二、销联接

销也是标准件，通常用于零件间的连接或定位。常用的销有圆柱销、圆锥销和开口销等，如图 9-27 所示。

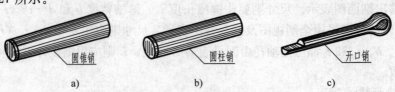

a)　　　　　　　　　　b)　　　　　　　　　　c)

图 9-27 常用的销
a）圆柱销 b）圆锥销 c）开口销

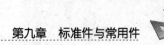

圆柱销有四种型式，图 9-28 所示的 m6、h8、h11、u8 等都是轴的公差带代号。

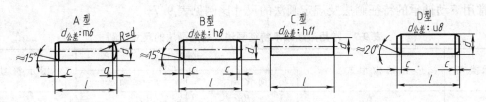

图 9-28　圆柱销的形式及尺寸

例如表示公称直径 $d=8\text{mm}$、长度 $l=30\text{mm}$、材料为 35 钢、热处理硬度 28～38HRC、表面氧化处理的 A 型圆柱销的标记应为：

销　GB/T 119.1—2000　A8×30

销的联接画法如图 9-29 所示。当剖切平面通过销的基本轴线时，销作不剖处理。

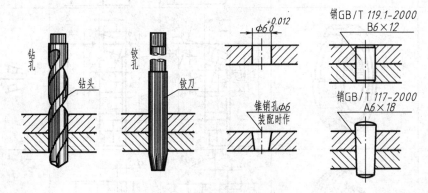

图 9-29　销的联接画法

第五节　滚 动 轴 承

滚动轴承是一种支承旋转轴的组件。它具有摩擦小、结构紧凑的优点，已被广泛使用在机器或部件中。滚动轴承是标准组件。本节介绍三种常用的滚动轴承，其形式与尺寸可查阅附录表 B-13。

一、滚动轴承的结构及其规定画法

滚动轴承种类很多，但其结构大体相同。一般由外圈、内圈、滚动体及保持架组成，如图 9-30 所示。在一般情况下，外圈在机座的孔内，固定不动；而内圈套在转动的轴上，随

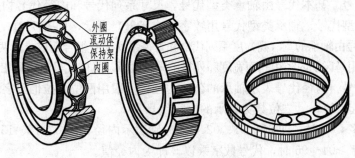

图 9-30　滚动轴承的结构

131

轴转动。

常用滚动轴承的特征画法及规定画法的尺寸比例见表9-7。

表 9-7　常用滚动轴承特征画法及规定画法的尺寸比例

轴承类型	结构型式	画法及尺寸比例		图示符号
		简化画法	示意画法	
深沟球轴承 6000				
圆锥滚子轴承 7000				
推力球轴承 8000				

滚动轴承的尺寸除 A 外，其余尺寸可根据轴承代号从附录表 B-13 中查得。

二、滚动轴承的代号简介

滚动轴承的代号由基本代号、前置代号和后置代号构成。前置代号和后置代号是轴承在结构形状、尺寸、公差、技术要求等有改变时，在其基本代号左右添加的补充代号。

常用滚动轴承：

（1）基本代号　基本代号由轴承类型代号，尺寸系列代号和内径代号构成。

（2）轴承类型代号　轴承类型代号用数字（或字母）表示，见表9-8。

尺寸系列代号由轴承的宽（高）度系列代号和直径系列代号组合而成，用两位阿拉伯数字表示。它的主要作用是区别内径相同而宽度和外径不同的轴承。具体代号需查阅相关的国家标准。

（3）内径代号　内径代号表示轴承的公称内径，一般用两位阿拉伯数字表示：

1）从右数起，第一、二位数为轴承的内径代号。

2）代号数字＜04 时，即 00、01、02、03 分别表示内径 $d=10$、12、15、17mm。

3）代号数字≥04～96 时，代号数字乘以 5 即为内径值。

4）轴承公称内径为 1～9mm，大于或等于 500mm 以及 22mm、28mm、32mm 时，用公称内径毫米数值直接表示，但应与尺寸系列代号之间用"/"隔开。

表 9-8　滚动轴承类型代号

代号	0	1	2	3	4	5	6	7	8	N	U	QJ
轴承类型	双列角接触球轴承	调心球轴承	调心滚子轴承和推力调心滚子轴承	圆锥滚子轴承	双列深沟球轴承	推力球轴承	深沟球轴承	角接触球轴承	推力圆柱滚子轴承	圆柱滚子轴承	外球面球轴承	四点接触球轴承

下面举例说明滚动轴承的代号 6208、30312 和 51310 所代表的意义：

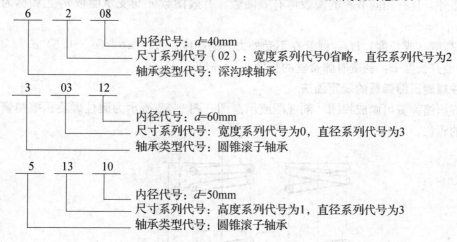

内径代号：d=40mm
尺寸系列代号（02）：宽度系列代号0省略，直径系列代号为2
轴承类型代号：深沟球轴承

内径代号：d=60mm
尺寸系列代号：宽度系列代号为0，直径系列代号为3
轴承类型代号：圆锥滚子轴承

内径代号：d=50mm
尺寸系列代号：高度系列代号为1，直径系列代号为3
轴承类型代号：圆锥滚子轴承

第六节　弹　簧

弹簧是一种用来减振、夹紧、测力和贮存能量的零件。其种类多、用途广，这里只介绍圆柱螺旋弹簧。

圆柱螺旋弹簧，根据用途不同可分为压缩弹簧（Y 型）、拉伸弹簧（L 型）和扭转弹簧（N 型），如图 9-31 所示。以下介绍圆柱螺旋压缩弹簧的尺寸计算、画法和零件图画法。

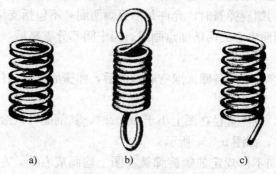

a)　　　　　　b)　　　　　　c)

图 9-31　圆柱螺旋弹簧

a）压缩弹簧（Y 型）　b）拉伸弹簧（L 型）　c）扭转弹簧（N 型）

一、圆柱螺旋压缩弹簧各部分的名称、代号及其尺寸计算

1）弹簧丝直径 d。

2）弹簧直径：

弹簧中径 D_2：弹簧的规格直径。

弹簧内径 D_1：$D_1 = D_2 - d$。

弹簧外径 D：$D = D_2 + d$。

3）节距 p：除支承圈外，相邻两圈沿轴向的距离。一般 $p \approx D/3 \sim D/2$。

4）有效圈数 n、支承圈数 n_2 和总圈数 n_1：为了使压缩弹簧工作时受力均匀，保证轴线垂直于支承端面，两端常并紧且磨平，这部分圈数仅起支承作用，所以叫支承圈。支承圈数 n_2 有 1.5 圈、2 圈、2.5 圈 3 种。2.5 圈用得较多，即两端各并紧 1/2 圈、磨平 3/4 圈。压缩弹簧除支承圈外，具有相同节距的圈数称有效圈数，有效圈数 n 与支承圈数 n_2 之和称为总圈数 n_1，即 $n_1 = n + n_2$。

5）自由高度（或长度）H_0：弹簧在不受外力时的高度。$H_0 = np + (n_2 - 0.5)\, d$。

6）弹簧展开长度 L：制造时弹簧丝的长度：$L \approx \pi D n_1$。

二、圆柱螺旋压缩弹簧的规定画法

圆柱螺旋压缩弹簧可画成视图、剖视图或示意图。图 9-32 所示为圆柱螺旋压缩弹簧视图和剖视图的画法。

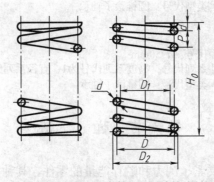

图 9-32 圆柱螺旋压缩弹簧视图和剖视图的画法

1. 基本规定

1）在平行于弹簧轴线的投影面上的视图中，其各圈的轮廓应画成直线。

2）表示四圈以上的螺旋弹簧时，允许每端只画两圈（不包括支承圈），中间各圈可省略不画，只画通过簧丝剖面中心的两条细点画线。当中间部分省略后，也可适当地缩短图形的长度。

3）在装配图中，弹簧中间各圈采取省略画法后，弹簧后面被挡住的零件轮廓不必画出，如图 9-33a 所示。

4）当弹簧被剖切，簧丝直径在图上小于 2mm 时，其剖面可以涂黑表示，如图 9-33b 所示，也可采用示意画法，如图 9-33c 所示。

5）右旋弹簧或旋向不作规定的螺旋弹簧在图上均画成右旋，左旋弹簧允许画成右旋，但无论画成左旋或右旋，图样上一律要加注"LH"。

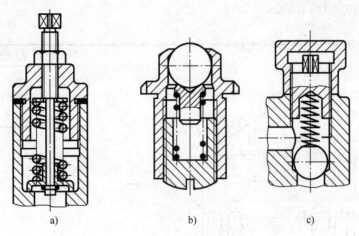

图 9-33 装配图中弹簧的规定画法

a) 不画挡住部分的零件轮廓　b) 簧丝剖面涂黑　c) 簧丝示意画法

2. 作图步骤示例

已知：弹簧簧丝直径 $d=6$mm，弹簧外径 $D=42$mm，节距 $p=11$mm，有效圈数 $n=6$，支承圈数 $n_2=2.5$，右旋。其作图步骤如图 9-34 所示。

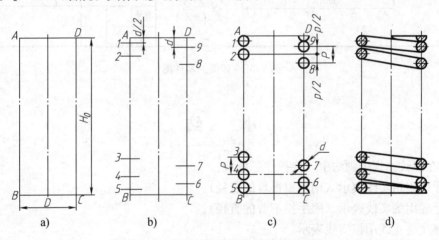

图 9-34　圆柱螺旋压缩弹簧的画图步骤

1) 算出弹簧中径 $D_2=D-d$ 及自由高度 $H_0=np+2d$，可画出长方形 $ABCD$，如图 9-34a 所示。

2) 在 AB 线上取 $A1=B5=d/2$，$A2=B4=d+p/2$，$34=p$；在 CD 线上取 $C6=D9=d$，$67=89=p$，如图 9-34b 所示。

3) 以 1，2，3，…，9 及 C、D 为圆心，画出弹簧簧丝剖面的轮廓，如图 9-34c 所示。

4) 按右旋弹簧作相应圆的公切线，中间部分省略不画，用细点画线将上、下部分连起来。画出剖面线，完成全图，如图 9-34d 所示。

三、圆柱螺旋压缩弹簧零件图示例

弹簧负荷与长度之间的变化关系可用图解表示。如图 9-35 所示，当负荷 $P_2=355.7$N

时，弹簧相应的长度为 74.5mm。

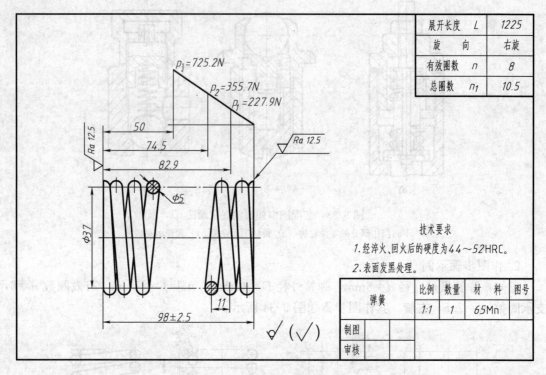

展开长度	L	1225
旋　　向		右旋
有效圈数	n	8
总圈数	n_1	10.5

技术要求
1. 经淬火、回火后的硬度为 44～52HRC。
2. 表面发黑处理。

弹簧	比例	数量	材　料	图号
	1:1	1	65Mn	
制图				
审核				

图 9-35　弹簧的零件图

小　结

一、在螺纹的规定画法中，要抓住三条线。

1）牙顶用粗实线表示（用手摸得着的直径）。

2）牙底用细实线表示（用手摸不着的直径）。

3）螺纹终止线用粗实线表示。

4）注意剖视图中剖面线的画法。

二、螺纹标注的目的，主要是把螺纹的类型和参数体现出来。尺寸界线要从大径引出。

三、螺栓、螺钉、螺柱、螺母、垫圈都是标准件，掌握其联接装配图的简化画法，注意比较它们的相同点和区别。掌握其标记内容。

四、会查阅螺纹及螺纹联接件的标准手册。

五、掌握齿轮、键联接、销联接、滚动轴承与弹簧的画法。

六、键、销的标记；滚动轴承代号的意义。

七、齿轮几何尺寸的计算方法。

思 考 题

1. 螺纹的要素有哪几个？它们的含义是什么？内、外螺纹联接时，应满足哪些条件？

2. 试述螺纹（包括内、外螺纹及其联接）的规定画法。

3. 简要说明普通螺纹、管螺纹及梯形螺纹的标记格式。常用的螺纹紧固件（如六角头螺栓、六角螺母、平垫圈、螺钉、双头螺柱）如何标记？

4. 直齿圆柱齿轮的基本参数是什么？如何根据这些基本参数计算齿轮各部分尺寸？

5. 试述直齿圆柱齿轮及其啮合的规定画法。

6. 普通平键、圆柱销、滚动轴承如何标记？根据规定标记，如何查表得出其他尺寸？在装配图中如何表达这些标准件？

7. 常用的圆柱螺旋压缩弹簧的规定画法有哪些？在装配图中的圆柱螺旋压缩弹簧可如何简化绘制？

第十章 零 件 图

【内容提要】

本章主要介绍零件图的相关知识，典型零件图的阅读方法。

【教学要求】

1. 理解零件图的内容。
2. 掌握典型零件的表达方法。
3. 理解零件图中尺寸的合理标注。
4. 理解表面粗糙度、公差与配合等技术要求，掌握其标注方法。
5. 理解零件的结构工艺性。
6. 掌握看零件图的方法。
7. 掌握绘制零件图的方法。

第一节 零件图的作用和内容

表达单个零件的图样称为零件图。零件图是制造和检验零件的依据，用以指导零件的加工制造和检验，是生产部门的重要技术文件之一。零件图反映了设计者的意图，因此必须详尽地反映零件的结构形状、尺寸和技术要求等内容。

零件图的内容（见图 10-1）：

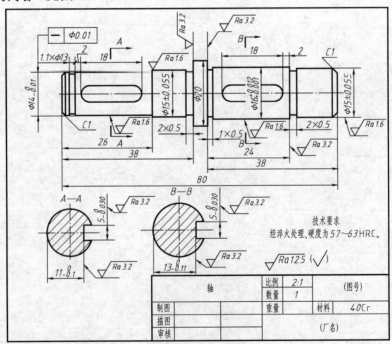

图 10-1 轴的零件图

138

（1）一组视图　用视图、剖视、断面及其他表达方法正确、完整、清晰地表达零件的结构形状。

（2）完整的尺寸　标出制造和检验零件所需的全部尺寸。

（3）技术要求　用规定的符号、数字或文字说明零件在制造、检验时应达到的技术质量要求，如表面粗糙度、尺寸公差、形位公差、热处理要求等。

（4）标题栏　填写零件的名称、材料、数量、比例、图号等内容。

第二节　零件结构的工艺性简介

零件在机器中所起的作用，决定了它的结构形状。设计零件时，首先必须满足零件的工作性能要求，同时还应考虑制造和检验的工艺合理性，以便有利于加工制造。

一、铸造零件的工艺结构

1. 拔模斜度

在铸造时，为了便于将木模从砂型中取出，一般在木模拔出的方向上作出约1∶20的斜度，称为拔模斜度，如图10-2a所示。拔模斜度在图样上可以不画出，也不标注，如图10-2b所示，必要时可在技术要求中用文字说明。

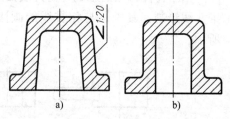

图 10-2　拔模斜度

2. 铸造圆角

在浇铸毛坯时，为了防止砂型落砂，同时避免铸件在冷却过程中因收缩不均匀而在相邻表面的相交处产生裂纹，应将毛坯的各表面相交处都做成圆角过渡，如图10-3所示，称为铸造圆角。铸造圆角在图样上一般不标注，常集中注写在技术要求中。

图10-3所示铸件的底面，需要经过切削加工，这时铸造圆角被削平，画成尖角。

图 10-3　铸造圆角

3. 铸件壁厚

铸件的壁厚要尽量均匀，壁厚的变化要缓慢过渡，防止铸件冷却时在壁厚不均匀处产生裂纹或缩孔，如图10-4所示。铸件的壁厚尺寸直接标注在零件图上。

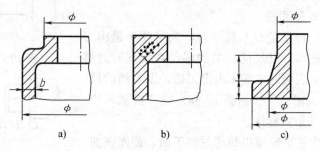

图 10-4　铸件壁厚

a)　正确　b) 不正确　c) 壁厚缓变

4. 凸台和凹坑

零件上与其他零件接触的表面一般都要进行加工。为了节约加工费用，降低成本，要尽量减少加工面积；同时，适当减少接触面积还可以增加接触的稳定性。为此，在铸件毛坯上经常铸出各种凸台和凹坑，如图 10-5 所示。

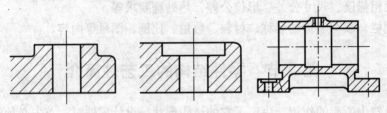

图 10-5　凸台和凹坑

5. 过渡线的画法

由于铸件圆角的影响，铸件表面的相贯线变得不明显了，这种线称为过渡线。过渡线用细实线绘制，其画法与相贯线的画法一致，但应在交线两端或一端留出空白，如图 10-6 所示。

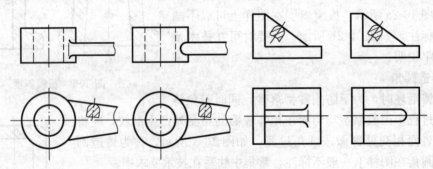

图 10-6　过渡线的画法

二、零件加工面的工艺结构

1. 倒角和圆角

为了便于安装和安全操作，在轴端、孔口及零件的端部常加工出倒角。另外，为避免应力集中而引起裂纹，阶梯轴的轴肩处常加工成圆角，如图 10-7 所示。

2. 退刀槽和砂轮越程槽

在切削加工时，特别是在车螺纹时，为了便于退出刀具，保护刀具不被破坏，以及使相关的零件在装配时能够靠紧，通常在待加工表面的末端车出退刀槽，退刀槽的尺寸一般可按"槽宽×槽颈"（见图 10-8a）或"槽宽×槽深"（见图 10-8b）的形式标注。

磨削加工时，为使砂轮可以稍越过加工面，预先在加工面的末端制出砂轮越程槽。砂轮越程槽一般用局部放大图画出，如图 10-9 所示。

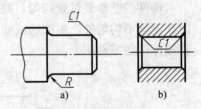

图 10-7　倒角和圆角

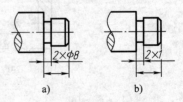

图 10-8　退刀槽

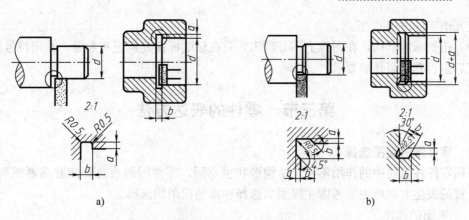

图 10-9 砂轮越程槽
a) 外圆、内圆 b) 外圆端面、内圆端面

3. 孔

(1) 钻孔 用钻头钻出的不通孔，在底部有一个120°的锥角，钻孔深度指圆柱部分的深度，不包括锥坑，如图 10-10a 所示。在阶梯钻孔的过渡处，有 120°的锥角圆台，其画法和标注，如图 10-10b 所示。

钻孔时，要求钻头的轴线垂直于被钻孔的端面，以保证钻孔准确和避免钻头折断，如图 10-11 所示。

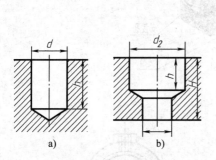

图 10-10 钻孔底部结构
a) 不通孔 b) 通孔

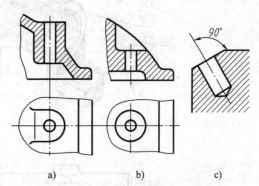

图 10-11 钻孔端面的正确结构
a) 凸台 b) 凹坑 c) 斜面

(2) 中心孔 在加工较长或精度较高的轴时，为了便于在车床上、磨床上定位或维修，常常在轴端预先加工出中心孔，中心孔的结构形式和尺寸已经标准化。中心孔的四种标准形式如图 10-12 所示。零件上不保留中心孔时用 A 型，要求保留中心孔时用 B 型，需要在轴

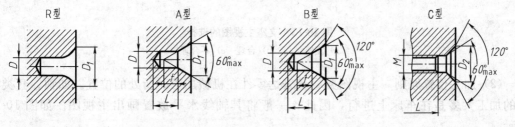

图 10-12 中心孔

端固定其他零件时用 C 型。

中心孔是标准结构，在图样上不必画出，只在轴端标注其标记和数量，并用符号标明零件完工后是否有保留孔的要求。

第三节　零件的表达方法

一、零件图的视图选择

不同零件在机器中的作用不同，结构形状也不同，零件图的表达要使看图者感到方便，确定合理的表达方案应主要考虑主视图的选择和其他视图的选择。

1. 主视图的选择

主视图是零件图中最重要的视图，是一组视图的核心，读图和绘图一般先从主视图着手。因此，在选择主视图时，应考虑以下三个原则：

(1) 形状特征原则　主视图要能清楚地反映零件各组成部分的形状及相互位置。这主要取决于投射方向。如图 10-13a 所示，支座有 A 和 B 两种投射方向，其中 A 向视图比 B 向视图更能反映零件主要结构的形状和相对位置。

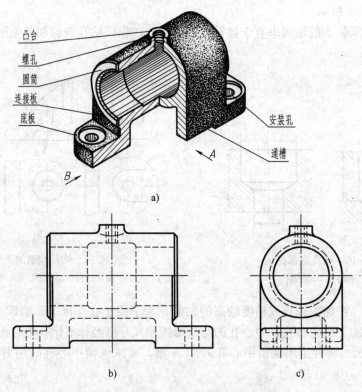

图 10-13　支座主视图的选择
a) 支座结构　b) 合理　c) 不合理

(2) 加工位置原则　主视图要尽量表达零件在机械加工时所处的位置。如轴、套类零件的加工大多是在车床上进行，因此，一般将其轴线水平放置画出主视图。如图 10-14 所示。

（3）工作位置原则 主视图要尽量表达零件在机器中的工作位置。图 10-13 所示的支座在确定了以 A 向作为投射方向后，还要考虑选取放置位置，两种方案如图 10-15 所示，其中图 10-15a 所示为支座的工作位置，故选其为主视图。

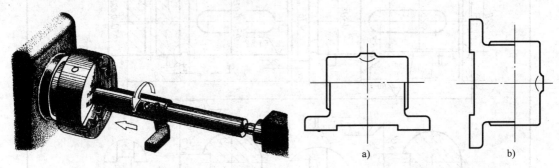

图 10-14 轴在车床上的加工位置　　　　图 10-15 支座的放置方案

2. 其他视图的选择

主视图确定后，要用形体分析法对零件的各个组成部分逐一进行分析，对主视图未表达清楚的部分，还要选其他视图完善表达。

选择其他视图时应考虑以下几个方面：

1）其他视图是对主视图中没有表达清楚的结构形状和相对位置进行补充表达，所选视图应具有明确的表达重点，各个视图所表达的内容应相互配合，彼此补充。

2）应优先考虑选用基本视图，尽量在基本视图中选择剖视。

3）在表达零件的局部形状和细小结构而采用局部视图和局部放大图时，应尽量按投影关系将其放置在有关视图的附近。

4）在完整表达零件的前提下，视图数量要恰当。

二、典型零件的表达方法

根据零件的结构形状，可分为四类，即轴套类零件、盘盖类零件、箱体类零件和叉架类零件。对于每一类零件都应根据其结构特点来确定表达方法。

1. 轴套类零件

轴套类零件的主体结构大多是同轴回转体，常带有键槽、轴肩、螺纹及退刀槽或砂轮越程槽等结构。

这类零件主要在车床上加工，所以，主视图按加工位置选择。画图时将轴线水平放置，一般只用一个基本视图表示。零件上的其他结构通常采用断面、局部剖视、局部放大等表达方法表示，如图 10-16 所示。

2. 盘盖类零件

盘盖类零件的主体结构是同轴线的回转体或其他平板形，常带有各种形状的凸缘、均布的圆孔和肋等结构。

盘盖类零件主要也是在车床上加工，选择主视图时，应按加工位置将轴线水平放置，并用剖视图表达其内部结构及相对位置。除主视图以外，还需要增加其他基本视图以完整表达其结构，如俯视图、左视图或右视图等，如图 10-17 所示。

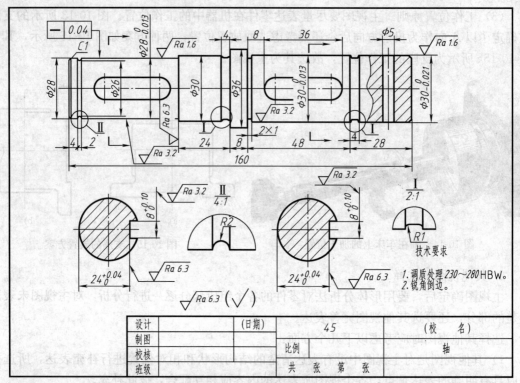

图 10-16　轴套类零件

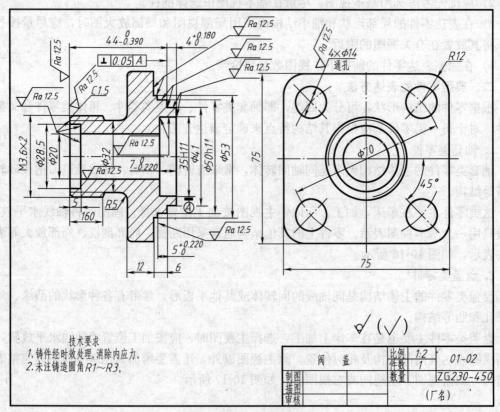

图 10-17　盘盖类零件

3. 箱体类零件

箱体类零件主要用来支承、包容和保护运动零件或其他零件，其内部有空腔、孔等结构，形状比较复杂。

箱体类零件的加工位置多变，选择主视图时，主要考虑形状特征和工作位置。要用基本视图适当配以剖视图、断面图等表达方法才能完整、清晰地表达其内外结构形状，如图 10-18 所示。

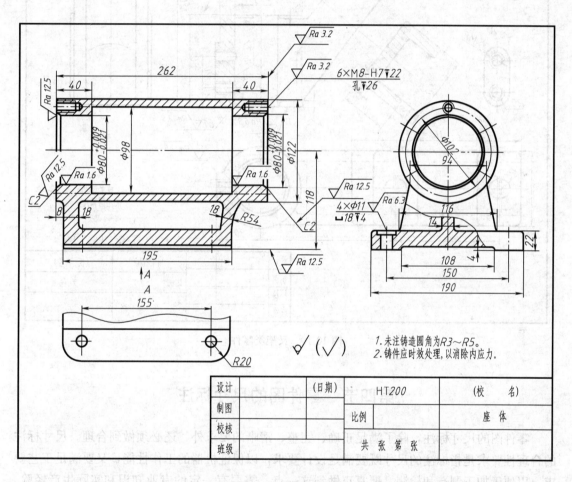

图 10-18 箱体类零件

4. 叉架类零件

叉架类零件主要用于机器的操纵机构上，起支承和连接作用。这类零件结构形状一般比较复杂，很不规则，常采用局部剖视图表达。

叉架类零件由于加工位置多变，在选择主视图时，主要考虑形状特征和工作位置。除主视图外，还要采用俯视图或左视图以表达安装板、肋和轴承孔的宽度，以及它们的相对位置，如图 10-19 所示。

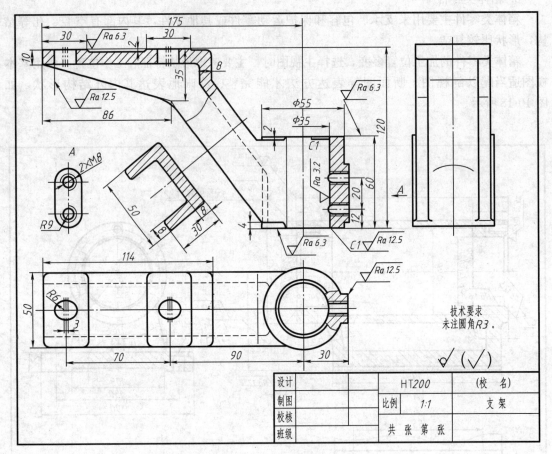

图 10-19　叉架类零件

第四节　零件图的尺寸标注

零件图的尺寸标注，除了满足正确、完整、清晰的要求外，还必须做到合理。尺寸标注的合理性要求是指标注的尺寸既要满足设计要求，以保证机器的工作性能，又要满足工艺要求，以便于加工制造和检测。要真正做到这一点，需要有一定的专业知识和实际生产经验。本节在此简要介绍合理标注尺寸应考虑的几个问题。

一、正确选择尺寸基准

零件在设计、加工、测量和标注尺寸时，都要确定尺寸的基准。根据作用不同，尺寸基准可分为设计基准和工艺基准两类。

根据零件在机器中的作用，按设计要求确定零件结构位置的基准称为设计基准；零件在加工和测量时使用的基准称为工艺基准。

零件在长、宽、高三个方向都有一个或几个尺寸基准。一般在三个方向上各选一个设计基准作为主要基准，其余的尺寸基准作为辅助基准。主要基准和辅助基准之间应有尺寸相联系。

如图 10-20 所示的轴，中间 φ15mm 和右端 φ15mm 轴颈分别安装滚动轴承，φ16mm 轴颈用于装配凸轮。凸轮是所有安装关系中最重要的一环，凸轮的轴向位置靠尺寸为 φ20mm 的轴肩右端来保证，所以设计基准在轴肩的右端面，因此，该端面为长度方向的主要基准。为方便尺寸测量，选择轴的右端面为工艺基准，即长度方向的辅助基准。主要基准和辅助基准之间由尺寸 38mm 联系。

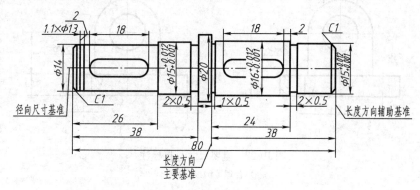

图 10-20　轴的尺寸基准

如图 10-21 所示支座，其底面是主要基准，φ30H8 孔的轴线是高度方向的辅助基准，用于加工 φ32mm、φ30H8 孔、φ42mm 外圆。主、辅基准间的联系尺寸是中心高度 36mm。长度方向的基准是左、右对称面，宽度方向的基准是前、后对称面。

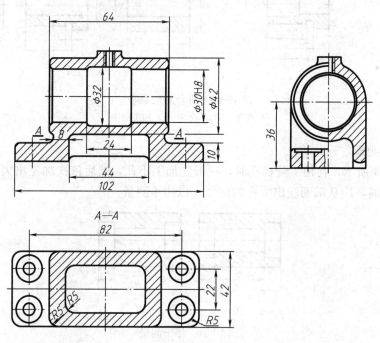

图 10-21　支座的尺寸基准

二、重要尺寸直接标注

零件上的规格性能尺寸、配合尺寸、装配尺寸、保证机器（或部件）正确安装的尺寸等，都是设计上必须保证的重要尺寸。

如图 10-22 所示，由于加工误差，如果把孔的中心高注成 B 和 C，尺寸 A 的误差就会增大，所以直接标注尺寸 A 才合理。同理，在安装时，为了保证两个 $\phi6mm$ 的孔与地脚螺栓能准确地配合上，两孔的定位尺寸应直接标注出中心距 L，而不应注成左右两个尺寸 E。

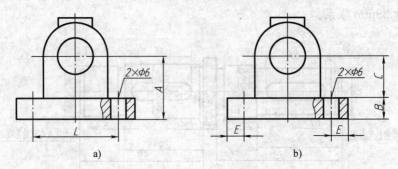

图 10-22　重要尺寸直接标注

a）合理　b）不合理

三、符合加工顺序

如图 10-23 所示，按加工顺序标注尺寸，便于看图、测量，更容易保证加工精度。

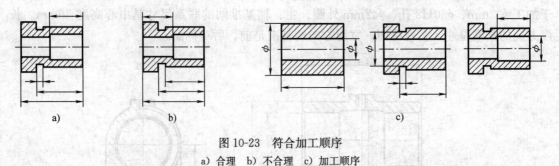

图 10-23　符合加工顺序

a）合理　b）不合理　c）加工顺序

四、便于测量

如图 10-24 所示，在加工阶梯孔时，一般先加工小孔，然后依次加工出大孔。因此，在标注轴向尺寸时，应从端面注出大孔的深度，以便于测量。

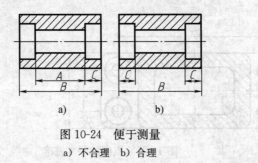

图 10-24　便于测量

a）不合理　b）合理

五、加工面和非加工面

标注铸造和锻造零件的尺寸时，同一个方向上的加工面和非加工面应各选基准分别标注各自尺寸，并且在加工面和非加工面之间，只能有一个尺寸联系。如图 10-25 所示，铸件下平面为加工面,其余为非加工面。由于非加工面制造误差较大,加工面不可能同时保证两个及两个以上非加工面的尺寸要求,故图10-25a是不合理的。

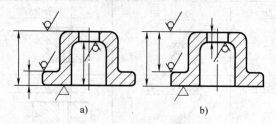

图 10-25 加工面和非加工面
a) 不合理 b) 合理

六、不注封闭尺寸链

封闭尺寸链是指一个零件同一方向上的尺寸首尾相接,形成封闭式的尺寸。如图10-26a所示,尺寸 a、b、c、d 就是一组封闭的尺寸链。由于每段尺寸在加工时都会产生一些误差,为了保证每个尺寸的精度要求,通常对尺寸精度要求最低的一环不注尺寸,这样既保证了设计要求,又可降低加工成本,如图10-26b所示。

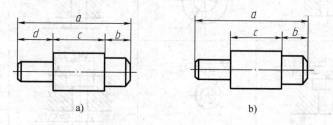

图 10-26 不注封闭尺寸链
a) 不合理 b) 合理

七、零件上常见的孔的标注

各类孔可采用旁注和符号标注,孔的旁注法见表10-1。

表 10-1 孔的旁注法 (GB/T 16675—2003)

类 型	旁 注 法		普通注法	说 明
光孔	4×φ4▼10	4×φ4▼10	4×φ4	4孔,直径 φ4mm,深10mm ▼:表示深度的符号
	4×φ4H7▼10 孔▼12	4×φ4H7▼10 孔▼12	4×φ4H7	4孔,钻孔深12mm,精加工后为 φ4H7,深10mm

（续）

类　型	旁　注　法	普　通　注　法	说　　明
螺孔	3×M6-7H	3×M6-7H	3 螺孔 M6，精度 7H
	3×M6-7H▼10	3×M6-7H▼10 / 3×M6-7H	3 螺孔 M6，精度 7H，螺纹深度 10mm
	3×M6-7H▼10 孔▼12	3×M6-7H▼10 孔▼12 / 3×M6-7H	3 螺孔 M6，精度 7H，螺纹深 10mm，钻孔深 12mm
沉孔	6×φ7 ∨φ13×90°	6×φ7 ∨φ13×90° / 90° φ13 6×φ7	6 孔，直径 φ7mm，沉孔锥顶角 90°，大口直径 φ13mm V：表示埋头孔的符号
	4×φ6.4 ⊔φ12▼4.5	4×φ6.4 ⊔φ12▼4.5 / φ12 4.5 4×φ6.4	4 孔，直径 φ6.4mm，注形沉孔直径 φ12mm，深 4.5mm ⊔：表示沉孔或锪平的符号
	4×φ9 ⊔φ20	4×φ9 ⊔φ20 / ⊔φ20 4×φ9	4 孔，直径 φ9mm，锪平直径 φ20mm，锪平深度一般不注，锪去毛面为止

第五节　零件图的技术要求

　　零件图上所要注写的技术要求包括：零件表面结构要求、尺寸公差和形位公差、材料表面处理和热处理，以及零件在加工、检验和试验时的要求等内容。

一、表面结构要求

　　1. 表面结构要求的概念

　　零件在加工过程中，由于机床、刀具的振动，或材料被切削时产生塑性变形及刀痕等原因，零件的表面不可能是一个理想的光滑表面。这种加工表面上所具有的较小间距和峰谷所组成的微观几何形状特性就称为 R 轮廓（粗糙度）。

　　结构要求与零件的配合性质、耐磨性、工作精度和抗腐蚀性都有密切的关系，它直接影响机器的可靠性和使用寿命。

2. 表面结构的高度参数

评定表面结构的高度参数有两项，既轮廓算术平均偏差 Ra、轮廓最大高度 Rz。在生产中常采用 Ra 作为评定零件表面质量的主要参数。轮廓算术平均偏差与相应的旧标准表面光洁度等级见表 10-2。

表 10-2　轮廓算术平均偏差与相应的旧标准表面光洁度等级　　　（单位：μm）

第一系列	第二系列	表面光洁度等级	第一系列	第二系列	表面光洁度等级	第一系列	第二系列	表面光洁度等级	第一系列	第二系列	表面光洁度等级
	0.008 0.010	▽14	0.100	0.125 0.160	▽10	1.60	2.0 2.5	▽6	12.5	16.0 20	▽3
0.012	0.016 0.020	▽13	0.20	0.25 0.32	▽9	3.2	4.0 5.0	▽5	25	32 40	▽2
0.025	0.032 0.040	▽12	0.40	0.50 0.63	▽8				50	63 80	▽1
0.050	0.063 0.080	▽11	0.80	1.00 1.25	▽7	6.3	8.0 10.0	▽4	100		

3. 表面结构的代（符）号

图样上所标注的表面结构代（符）号说明的是各个表面完工后的要求。表面结构代号包括表面结构符号、表面结构参数值及加工方法等规定。表面结构符号及其意义见表 10-3。国家标准规定，当注写 Rz 或 Ra 时，参数值前需注出相应的参数代号。

表 10-3　表面结构符号及其意义

符　号	意义及说明
√	基本图形符号，对表面结构有要求的图形符号，简称基本符号。没有补充说明时不能单独使用
√	扩展图形符号，基本符号上加一短横，表示指定表面是用去除材料的方法获得。例如：车、铣、钻、磨、剪切、抛光、腐蚀、电火花加工、气割等
√○	扩展图形符号，基本符号上加一小圆，表示表面是用不去除材料的方法获得。例如：铸、锻、冲压变形、热轧、冷轧、粉末冶金等，或者是用于保持原供应状况的表面（包括保持上道工序形成的表面）
√	完整图形符号，当要求标注表面结构特征的补充信息时，在允许任何工艺图形符号的长边上加一横线。在文本中用文字 APA 表示
√	完整图形符号，当要求标注表面结构特征的补充信息时，在去除材料图形符号的长边上加一横线。在文本中用文字 MRR 表示
√○	完整图形符号，当要求标注表面结构特征的补充信息时，在不去除材料图形符号的长边上加一横线。在文本中用文字 NMR 表示

表面结构符号的画法，如图 10-27 所示，尺寸见表 10-4。

表 10-4　表面结构符号的尺寸

数字和字母高度 h	2.5	3.5	5	7	10	14	20
符号线宽 d' 字母线宽	0.25	0.35	0.5	0.7	1	1.4	2
高度 H_1	3.5	5	7	10	14	20	28
高度 H_2（最小值）	7.5	10.5	15	21	30	42	60

注：H_2 取决于标注内容。

表面结构的数值及其在符号中注写的位置，如图 10-28 所示。

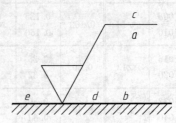

a—注写表面结构的单一要求；

a 和 b—标注两个或多个表面结构要求；

c—注写加工方法；

d—注写表面纹理和方向；

e—注写加工余量(mm)。

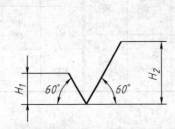

图 10-27　表面结构符号的画法

图 10-28　表面结构数值注写的位置

4. 表面结构在图样上的标注方法

在图样上标注表面粗糙度代（符）号的基本原则：在图样上每一表面一般只标注一次代号，代号的尖端必须从材料外指向表面，其位置一般注在可见轮廓线、尺寸界线、尺寸线、引出线、表面的延长线上或图样的右上角，代号中数字方向应与国家标准规定的尺寸数字方向相同，表面粗糙度在图样上的注法见表 10-5。

表 10-5　表面结构在图样上的注法

图　例	说　明
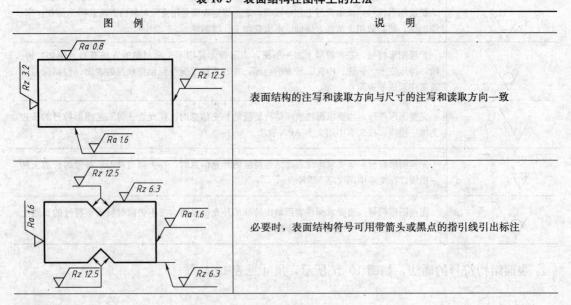	表面结构的注写和读取方向与尺寸的注写和读取方向一致
	必要时，表面结构符号可用带箭头或黑点的指引线引出标注

（续）

图 例	说 明
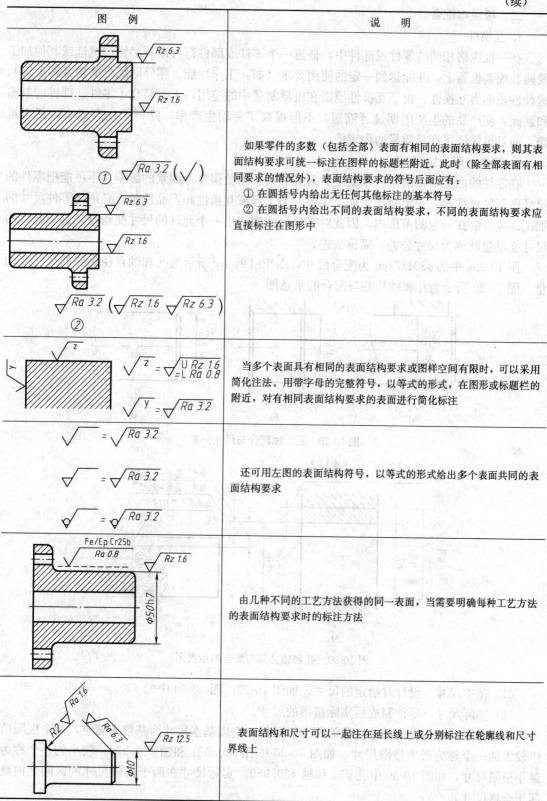	如果零件的多数（包括全部）表面有相同的表面结构要求，则其表面结构要求可统一标注在图样的标题栏附近。此时（除全部表面有相同要求的情况外），表面结构要求的符号后面应有： ① 在圆括号内给出无任何其他标注的基本符号 ② 在圆括号内给出不同的表面结构要求，不同的表面结构要求应直接标注在图形中
	当多个表面具有相同的表面结构要求或图样空间有限时，可以采用简化注法。用带字母的完整符号，以等式的形式，在图形或标题栏的附近，对有相同表面结构要求的表面进行简化标注
	还可用左图的表面结构符号，以等式的形式给出多个表面共同的表面结构要求
	由几种不同的工艺方法获得的同一表面，当需要明确每种工艺方法的表面结构要求时的标注方法
	表面结构和尺寸可以一起注在延长线上或分别标注在轮廓线和尺寸界线上

153

二、极限与配合

1. 互换性

在一批规格相同的零件或部件中，任意一个零件或部件都可以不必经过挑选或其他加工就能装配到机器上，并能达到一定的使用要求（如：工作性能、零件间配合的松紧程度等），这种性质称为互换性。由于互换性原则在机器制造中的应用，大大简化了零件、部件的制造和装配，使产品的生产周期显著缩短，不但提高了劳动生产率，降低了生产成本，便于维修，而且也保证了产品质量的稳定性。

2. 基本术语及定义

在零件的加工中，由于机床精度、刀具磨损、测量误差等因素的影响，不可能把零件的尺寸做得绝对准确，一定会产生加工误差。为了保证互换性和产品质量，必须将零件尺寸的加工误差控制在一定的范围内，因此对零件尺寸规定出一个允许的尺寸变动量，这个允许的尺寸变动量就称为尺寸公差，简称公差。

图 10-29a 中的 $\phi 30 \mathrm{H7/g6}$ 为配合尺寸，图 10-29b、c 所示为孔和轴直径允许的尺寸变动量。图 10-30 所示为孔和轴公差与配合的示意图。

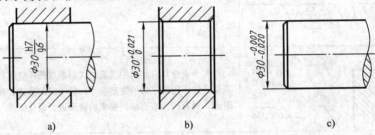

图 10-29　孔、轴配合与尺寸公差

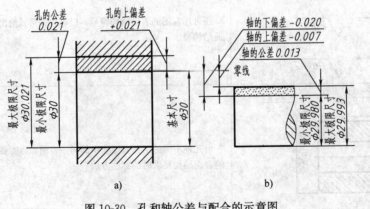

图 10-30　孔和轴公差与配合的示意图

（1）基本尺寸　设计时给定的尺寸，如图 10-29、图 10-30 中的 $\phi 30$。

（2）实际尺寸　零件制成后实际量得的尺寸。

（3）极限尺寸　允许尺寸变化的两个极限值。它以基本尺寸为基数来确定，两个极限值中较大的一个称为最大极限尺寸，如图 10-30 中孔 $\phi 30.021$ 和轴 $\phi 29.993$。较小的一个称为最小极限尺寸，如图 10-30 中孔 $\phi 30$ 和轴 $\phi 29.980$。实际尺寸在两个极限尺寸的区间之内就属于合格尺寸。

（4）尺寸偏差（简称偏差）　实际尺寸与基本尺寸之差。尺寸偏差有上偏差和下偏差，统称极限偏差。偏差可以是正值、负值或零。

上偏差＝最大极限尺寸－基本尺寸。如图10-29中孔的上偏差为＋0.021，轴的上偏差为－0.007。

下偏差＝最小极限尺寸－基本尺寸。如图10-29中孔的下偏差为零，轴的下偏差为－0.020。

国家标准规定用代号 ES、EI 分别表示孔的上、下偏差，用代号 es、ei 分别表示轴的上、下偏差。

（5）尺寸公差（简称公差）　允许尺寸的变动量。公差＝最大极限尺寸－最小极限尺寸＝上偏差－下偏差。如图10-30中，孔的公差为0.021，轴的公差为0.013。公差总是正值。

（6）零线　在公差带图中，用以确定偏差的一条基准直线，称为零线。通常零线表示基本尺寸。如图10-31所示。

（7）尺寸公差带（简称公差带）　在公差带图中，由代表上、下偏差的两条直线所限定的一个区域，如图10-31所示。

（8）标准公差和公差等级　国家标准规定的、用于确定公差带大小的公差值为标准公差。标准公差数值与基本尺寸分段和公差等级有关。公差等级是用于确定尺寸精度的标准。国家标准将公差等级分为20个等级，即IT01、IT0、IT1、IT2、…、IT18。IT表示标准公差，后面的阿拉伯数字表示公差等级。从IT0至IT18，尺寸的精度依次降低，而相应的标准公差数值依次增大，标准公差的数值见附录表C-1。

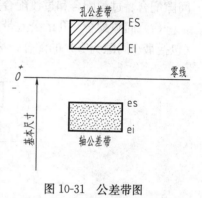

图10-31　公差带图

（9）基本偏差　基本偏差是用于确定公差带相对零线位置的上偏差或下偏差。一般指靠近零线的那个极限偏差。当公差带位于零线上方时，其基本偏差为下偏差；当公差带位于零线的下方时，其基本偏差为上偏差，如图10-32所示。

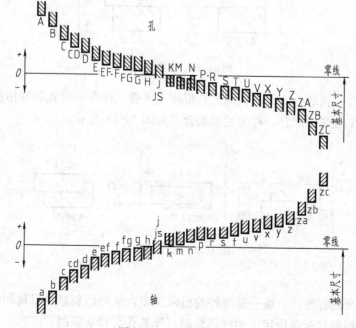

图10-32　基本偏差系列

按国家标准规定，孔和轴各有 28 个基本偏差，它们的代号用拉丁字母表示：大写表示孔，小写表示轴。孔与轴的基本偏差数值见附录表 C-2 和附录表 C-3。

根据孔的与轴的基本偏差和标准公差，可计算孔和轴的另一偏差：

$$孔\quad ES=EI+IT \quad 或 \quad EI=ES-IT$$
$$轴\quad es=ei+IT \quad 或 \quad ei=es-IT$$

3. 配合

基本尺寸相同的、相互配合在一起的孔与轴公差带之间的关系称为配合。这里的孔与轴主要指圆柱形的内、外表面，也包括内、外平面组成的结构。孔和轴配合时，由于它们的尺寸不同，将产生间隙或过盈的情况。国家标准规定配合按其出现的间隙和过盈不同可分为有间隙配合、过盈配合和过渡配合三类。

（1）间隙配合　孔的公差带完全在轴的公差带之上，任取一对孔和轴相配合都产生间隙（包括最小间隙为零）的配合，称为间隙配合。如图 10-33 所示。

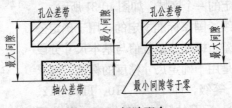

图 10-33　间隙配合

（2）过盈配合　孔的公差带完全在轴的公差带之下，任取一对孔和轴相配合都产生过盈（包括最小过盈为零）的配合，称为过盈配合。如图 10-34 所示。

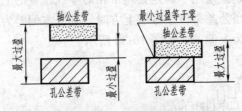

图 10-34　过盈配合

（3）过渡配合　孔的公差带与轴的公差带相互重叠，任取一对孔和轴相配合，可能产生间隙，也可能产生过盈的配合，称为过渡配合。如图 10-35 所示。

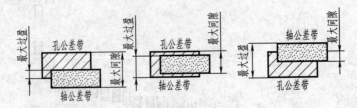

图 10-35　过渡配合

4. 基准制

为了实现配合的标准化，统一基准件的极限偏差，从而达到减少刀具和量具的规格和数量的目的，国家标准对配合规定了两种基准制，即基孔制和基轴制。

（1）基孔制　基本偏差为一定的孔的公差带，与不同基本偏差的轴的公差带形成各种配合的一种制度，如图 10-36 所示。

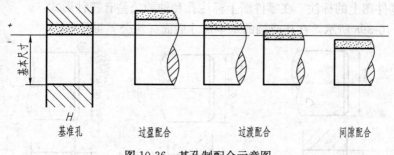

图 10-36　基孔制配合示意图

基孔制的孔为基准孔，用代号 H 表示，其下偏差为零。与基准孔相配合的轴的基本偏差中 a～h 用于间隙配合；j～n 用于过渡配合；p～zc 用于过盈配合。

（2）基轴制　基本偏差为一定的轴的公差带，与不同基本偏差的孔的公差带形成各种配合的一种制度，如图 10-37 所示，基轴制的轴为基准轴，用代号 h 来表示，其上偏差为零。与基准轴相配合的孔的基本偏差中 A～H 用于间隙配合；J～N 用于过渡配合；P～ZC 用于过盈配合。

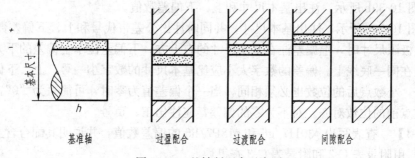

图 10-37　基轴制配合示意图

一般情况下，应优选基孔制。因为加工同样公差等级的孔和轴，加工孔比加工轴要困难。但当同一轴颈的不同部位需要装上不同的零件，其配合要求又不同时，应采用基轴制。

5. 极限与配合在图样上的标注

（1）在装配图上的标注　在装配图上标注公差配合，一般是在基本尺寸右边标出配合代号。配合代号由孔和轴的公差带代号组成，用分式的形式表示。标注的通用形式为：基本尺寸$\dfrac{\text{孔的公差带代号}}{\text{轴的公差带代号}}$或基本尺寸（孔的公差带代号/轴的公差带代号）。

具体标注如图 10-38 所示。凡分子中含有 H 的配合为基孔制配合的基准孔，凡分母中含有 h 的配合为基轴制配合的基准轴，对于分子中含有 H 而分母中也含有 h 的配合，如

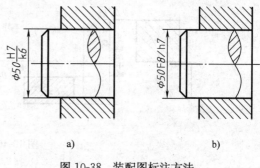

图 10-38　装配图标注方法

H8/h7，一般认为是基孔制配合，但也可认为是基轴制配合，这是最小间隙为零的一种间隙配合。

（2）在零件图上的标注　在零件图上标注孔和轴的公差有三种形式：

1）如图 10-39a 所示，在孔或轴的基本尺寸后面标注公差带代号。

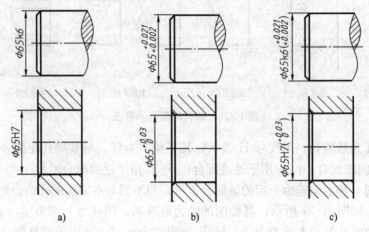

a)　　　　　　b)　　　　　　c)

图 10-39　零件图标注方法

2）如图 10-39b 所示，注出基本尺寸和上、下偏差数值。

3）如图 10-39c 所示，注出基本尺寸，并同时注出公差带代号和上、下偏差数值。

当标注极限尺寸时，上偏差注在基本尺寸的右上方，下偏差位于上偏差的下方，且应与基本尺寸注在同一底线上。偏差的数字大小应比基本尺寸的数字小一号。上、下偏差的小数点必须对齐，小数点后的位数也必须相同，当一个偏差值为零时，可简写为"0"，并与另一偏差的小数点前的位数对齐。对不为零的偏差，应注出正、负号。

【例 10-1】　　查表写出 $\phi30H7/g6$ 和 $\phi18P7/h6$ 的偏差数值，并说明其配合含义。

解：1）由附录表 C-2 和附录表 C-3 查得：

$\phi30H7$ 的上偏差 $ES=+0.021mm$，下偏差 $EI=0mm$，即：$\phi30^{+0.021}_{0}mm$。

$\phi30g6$ 的上偏差 $es=-0.007mm$，下偏差 $ei=-0.020mm$，即：$\phi30^{-0.007}_{-0.020}mm$。

$\phi30H7/g6$ 含义：如图 10-40a 所示，该配合是基本尺寸为 $\phi30$、基孔制的间隙配合；孔的公差带代号为 H7，其中 H 为基本偏差，公差等级为 7 级；轴的公差带代号为 g6，其中 g 为基本偏差，公差等级为 6 级。

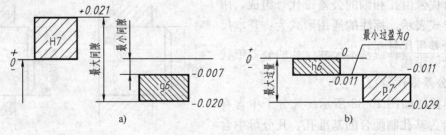

a)　　　　　　　　b)

图 10-40　公差带图

2）由附录表 C-2 和附录表 C-3 查得：

$\phi18P7$ 的上偏差 $ES=-0.011mm$，下偏差 $EI=-0.029mm$，即：$\phi18^{-0.011}_{-0.029}mm$。

$\phi18h6$ 的上偏差 $es=0mm$，下偏差 $ei=-0.011mm$，即：$\phi18^{~0}_{-0.011}mm$。

$\phi18P7/h6$ 含义：如图 10-40b 所示，该配合是基本尺寸为 $\phi18$、基轴制的过盈配合；孔的公差带代号为 P7，其中 P 为基本偏差，公差等级为 7 级；轴的公差带代号为 h6，其中 h 为基本偏差，公差等级为 6 级。

三、形状和位置公差

1. 概念

零件在加工后不仅会产生尺寸误差，而且会产生形状和位置误差。根据零件的实际功能要求，零件的被测要素（如表面和轴线）的实际形状对其理想形状所允许的变动值，称为形状公差；零件的被测要素（如表面和轴线）的实际位置对其理想位置所允许的变动值，称为位置公差。形状公差和位置公差简称形位公差。

2. 形位公差的代号

在技术图样中，形位公差应采用代号标注，当无法采用代号标注时，允许在技术要求中用文字说明。国家标准中规定形状和位置公差分为两大类共 14 个项目，各特征项目名称及对应符号见表 10-6。

表 10-6　形状和位置公差特征项目符号

公　　差		特 征 项 目	符　　号	有或无基准要求
形状	形状	直线度	—	无
		平面度	▱	无
		圆度	○	无
		圆柱度	⌀	无
形状或位置	轮廓	线轮廓度	⌒	有或无
		面轮廓度	⌓	有或无
位置	定向	平行度	∥	有
		垂直度	⊥	有
		倾斜度	∠	有
	定位	位置度	⊕	有或无
		同轴（同心）度	◎	有
		对称度	═	有
	跳动	圆跳动	↗	有
		全跳动	↗↗	有

形位公差的代号由形位公差有关项目的符号、框格和指引线、公差数值以及基准代号的字母组成，如图 10-41 所示。

框格和带箭头的指引线均用细实线画出，指示箭头和尺寸箭头画法相同，框格应水平或垂直绘制。

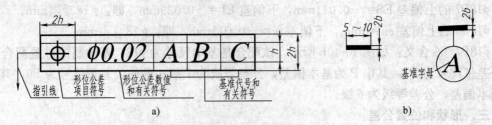

图 10-41　形位公差标注代号
a) 形位公差的形式　b) 基准符号和基准代号

3. 形位公差的标注方法

（1）被测要素的标注方法　用带箭头的指引线将被测要素与公差框格的一端相连，如图 10-42a 所示，指引线的箭头应指向公差带的宽度方向或直径。

（2）基准要素的标注方法　基准符号用粗短画表示，其长度约为框格的高度。短画上的连线与框格的另一端相连，如图 10-42a 所示。当基准不便与框格相连时，需在基准要素处标出基准代号，如图 10-42b 所示，并在框格的第三格内填写与基准代号相同的字母。

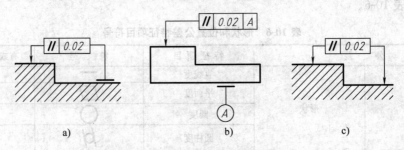

图 10-42　被测要素和基准要素的标注方法
a) 用基准符号标注　b) 用基准代号标注　c) 任选基准的标注

当位置公差的两要素（被测要素和基准要素）为任选基准时，就不再画基准符号，框格两边都用指示箭头表示，如图 10-42c 所示。

（3）指引线的箭头与被测要素相连的方法　当被测要素为线或表面时，指引线的箭头应指在该要素的轮廓线或引出线上，并应明显地与尺寸线错开，如图 10-43 所示。

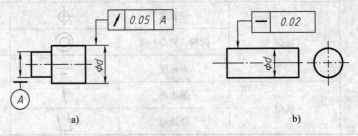

图 10-43　被测要素为线或表面

当被测要素为轴线、球心或中心平面时，指引线的箭头应与该要素的尺寸线对齐，如图 10-44 所示。

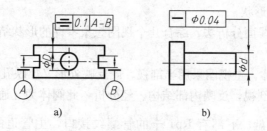

图 10-44 被测要素为轴线

第六节 读零件图

阅读零件图，主要是弄清零件的结构形状、尺寸和技术要求等内容，并了解零件在机器中的作用。

读零件图的方法和步骤如下：

1. 概括了解

看标题栏，了解零件的名称、材料、比例等。

如图 10-45 所示，零件名称为阀体，属箱体类零件，比例 1：2，材料为灰铸铁 HT200。

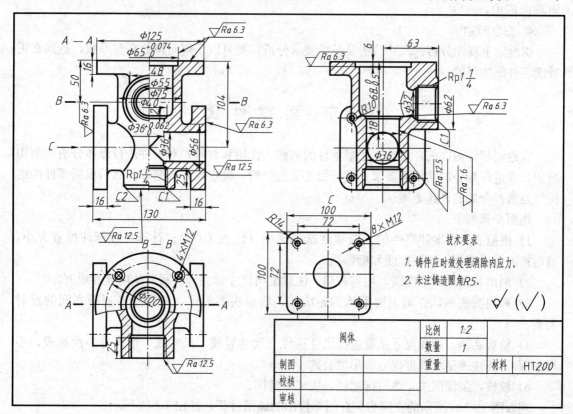

图 10-45 阀体零件图

2. 分析视图，想象形状

运用形体分析法和线面分析法，综合几个视图想象零件的形状结构，结合局部视图了解局部结构。

图 10-45 所示的阀体，主视图采用半剖视，既反映外形又反映孔的结构；俯视图采用局部剖视；左视图采用全剖视，反映内部结构。经分析，此阀体为五通式结构，主管道上下相通，上部接一圆形法兰盘，下部有 $Rp1\frac{1}{4}$ 的管螺纹接口，主管道的中上部凸台处朝前有 $Rp1\frac{1}{4}$ 的管螺纹，中下部左、右各有一方形法兰盘。

3. 分析尺寸和技术要求

如图 10-45 所示，阀体主管道的轴线为长、宽方向的主要基准，中下部水平管道的轴线为高度方向的主要基准。从长度基准标 130 确定左、右法兰盘的位置，从宽度基准标 63 确定中上部朝前管道端面的位置，从高度基准向上标 104 确定顶部法兰盘位置，并以此为辅助基准，向下标 50 确定中上部朝前管道位置。

主管道两个配合尺寸 $\phi36^{+0.062}_{0}$、$\phi65^{+0.074}_{0}$ 的表面粗糙度为 $Ra1.6\mu m$、$Ra6.3\mu m$，三个法兰盘端面的表面粗糙度为 $Ra6.3\mu m$，其他加工面的表面粗糙度为 $Ra12.5\mu m$，剩下的为不加工面。铸造圆角统一标注在技术要求中，并规定对阀体进行时效处理以消除内应力。

4. 综合归纳

综合以上视图分析、尺寸分析及技术要求分析，就可以了解阀体的完整形状，达到真正看懂零件图的目的。

第七节　画零件图

在绘制零件图以前，应首先了解零件的名称、作用和材料；对零件进行形体分析和结构分析，弄清各部分的功用和要求；进行加工工艺分析，确定尺寸的基准。然后根据零件的结构特点选择合适的表达方案。

作图步骤如下：

1）根据表达方案和零件的复杂程度选择比例（优选 1：1）；计算尺寸标注位置大小，确定标准图纸幅面；画图框线和标题栏。

2）画出各图形的基准线，均匀布局，注意留出尺寸标注和注写其他内容的地方。

3）画视图底稿，先画主要形体的轮廓线，后画次要形体，并注意各视图之间的投射关系。

4）检查底稿，选择尺寸基准进行尺寸标注（尺寸界线、尺寸线、箭头等一次画成，不再加深），标注表面粗糙度代号和形位公差。

5）校核，加深图线，填写标题栏，完成零件图。

现以图 10-13a 所示的支座为例介绍零件图的画图过程，如图 10-46 所示。

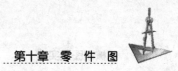

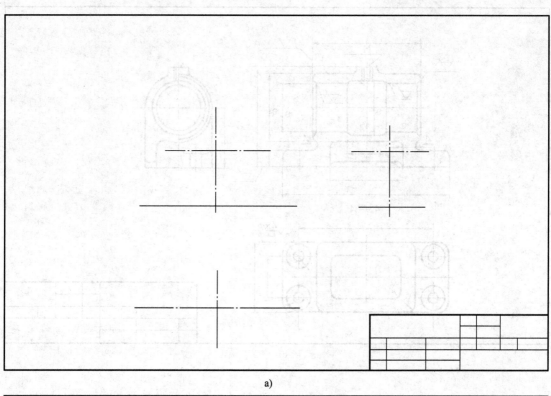

a)

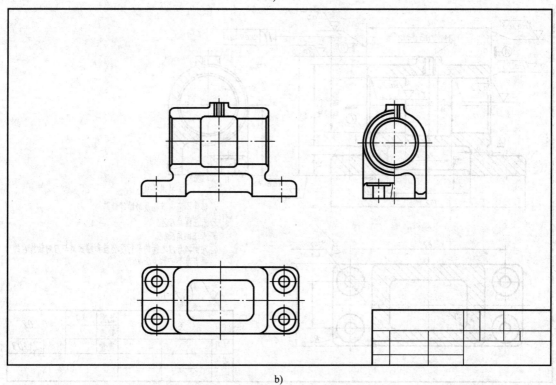

b)

图 10-46　支座零件图的画图步骤

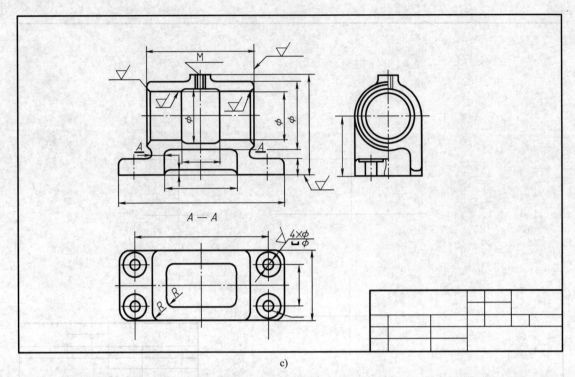

A—A

c)

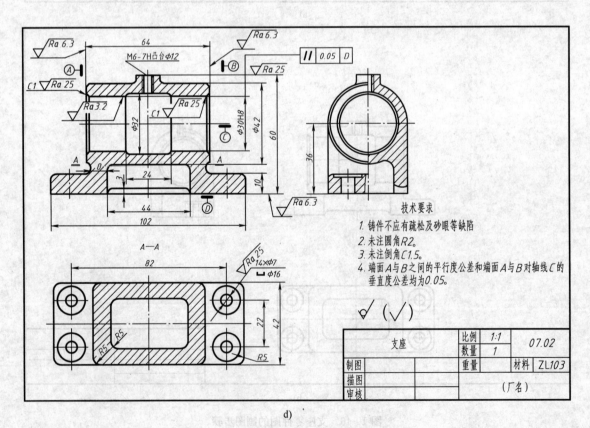

A—A

技术要求

1. 铸件不应有疏松及砂眼等缺陷
2. 未注圆角R2。
3. 未注倒角C1.5。
4. 端面A与B之间的平行度公差和端面A与B对轴线C的垂直度公差均为0.05。

支座	比例	1:1	07.02
	数量	1	
制图		重量	材料	ZL103
描图			
审核		(厂名)	

d)

图 10-46 支座零件图的画图步骤（续）

小 结

一、掌握零件图视图选择的方法及步骤，并注意以下问题：

1）了解零件的功用及其各组成部分的作用，以便在选择主视图时从表达主要形体入手。

2）确定主视图时，要正确选择零件的安放状态和投射方向。

3）零件形状要表达完全，必须逐个形体检查其形状和位置是否唯一确定。

二、掌握读、画零件图的方法和步骤及零件图上尺寸及技术要求的标注方法。

三、表面结构各种符号的意义及其在图样上的标注方法。

四、极限与配合的基本概念及标注

1）间隙、过盈、标准公差和基本偏差。

2）配合种类、间隙配合、过盈配合、过渡配合、配合制度、基孔制、基轴制。

3）极限与配合在图样上的标注方法。

思 考 题

1. 零件图的内容有哪些？

2. 零件图的视图选择原则是什么？

3. 分析典型零件的视图表达特点。

4. 在零件图上合理地标注尺寸应考虑哪些问题？

5. 什么是互换性？什么是公差？

6. 配合有哪几种？有几种配合基准制？

7. 在零件图上如何标注公差？在装配图上如何标注配合？

第十一章 装 配 图

【内容提要】

本章主要介绍装配图的作用和内容，读装配图的方法。

【教学要求】

1. 理解装配图的用途和内容。

2. 掌握装配图的表达方法。

3. 理解装配图尺寸标注和技术要求。

4. 理解装配图的零部件序号和明细表。

5. 理解装配工艺结构的合理性。

6. 掌握绘制装配图的方法和步骤。

7. 掌握阅读装配图的方法。

第一节 概 述

装配图是用来表达机器或部件的图样，通常用来表达机器或部件的工作原理以及零件、部件间的装配、连接关系，是机械设计和生产中的重要技术文件之一。在产品设计中，一般先根据产品的工作原理图画出装配草图，由装配草图整理出装配图，然后再根据装配图进行零件设计，并画出零件图。在产品制造中，装配图是制定装配工艺规程、进行装配和检验的技术依据。在机器使用和维修时，也需要通过装配图来了解机器的工作原理和构造。一般情况下，一张完整的装配图包括以下五个内容。

1. 一组视图

用一组视图完整、清晰、准确地表达出机器的工作原理、各零件的相对位置及装配关系、连接方式和重要零件的形状结构。

图 11-1 所示为滑动轴承的装配轴测图。它直观地表示了滑动轴承的外形结构，但不能清晰地表示各零件间的装配关系。图 11-2 所示为滑动轴承的装配图，图中采用了三个基本视图，由于结构基本对称，所以三个视图均采用了半剖视图，比较清楚地表示出了轴承盖、轴承座和上下轴瓦的装配关系。

2. 必要的尺寸

标注出表示装配图性能、规格及装配、检验、安装时所需的尺寸。

3. 技术要求

用符号或文字注写出装配体在装配、实验、调

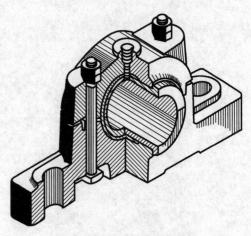

图 11-1 滑动轴承轴测图

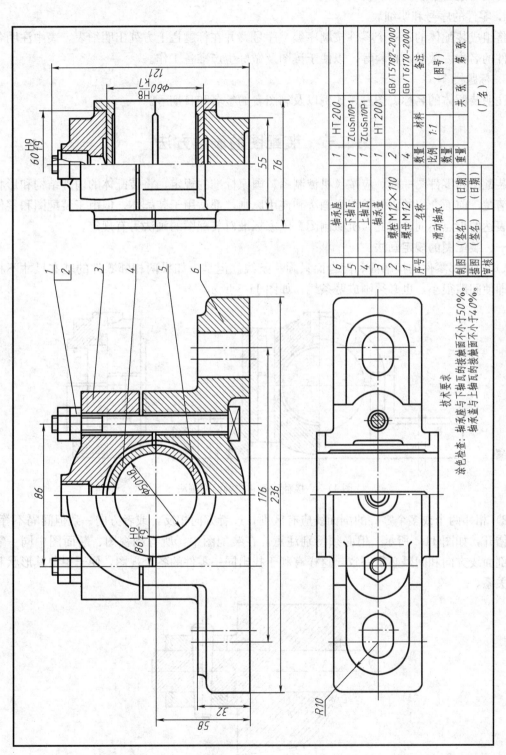

图 11-2　滑动轴承装配图

技术要求

涂色检查：轴承座与下轴瓦的接触面不小于50%。
轴承盖与上轴瓦的接触面不小于40%。

序号	名称	数量	材料	备注
6	轴承座	1	HT200	
5	下轴瓦	1	ZCuSn10P1	GB/T5782-2000
4	上轴瓦	1	ZCuSn10P1	
3	轴承盖	1	HT200	
2	螺栓 M12×110	2		GB/T6170-2000
1	螺母 M12	4		

滑动轴承　比例 1:1　（图号）

整、使用时的要求、规则、说明等。

4.零件的序号和明细表

将组成装配体的每一个零件按顺序编上序号，并在标题栏上方列出明细表，表中注明各种零件的名称、数量、材料等，以便于读图及做好生产准备工作。

5.标题栏

注明装配体的名称、图号、比例以及制图者的签名和日期等。

第二节　装配图的表达方法

装配图和零件图一样，应按《机械制图》国家标准的规定，将装配体的内外结构和形状表示清楚。前面介绍的机件的图样画法和使用原则，都适用于装配体，但由于装配图和零件图所表达的重点不同，因此《机械制图》国家标准对装配图的画法另有规定。

一、装配图的规定画法

1）两相邻零件的接触面和配合面只画一条线。但是，如果两相邻零件的基本尺寸不相同，即使间隙很小，也必须画成两条线，如图 11-3 所示。

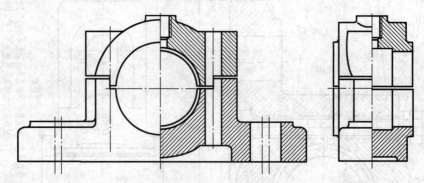

图 11-3　接触面和非接触面的画法

2）相邻两个或多个零件的剖面线应有区别，或者方向相反，或者方向一致但间隔不等，相互错开，如图 11-4 所示。但必须特别注意，在装配图中，所有剖视图、断面图中同一零件的剖面线方向和间隔必须一致，这样有利于找出同一零件的各个视图，便于想象其形状和装配关系。

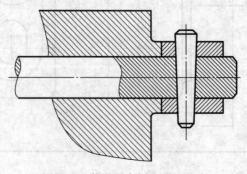

图 11-4　装配图中剖面线的画法

3）对于紧固件以及实心的球、手柄、键等零件，若剖切面通过其对称平面或基本轴线时，这些零件均按不剖绘制。如需表明零件的凹槽、键槽、销孔等结构时，可用局部剖视表示，如图11-5所示。

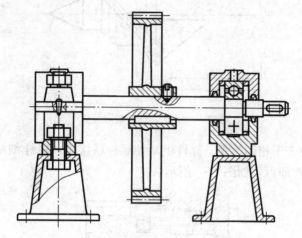

图 11-5　剖视图中不剖零件的画法

二、装配图的特殊表达方法和简化画法

1. 特殊表达方法

（1）拆卸画法　当某些零件的图形遮住了其后面的需要表达的零件，或在某一视图上不需要画出某些零件时，可拆去某些零件后再画；也可以选择沿零件结合面进行剖切的画法，如图11-6所示。

（2）单独表达某零件的画法　如所选择的视图已将大部分零件的形状、结构表达清楚，但仍有少数零件的某些方面还未表达清楚时，可单独画出这些零件的视图或剖视图，如图11-6所示。

（3）假想画法　为表示部件或机器的作用、安装方法，可将其他相邻零件、部件的部分轮廓用细双点画线画出，如图11-6所示。

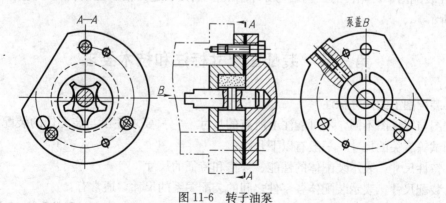

图 11-6　转子油泵

当需要表达运动零件的运动范围或运动极限位置时，可按照其运动的一个极限位置绘制图形，再用细双点画线画出另一极限位置的图形，如图11-7所示。

2. 简化画法

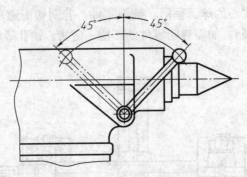

图 11-7 运动零件的极限位置

1）对于装配图中若干相同的零、部件组，如螺栓联接等，可详细画出一组，其余只需用细点画线表示其位置即可，如图 11-8 所示。

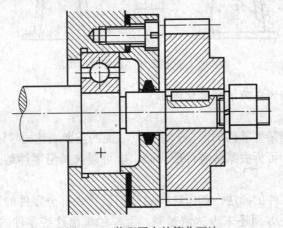

图 11-8 装配图中的简化画法

2）在装配图中，对于薄垫片等不易画出的零件可将其涂黑，如图 11-8 所示。

3）在装配图中，零件的工艺结构如小圆角、倒角、退刀槽、起模斜度等允许不画，如图 11-8 所示。

第三节 装配图尺寸标注和技术要求

一、装配图上的尺寸标注

装配图与零件图不同，不可能注上所有的尺寸，它只要求注出与装配体的装配、检验、安装或调试等有关的尺寸，一般有以下几种：

（1）特性尺寸 表示装配体的性能、规格和特征的尺寸。

（2）装配尺寸 表示装配体各零件之间的装配关系的尺寸；通常有：

1）配合尺寸：零件间有公差配合要求的尺寸，如图 11-2 中的 $\phi60H8/k7$ 及 86 H9/f9。

2）相对位置尺寸：零件在装配时，需要保证的相对位置尺寸，如图 11-2 中的中心距 86。

（3）外形尺寸 装配体的外形轮廓尺寸，反映了装配体的总长、总宽、总高，这是装配体在包装、运输，以及在设计相应厂房时所需的依据，如图 11-2 中的尺寸 236、121、76。

（4）安装尺寸　装配体安装在地基或其他机器上时所需的尺寸，如图 11-2 中的尺寸 176。

（5）其他重要尺寸　除以上四类尺寸外，在装配或使用中必须说明的尺寸，如运动零件的位移尺寸等。

二、技术要求

由于不同装配体的性能、要求各不相同，因此其技术要求也不同。拟定技术要求时，一般可从以下几个方面来考虑：

1）在装配过程中需注意的事项及装配后装配体所必须达到的要求，如精度、装配间隙、润滑要求等。

2）检验要求：装配体基本性能的检验、试验及操作时的要求。

3）使用要求：装配体的规格、参数及维护、保养、使用时的注意事项及要求。

装配图上的技术要求应根据装配体的具体情况而定，用文字注写在明细表上方或图纸下方的空白处（见图 11-2）。

第四节　装配图的零部件序号和明细栏

在生产中为便于图纸管理、生产准备、机器装配和读装配图，必须对装配图中所有零、部件进行编号，并填写明细栏，图中零部件的序号应与明细栏中的序号一致。

明细栏可直接画在装配图标题栏上面，也可另列零部件明细栏，明细栏内容应包含零件的名称、材料及数量，这样有利于读图时对照查阅，并可根据明细栏做好生产准备工作。

一、零部件序号的编排方法

1. 序号的组成

装配图中的序号一般由指引线（细实线）、圆点（或箭头）和序号数字组成，如图 11-9 所示。具体要求如下：

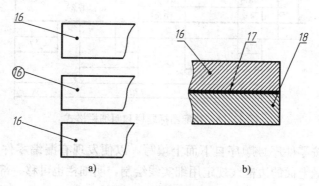

a)　　　　　　　　　　　　b)

图 11-9　序号的组成

1）指引线不要与轮廓线或剖面线等图线平行，指引线之间不允许相交，但指引线允许弯折一次。

2）指引线末端不便画出圆点时，可在指引线末端画出箭头，箭头指向该零件的轮廓线，如图 11-9b 所示。

3）序号数字比装配图中的尺寸数字大一号。

2. 零件组序号

对紧固件组或装配关系清楚的零件组，允许采用公共指引线，如图 11-10 所示。

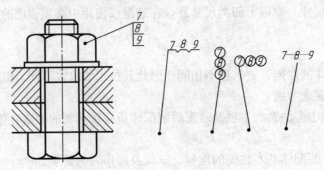

图 11-10　零件组序号

3. 序号的排列

零件的序号应按顺时针或逆时针方向在整个一组图形外围顺次整齐排列，并尽量使序号间隔相等，如图 11-2 所示。

二、明细栏

明细栏不单独列出时，一般应画在装配图标题栏的上方，按 GB/T 10609.2—2009 绘制，各工厂、企业有时也有各自的标题栏和明细栏格式，本课程推荐的装配图标题栏和明细栏格式如图 11-11 所示。

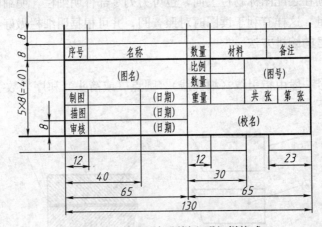

图 11-11　装配图标题栏和明细栏格式

明细栏序号应按零件序号顺序自下而上填写，以便发现有漏编零件时，可继续向上填补，为此，明细栏最上面的边框线规定用细实线绘制，明细栏也可移一部分至标题栏左边。

第五节　装配图工艺结构的合理性

为了保证装配体的质量，在设计装配体时，应注意零件之间装配结构的合理性，装配图上需要把这些结构正确地反映出来。

一、接触面与配合面的结构

1）两个相接触的零件，同一方向上只能有一对接触面，如图 11-12 所示。这样既能保证装配工作能顺利地进行，又能给加工带来很大的方便。

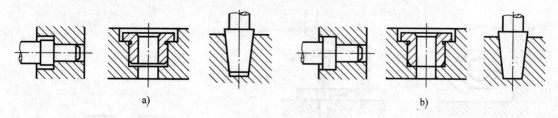

图 11-12 两零件的接触面
a）合理 b）不合理

2）轴与孔配合且端面互相接触时，应对孔进行倒角或在轴的根部加工出退刀槽，以保证端面接触良好，如图 11-13 所示。

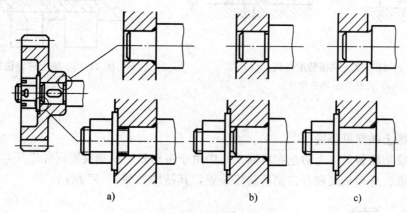

图 11-13 轴与孔配合时的结构
a）合理 b）合理 c）不合理

3）在装配体中，应尽可能合理地减少零件与零件之间的接触面积，为此通常在被联接件上作出沉孔或凸台等结构，这样可使机械加工的表面积减少，保证接触的可靠性，并可降低加工成本，如图 11-14 所示。

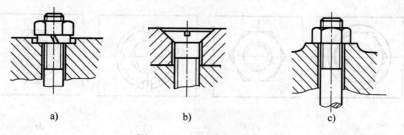

图 11-14 减少加工面积

4）用螺栓联接的地方要留有足够的装拆的活动空间，如图 11-15 所示。

二、定位结构

装在轴上的零件必须有轴向定位装置，以保证零件在轴上的位置。图 11-16 所示的轴上装有滚动轴承，采用轴用弹性挡圈将轴承在轴上定位。

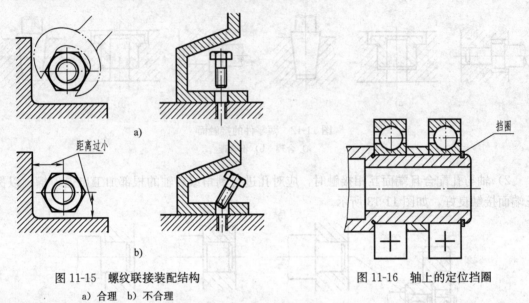

图 11-15　螺纹联接装配结构

a）合理　b）不合理

图 11-16　轴上的定位挡圈

三、机器上的常见装置

（1）螺纹防松装置　为防止在机器工作中由于振动而导致螺纹紧固件松开，常采用双螺母、弹簧垫圈、止动垫圈和开口销等防松装置，其结构如图 11-17 所示。

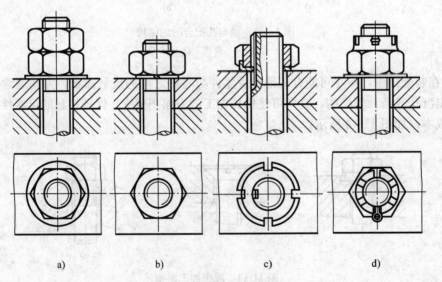

图 11-17　螺纹防松装置

a）双螺母防松　b）弹簧垫圈防松　c）止动垫圈防松　d）开口销防松

（2）滚动轴承的固定装置　使用滚动轴承时，必须根据其受力情况采用一定的结构将滚动轴承的内、外圈固定在轴上或机体的孔中。因考虑到工作温度的变化可能会导致滚动轴承工作时卡死，所以应留有少量的轴向间隙。如图 11-18 所示，右端轴承内、外圈均作了固定，左端只固定了内圈。

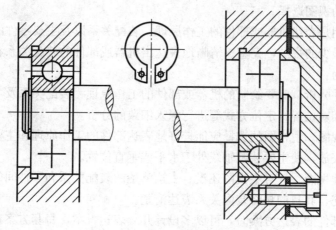

图 11-18　滚动轴承固定装置

（3）密封装置　为了防止灰尘、杂屑等进入轴承，并防止润滑油外溢以及阀门或管路中的气体、液体泄露，通常采用图 11-19 所示的密封装置。

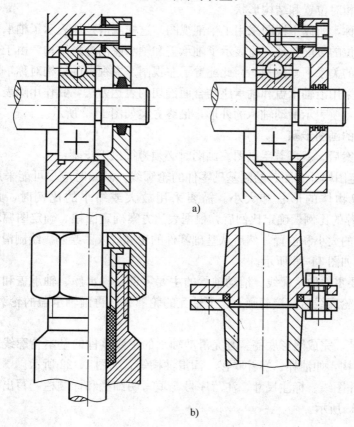

a)

b)

图 11-19　密封装置

第六节 画 装 配 图

一、装配图的视图选择

装配图的作用是表达机器或部件的工作原理、装配关系以及主要零件的结构形状。视图选择的目的是以最少的视图，完整、清晰地表达出机器或部件的装配关系和工作原理。视图选择的一般步骤为：

（1）进行部件分析 对要绘制的机器或部件的工作原理、装配关系及主要零件形状、零件与零件之间的相对位置、定位方式等进行深入细致的分析。

（2）确定主视图 主视图的选择应能较好地表达部件的工作原理和主要装配关系，并尽可能按工作位置安放，使主要装配轴线处于水平或垂直位置。

（3）确定其他视图 针对主视图还没有表达清楚的装配关系和零件间的相对位置，选用其他视图给予补充。其目的是将装配关系表达清楚。

确定机器或部件的表达方案时，可以多设计几套表达方案，每套方案都会有优缺点，通过分析比较再选择比较理想的表达方案。

例如，图 11-1 所示的滑动轴承，其作用就是支承旋转轴，主要零件有轴承盖、轴承座和上、下轴瓦。轴承盖和轴承座水平方向由轴瓦的外圆定位（配合尺寸）。装配关系主要表达这四个零件的相对位置和结构形状。

由于结构对称，所以主视图采用了半剖视图。这样既清楚地表示了轴承盖和轴承座由螺栓联接、止口定位的装配关系，也表示了轴承盖和轴承座的外形结构。由于上、下轴瓦与轴承盖、轴承座间的关系不够清楚，因此配置了左视图。左视图的结构对称，所以也采用了半剖视图。俯视图采用沿轴承盖和轴承座结合面剖切的表达方法，其作用除表示下轴瓦与轴承座的关系外，还主要表示滑动轴承的外形，最终方案如图 11-2 所示。

二、装配图的画图步骤

确定表达方案后，就可着手画图。画图时必须遵循以下步骤：

1）比例、定图幅、布图、绘制基础零件的轮廓线。画图时应尽可能采用 1：1 的比例，这样有利于想象物体的形状和大小。需要采用放大或缩小的比例时，必须采用 GB/T 14690—1993 推荐的比例。确定比例后，根据表达方案确定图幅。确定图幅和布图时要考虑标题栏和明细栏的大小和位置，然后从基础零件的轮廓线入手绘制。绘制滑动轴承的装配图从轴承座开始，如图 11-20 所示。

2）绘制主要零件的轮廓线。滑动轴承的主要零件是轴承座、轴承盖和上、下轴瓦。画出轴承座的主要轮廓线后，接着画上、下轴瓦的轮廓线，再画轴承盖的轮廓线，如图 11-21 所示。

3）结构细节，完成图形底稿。画完滑动轴承的主要零件的基本轮廓线之后，可继续绘制零件的详细结构，如油杯、螺栓联接、润滑油槽等，如图 11-22 所示。

4）整理加深图线、标注尺寸、注写序号、填写明细栏和标题栏，写出技术要求，完成全图，如图 11-23 所示。

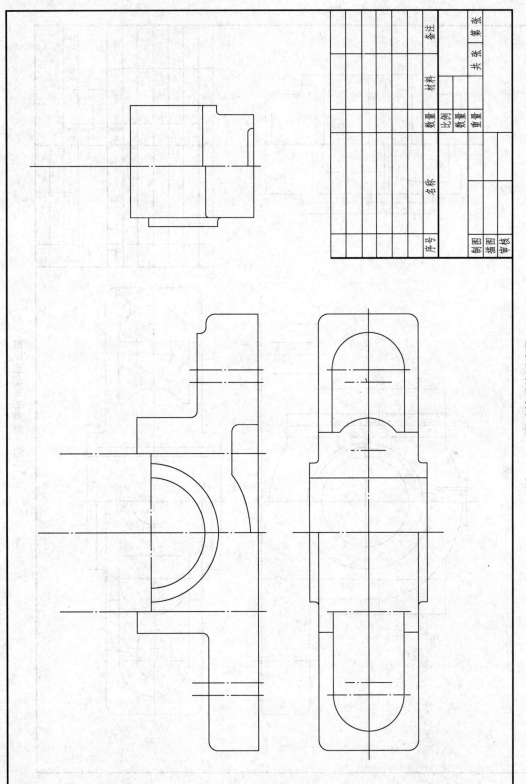

图 11-20 滑动轴承绘图步骤（一）

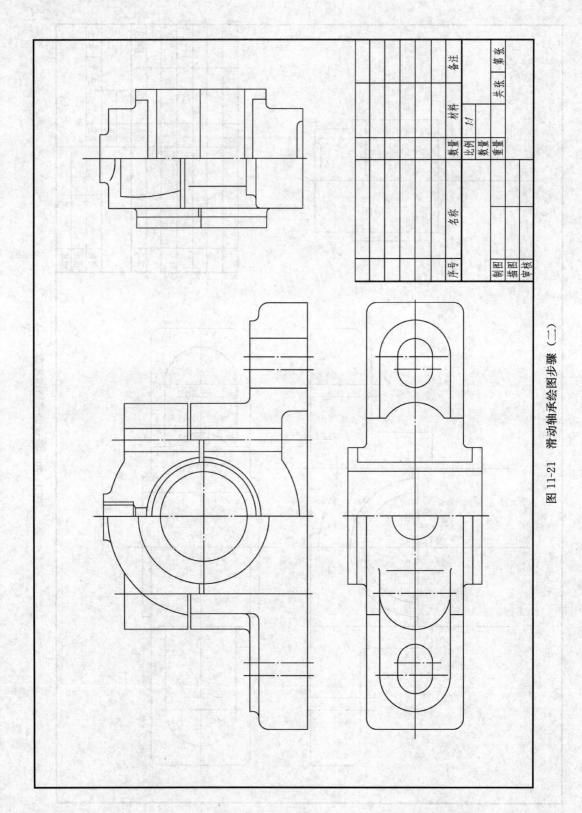

图 11-21 滑动轴承绘图步骤 (二)

序号	名称	数量	材料	备注
		比例	1:1	共 张
		数量		第 张
		重量		
制图				
描图				
审核				

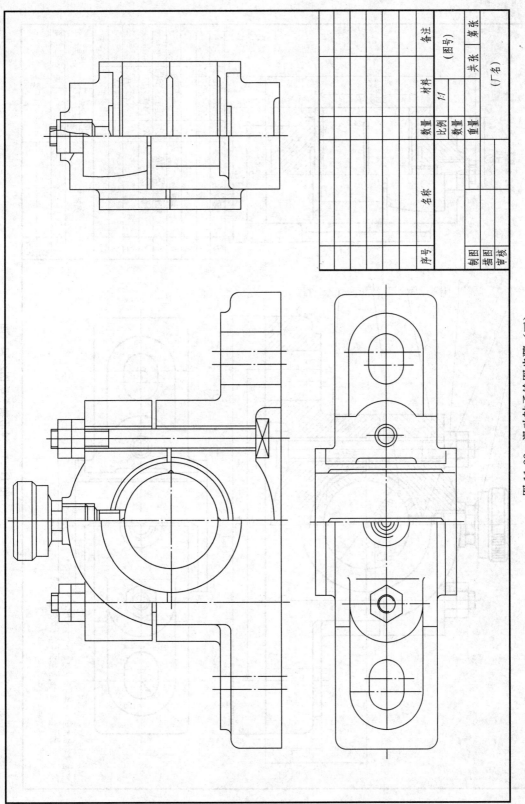

序号	名称		数量	材料		备注
			比例		1:1	(图号)
			数量			
			重量			共 张 第 张
制图						(厂名)
描图						
审核						

图 11-22 滑动轴承绘图步骤（三）

179

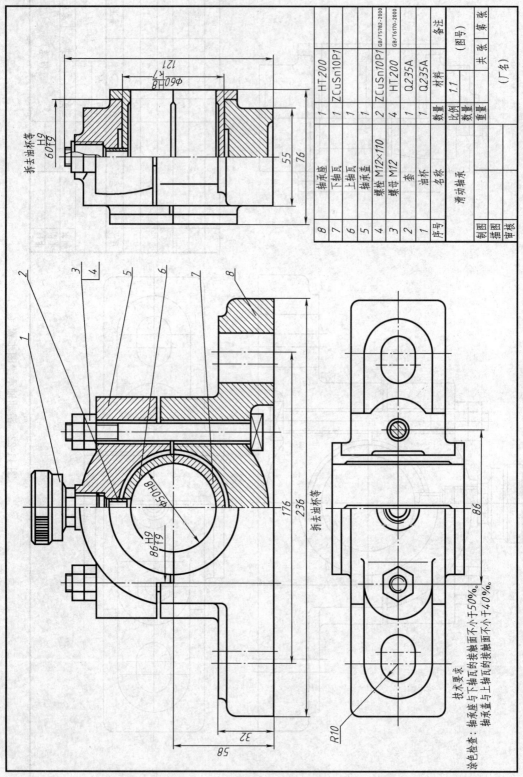

图 11-23 滑动轴承绘图步骤（四）

序号	名称	数量	材料	备注
8	轴承座	1	HT200	
7	下轴瓦	1	ZCuSn10P1	
6	上轴瓦	1		
5	轴承盖	1	HT200	
4	螺栓 M12×110	2	ZCuSn10P1	GB/T5782-2000
3	螺母 M12	4	HT200	GB/T6170-2000
2	套	1	Q235A	
1	油杯	1	Q235A	
序号	名称	数量	材料	备注

滑动轴承

比例 1:1 （图号）

数量 共 张 第 张

重量 （厂名）

制图

描图

审核

拆去油杯等

技术要求
涂色检查：轴承座与下轴瓦的接触接触面不小于50%。
                    轴承盖与上轴瓦的接触接触面不小于40%。

180

第七节　读 装 配 图

读装配图时应特别注意从机器或部件中分离出每一个零件，并分析其主要结构形状和作用，以及同其他零件的关系。然后再将各个零件合在一起，分析机器或部件的作用、工作原理及防松、润滑、密封等系统的原理和结构等，必要时还应查阅有关的专业资料。

一、读装配图的方法和步骤

不同的工作岗位读装配图的目的是不同的。有的仅需要了解机器或部件的用途和工作原理；有的要了解零件的连接方法和拆卸顺序；有的要拆画零件图等。一般说来，应按以下方法和步骤读装配图：

（1）概括了解　从标题栏和有关说明书中了解机器或部件的名称和大致用途；从明细栏和图中的序号了解机器或部件的组成。

（2）对视图进行初步分析　明确装配图的表达方法、投影关系和剖切位置，并结合标注的尺寸，想象出主要零件的主要结构形状。

图 11-24 所示为阀装配图，该部件装配在液压管路中，用以控制管路的"通"与"不通"。该图采用了主（全剖视）、俯（全剖视）、左三个视图和 B 向局部视图的表达方法。有一条装配轴线，部件通过阀体上的 G1/2 螺纹孔、φ12 的螺栓孔和管接头上 G3/4 螺纹孔装入液压管路中。

（3）分析工作原理和装配关系　在概括了解的基础上，应对照各视图进一步研究机器或部件的工作原理、装配关系，这是看懂装配图的一个重要环节。看图时应先从反映工作原理的视图入手，分析机器或部件中零件的运动情况，从而了解工作原理。然后再根据投影规律，从反映装配关系的视图着手，分析各条装配轴线，弄清零件相互间的配合要求、定位和连接方式等。

如图 11-24 所示，阀的工作原理从主视图看最清楚。即当杆 1 受外力作用向左移动时，钢珠 4 压缩弹簧 5，阀门被打开，当去掉外力时钢珠在弹簧的作用下将阀门关闭。旋塞 7 可以调整弹簧作用力的大小。

阀的装配关系从主视图看也最清楚。左侧将钢珠 4、弹簧 5 依次装入管接头 6 中，然后将旋塞 7 旋入管接头，调整好弹簧压力，再将管接头旋入左侧 M30×1.5 的螺纹孔中。右侧将杆 1 装入塞子的孔中，再将塞子旋入阀体右侧 M30×1.5 的螺纹孔中。杆 1 和管接头 6 径向有 1mm 的间隙，管路接通时，液体由此间隙通过。

（4）分析零件结构　对主要的复杂零件要进行投影分析，想象出其主要形状和结构，必要时可按下述方法画出其零件图。

二、由装配图拆画零件图

为了看懂某一零件的结构形状，必须先把这个零件的视图从整个装配图中分离出来，然后想象其结构形状。对于表达不清的地方要根据整个机器或部件的工作原理进行补充，然后画出其零件图。这种由装配图画出零件图的过程称为拆画零件图，其方法和步骤如下：

（1）看懂装配图　将要拆画的零件图从整个装配图中分离出来。例如，要拆画阀装配图中阀体 3 的零件图，首先将阀体从主、俯、左三个视图中分离出来，然后想象其形状。对于该零件的大致形状进行想象并不困难，但阀体内形腔的形状，因其左、俯视图没有表达，所以还不能最终确定该零件的完整形状。通过主视图中 G1/2 螺纹孔上方的相贯线形状可知，阀体内形腔为圆柱体，轴线水平放置，且圆柱孔的长度等于 G1/2 螺纹孔的直径，如图 11-25 所示。

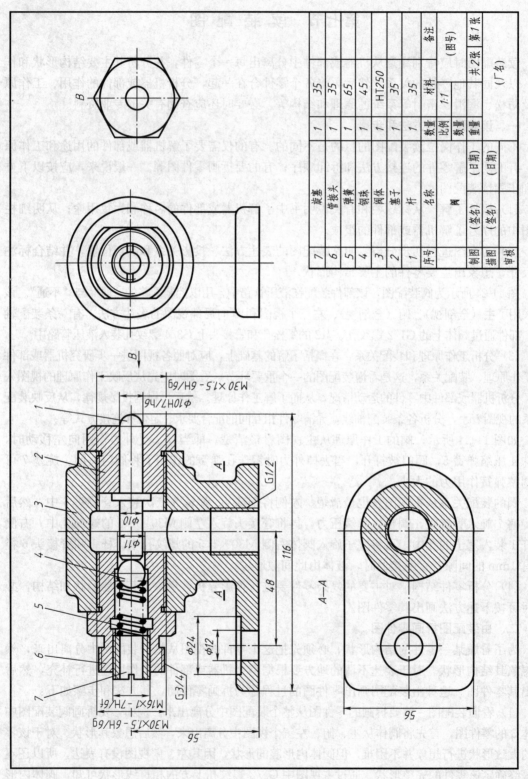

序号	名称	数量	材料	备注
7	旋塞头	1	35	
6	管接头	1	35	
5	弹簧	1	65	
4	钢珠	1	45	
3	阀体	1	HT250	
2	塞子	1	35	
1	杆	1	35	

		(图号)		
	阀	比例	1:1	共2张 第1张
		数量	重量	(厂名)
制图	(签名)	(日期)		
描图	(签名)	(日期)		
审核				

图 11-24 阀装配图

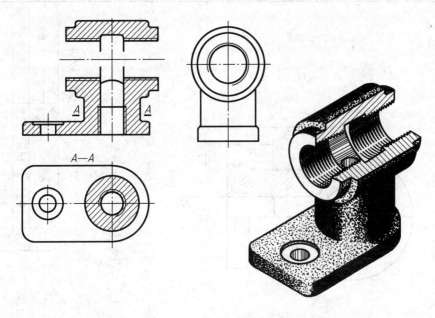

图 11-25 拆画零件图过程

（2）确定视图表达方案 看懂零件的形状后，要根据零件的结构形状及在装配图中的工作位置或零件的加工位置，重新选择视图，确定表达方案。此时可以参考装配图的表达方案，但要注意不要受原装配图的限制。图 11-26 所示的阀体，其表达方法是：主、俯视图和装配图相同，左视图采用半剖视图。

（3）标注尺寸 由于装配图上给出的尺寸较少，而在零件图上则需注出零件各组成部分的全部尺寸，所以很多尺寸是在拆画零件图时才确定的，此时应注意以下几点：

1）凡是在装配图上已经给出的尺寸，在零件图上可直接注出。

2）某些设计时通过计算得到的尺寸（如齿轮啮合的中心距）以及通过查阅标准手册而确定的尺寸（如键槽等尺寸），应按计算所得的数据及查表值准确标注，不得圆整。

3）除上述尺寸外，零件的一般结构尺寸可按比例从装配图上直接量取，并作适当圆整。

4）标注零件的表面结构要求、形位公差及技术要求时，应结合零件各部分的功能、作用及要求，合理选择精度，同时还应使标注数据符合有关标准，阀体的尺寸标注如图 11-26 所示。

拆画零件图是一种综合能力训练。它不仅需要具有看懂装配图的能力，而且还应具备有关的专业知识。随着计算机绘图技术的普及，拆画零件图的方法将会变得更容易。如果是由计算机绘出的机器或部件的装配图，可对被拆画的零件进行复制，然后加以整理，并标注尺寸，即可得到零件图，本节的阀体零件图就是采用这种方法拆画的。

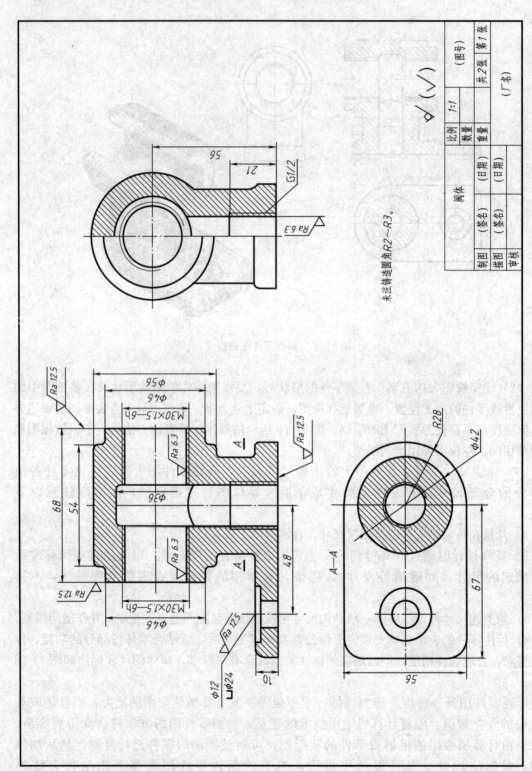

未注铸造圆角用R2~R3。

制图	(签名)	(日期)	阀体
描图	(签名)	(日期)	
审核			

比例 1:1
数量
重量

$\forall (\sqrt{})$

(图号)

共2张 第1张

(厂名)

图 11-26 阀体零件图

小　结

装配图的作用是用一组视图完整、清晰、准确地表达出机器的工作原理、各零件的相对位置及装配关系、连接方式和重要零件的形状和结构。装配图的表示方法和零件图表示方法基本相同，但装配图还有一些规定画法，在学习中要特别注意。

机械类专业的后续课程及课程设计要求学生掌握装配图的绘制方法。许多学生由于基本功不扎实、经验不足，往往在装配工艺结构上出错，因此对常见的装配工艺结构要求学生能够熟练掌握并能做到举一反三。

在画装配图时，第一步要选择视图，视图选择的目的是以最少的视图，完整、清晰、准确地表达出机器和部件的装配关系和工作原理，视图选择的一般步骤如下：

1）进行部件分析，要对所绘制的机器和部件的工作原理、装配关系及重要零件的形状、零件与零件的相对位置、定位方式等进行深入细致的分析。

2）确定主视图。主视图应能较好地表达部件的工作原理和主要装配关系，并尽可能按工作位置安放，使主要装配轴线处于水平或垂直位置。

3）确定其他视图。针对主视图还没有表达清楚的装配关系和零件间的相对位置，选用其他视图予以补充（如剖视、断面、拆去某些零件、剖视中套用剖视），将装配关系表达清楚。

4）确定表达方案时，可以多设计几套表达方案，每套方案都有各自的优缺点，通过分析比较再选择比较理想的表达方案。

思 考 题

1. 装配图包含哪些内容？
2. 装配图的特殊表达方法包含哪些基本画法？
3. 装配图中的尺寸各有什么作用？
4. 零件、部件编注序号有哪些基本规则？
5. 装配结构的合理性含义是什么？试举例说明。
6. 画装配图时应注意哪些基本问题？

第十二章　测　绘　实　训

【内容提要】
本章主要介绍装配体测绘的基本方法。

【教学要求】

1. 根据装配图和草图绘制零件工作图。学习装配体测绘的基本方法。
2. 对机械制图课程的内容进行综合训练，巩固课堂知识，加深理解。
3. 进一步培养认真负责的工作态度和严谨细致的工作作风。
4. 通过自己动手拆、装装配体，测量零件，提高动手能力。
5. 通过绘制零件草图、装配图和零件工作图，训练徒手作图和尺规作图的能力。
6. 分组完成装配体测绘工作，培养团队协作精神。

根据已有的部件（或机器）和零件进行测量、绘制，并整理画出零件工作图和装配图的过程，称为零、部件测绘。实际生产中，设计新产品（或仿照）时，需要测绘同类产品的部分或全部零件，供设计时参考；机器或设备维修时，如果某一零件损坏，在既无备件又无图样的情况下，也需要测绘损坏的零件，画出图样，以备生产该零件时用。在制图课程教学过程中，理论课结束之后，通过零、部件测绘，继续深入学习零件图和装配图的表达和绘制，在实践中全面巩固前面所学的知识，培养动手能力，了解并应用机械设计、互换性、机械工艺等知识，是理论联系实际的一种有效方法。

零、部件测绘的步骤一般为：了解测绘对象和拆卸部件；画装配示意图；画零件草图；测量尺寸；画装配图和零件工作图。现以机用虎钳为例，说明零、部件测绘的方法与步骤。

第一节　了解测绘对象和拆卸部件

一、了解测绘对象

通过观察实物，参考有关图样和说明书，了解部件的用途、性能、工作原理、装配关系和结构特点等。

图 12-1 所示为机用虎钳内外结构形状以及各个零件之间的连接和装配关系。机用虎钳是用于夹持工件进行机械加工用的部件。从图 12-2 中可看出：机用虎钳由 11 种零件组成，其中有三种标准件，即螺钉 GB/T 68—2000 M6×8、垫圈 GB/T 97—2002 B12、销 GB/T 117—2000 4×25；八种非标准件，即固定钳身、活动钳身、钳口板、螺母、螺钉、圆环、螺杆、垫圈。

机用虎钳靠固定钳身上的两个安装孔用螺栓固定在机床的工作台上，两个钳口板分别安装在固定钳身和活

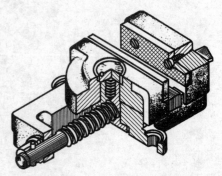

图 12-1　机用虎钳轴测图

动钳身上，活动钳身与螺钉和螺母安装在一起，而螺母与螺杆旋合，螺杆的两端与固定钳身之间利用圆环、销和垫圈轴向定位，由于螺杆轴向定位，所以当螺杆做旋转运动时，螺母做直线运动，从而带动活动钳身运动，实现钳口的张开和闭合，因此就可以达到松开和夹紧工件的目的。

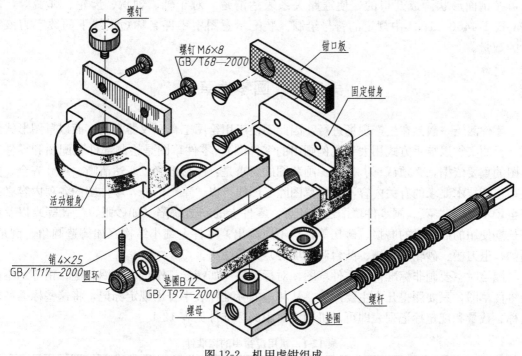

图 12-2　机用虎钳组成

二、拆卸部件和画装配图

在初步了解部件的基础上，依次拆卸各零件。零件拆下后立即编号，并作相应的记录。拆卸时，对于部件中的某些零件之间的过盈配合和过渡配合，在不影响测绘工作的情况下，一般可以不拆。否则，会给拆卸工作增加困难，甚至会损伤零件。

在分析零件的装配关系时，要特别注意零件的配合性质。例如机用虎钳的螺杆与固定钳身之间应该有相对运动，所以是间隙配合。活动钳身与固定钳身之间、活动钳身与螺母之间，在不影响工作性能要求的情况下，采用间隙配合。

为了便于部件拆卸后装配复原，在拆卸零件的同时应画出部件的装配示意图，图 12-3

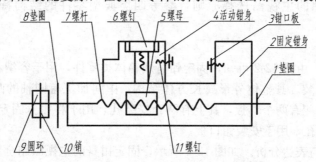

图 12-3　机用虎钳的装配示意图

所示为机用虎钳的装配示意图，并编上序号，记录零件的名称、数量、装配关系和拆卸顺序。当零件数量较多时，要按拆卸顺序在每个零件上挂一个对应的标签。画装配示意图时，仅用简单的符号和线条表达部件中各零件的大致轮廓形状和装配关系，一般只画一个图形。对于相邻两零件的接触面或配合面之间最好画出间隙，以便区别。零件中的通孔可按剖面形状画成开口的，使通路关系表达清楚。对于轴、轴承、齿轮、弹簧等，应按 GB/T 4460—1984 中规定的符号绘制。装配示意图中零件名称短横线下的数字为该零件的数量。

第二节　画零件草图

零件测绘一般是在生产现场进行，因此不便于用绘图工具和仪器画图，而以草图形式绘图（目测实物以徒手方式用大致比例画出的零件图）。零件草图是绘制部件装配图和零件工作图的重要依据，必须认真、仔细。画草图的要求是：图形准确、表达清晰、尺寸齐全，并注写包括技术要求的有关内容，零件草图除了图线可以"草"以外，零件图的各项内容必须齐全，不可以"草"。画零件草图还须注意：零件上的制造缺陷（如砂眼、气孔等）以及由于长期使用的而造成的磨损、碰伤等，均不应画出；零件上细小结构（如铸造圆角、倒角、倒圆、退刀槽、砂轮越程槽、凸台和凹坑等）必须画出。

测绘时主要画非标准件的零件草图，对标准件（如螺栓、螺母、垫圈、键、销等）不必画零件草图，只要测得几个主要尺寸，从相应的标准件表中查出规定标记，将这些标准件的名称、数量和规定标记列表即可。机用虎钳中的标准件见表 12-1。

表 12-1　机用虎钳中的标准件

名　称	数　量	规 定 标 记
螺钉	4	螺钉 GB/T 68—2000 M6×8
垫圈	1	垫圈 GB/T 97—2000 B12
销	1	销 GB/T 117—2000 4×25

除标准件以外的非标准件都必须测绘，画出零件草图。下面以机用虎钳的固定钳身和螺钉为例，说明视图表达和尺寸标注等问题。

1. 画零件的视图

选择零件图的表达方案，应该根据零件图表达要求进行，尤其是主视图的选择，应该应用第十章零件图的主视图选择原则，参考四类典型零件的结构特点和视图表达特点进行。

（1）固定钳身

1）结构分析。由图 12-2 可知，固定钳身属箱体类零件，用于容纳和支撑其他零件以及整个机用虎钳的安装。其整体外形属长方体结构，中间加工有同轴的圆柱孔，以便安装螺杆；固定钳身的两侧有两个耳板，其上有两个安装孔，用于将钳身固定在工作台上；此外，还有两个 M8 螺纹孔，用于安装钳口板。

2）视图选择与表达分析。如图 12-4 所示，固定钳身的主视图用全剖视图，中间孔的轴线成水平位置，符合工作位置；左视图采用半剖视图，以表达固定钳身的外形、安装孔的结构和两个 M8 螺纹孔的位置；俯视图用视图表示，主要表达固定钳身的外形，其中的局部剖视图表达 M8 螺纹孔的结构。

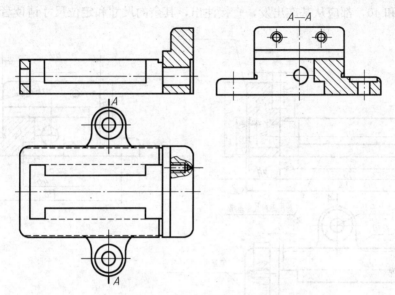

图 12-4　固定钳身的表达方案

（2）螺钉

1）结构分析。螺钉的结构比较简单，属于轴套类零件。为了与螺母联接，加工有螺纹；另外，其上有两个 $\phi4$ 的小孔，以供安装时使用。

2）视图选择与表达分析。螺钉既然是轴套类零件，就不能按其在装配体中的位置作为主视图的位置，主视图上的局部剖表达 $\phi4$ 小孔的内部结构；左视图主要表达两个 $\phi4$ 小孔的分布位置，如图 12-5 所示。

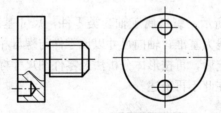

图 12-5　螺钉的表达方案

2. 标注尺寸

零件视图画好以后，依据零件形状及加工顺序，确定尺寸基准，然后再用形体分析法分析该注哪些尺寸，画出全部尺寸的尺寸界线、尺寸线和箭头。然后按尺寸线在零件上量取所需尺寸，填写尺寸数值。必须注意：标注尺寸时，应在零件图上将尺寸线全部画出，并检查有无遗漏及是否合理后再用测量工具一次把全部所需尺寸量好并填写数值，不可边画尺寸线，边量尺寸。

下面仍以固定钳身和螺钉为例分析尺寸标注方法。为叙述方便，已将尺寸数值填入相应零件图中。

（1）固定钳身　如图 12-6 所示；固定钳身底面为安装基面，所以应为高度方向的尺寸基准；固定钳身前后对称，所以宽度方向以前后对称面为基准；长度方向以右端面为基准。对某些重要尺寸，如中心孔的高度尺寸 16，安装孔的定位尺寸 75 和 116，2×M8 螺纹孔的定位尺寸 11 和 40，都应从基准出发，直接注出，其余的尺寸和定位尺寸请读者自行分析。

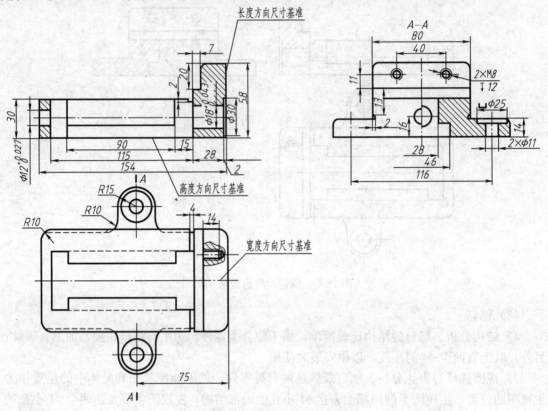

图 12-6 固定钳身的尺寸分析

（2）螺钉　如图 12-7 所示，螺钉属于轴套类零件，尺寸基准分为轴向尺寸基准和径向尺寸基准，径向尺寸以轴线为基准，轴向尺寸以该零件与螺母相互接触的端面，即 φ26 的右端面为基准，尺寸基准确定后，再按形体分析法及零件图尺寸标注的要求标注所有尺寸。该零件尺寸标注比较简单，在此不再赘述。

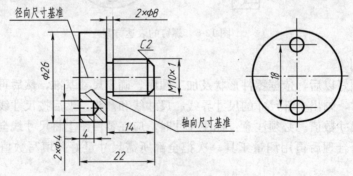

图 12-7 螺钉的尺寸分析

标注零件尺寸时，除了齐全、清晰外，还应考虑下述问题：

1）从设计和加工测量的要求出发，恰当地选择尺寸基准。

2）重要尺寸（如配合尺寸、定位尺寸、保证工作精度和性能的尺寸等）应直接注出。

3）对于部件中两零件有联系的部分，尺寸基准应统一；两零件相配合的部分，公称尺寸应相同。

4）切削加工部分尺寸的标注，应尽量符合加工要求和满足测量方便的原则。

5）对于不经切削加工的部分，基本上按形体分析标注尺寸。

3．零件上常见的工艺结构

绝大部分零件都是通过铸造和机械加工制成的，因此，在绘制零件图时，除了满足零件的工作性能外，还要考虑在铸造和机械加工时，零件图具有合理的工艺性。了解和熟悉零件的工艺结构对测绘零件有很大的帮助，零件上常见的工艺结构见第十章第二节。

4．尺寸测量

尺寸测量是零件测绘过程中的重要步骤。常用的测量工具有钢直尺、外卡钳、内卡钳、游标卡尺和千分尺等。

尺寸测量时必须注意以下几点：

1）根据零件的精确程度，选用相应的测量工具。

2）有配合关系尺寸，如孔与轴的配合，一般只要量出公称尺寸（通常测量轴比较容易）即可，其配合性质和相应的公差，可根据设计要求查阅有关手册确定。

3）没有配合关系的尺寸或不重要的尺寸，允许将测量所得的尺寸适当圆整（调节到整数）。

4）对于螺纹、键槽、齿轮等标准结构，其测量结果或根据测量结果计算的参数，应查阅相关的标准，取标准值以便于制造。

零件尺寸的测量方法见表12-2。

表 12-2　零件尺寸的测量方法

孔间距	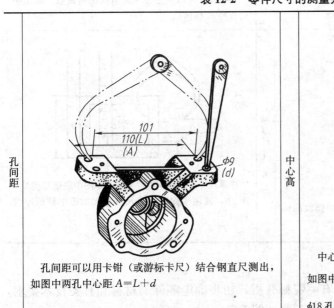　孔间距可以用卡钳（或游标卡尺）结合钢直尺测出，如图中两孔中心距 $A=L+d$	中心高	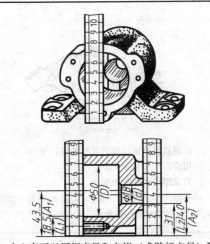　中心高可以用钢直尺和卡钳（或游标卡尺）测出，如图中左侧 $\phi 50$ 孔的中心高 $A_1=L_1+\dfrac{1}{2}D$，右侧 $\phi 18$ 孔的中心高 $A_2=L_2+\dfrac{1}{2}d$

（续）

曲面轮廓	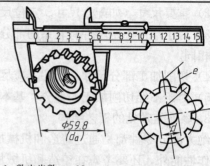 **齿轮的模数** 1. 数出齿数 $z=18$ 2. 量出齿顶圆直径 $d_a'=59.8$ 当齿数为单数而不能直接测量时，可按右上图所示方法量出（$d_a'=d+2e$） 3. 计算模数：$m'=\dfrac{d_a'}{z+2}=\dfrac{59.8}{18+2}=2.99$ 4. 修正模数：由于齿轮磨损或测量误差，当计算的模数不是标准模数时，应在标准模数表中选用与 m' 最接近的标准模数 5. 计算出齿轮其余各部分尺寸

泵盖外形的圆弧连接曲线直接测量有困难，可以采用拓印法。先在泵盖端面上涂上一些油，再放在纸上拓印出它的轮廓形状。然后用几何作图方法求出两圆心的位置 O_1 和 O_2，并定出轮廓部分各圆弧的尺寸（$\phi68$、$R8$、$R4$）

线性尺寸 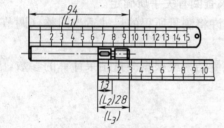	**直径尺寸** 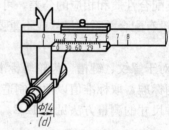
长度尺寸可以用钢直尺直接测量读数，如图中的长度 L_1（94）、L_2（13）、L_3（28）	直径尺寸可以用游标卡尺直接测量读数，如图中的直径 d（$\phi14$）

螺纹的螺距 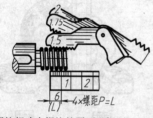	**壁厚尺寸**
1. 用螺纹规确定螺纹的牙型和螺距 $P\approx1.5$ 2. 用游标卡尺量出大径 3. 目测螺纹的线数和旋向 4. 根据牙型、大径、螺距，与有关手册中螺纹的标准核对，选取相近的标准值	壁厚尺寸可以用钢直尺测量，如图中底壁厚度 $X=A-B$，或用卡钳和钢直尺测量，如图中侧壁厚度 $Y=C-D$

5. 初定材料和技术要求

测绘零件时，要根据实物结构和有关资料分析，初步确定零件的材料和有关技术要求，如极限与配合、表面结构、形位公差、表面热处理等。

常用的金属材料有铸铁、钢、铜、铝及其合金等。机用虎钳中的固定钳身、活动钳身和螺母 5 为铸造零件，一般选用灰铸铁，如 HT200，钳口板用 45 号钢，其他零件均采用普通碳素结构钢 Q235。

对于各项技术要求可以按下列一些原则参考：

1）测绘零件对零件表面结构要求的判别，可使用粗糙度样板来比较，或参考同类零件粗糙度来确定。也可根据下列方法判别：工作表面比非工作面光滑；摩擦表面比非摩擦表面光滑；对于间隙配合，配合间隙越小，表面应越光滑；对于过盈配合，载荷越大表面要求越光滑；要求密封、耐腐蚀或装饰性表面的表面结构要求应较高。

2）零件上配合尺寸的公差数值，要根据其配合性质、种类和公差等级来具体确定。重要尺寸要保证其精度。

3）有相对运动的表面及对形状和位置要求较严格的线、面等要素，要给出既合理又经济的表面结构要求、尺寸公差和形位公差要求。

4）有配合关系的轴或孔，要查阅与其结合的轴或孔的相关资料（装配图或零件图），以核准配合性质和配合制度。

5）考虑是否需要进行热处理。

第三节　画部件装配图

1. 机用虎钳装配图的视图选择

如图 12-8a 所示，假想以通过机用虎钳螺杆轴线的正平面将机用虎钳剖开，以箭头所示方向作为主视图的投射方向，画出全剖的主视图，如图 12-8b 所示，能比较理想地反映机用虎钳的主要装配关系，也符合机用虎钳的正常工作位置。

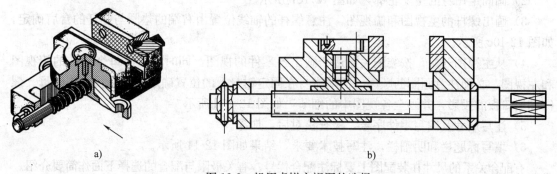

a)　　　　　　　　　　　　　　b)

图 12-8　机用虎钳主视图的选择

为了表达机用虎钳的工作原理，各零件的连接和装配关系，又因机用虎钳前后对称，可在左视图上采用半剖视图，其中半个视图表示机用虎钳沿着螺杆轴线方向的外形，而半个剖视图则表达出螺母与螺杆之间、螺母与固定钳身及活动钳身之间的连接和装配关系。另外，为了表示清楚机用虎钳安装孔的结构，左视图中还采用了局部剖。如图 12-9 所示。

俯视图采用视图表示机用虎钳垂直于螺杆轴线方向的外部形状，其中的局部剖表达了钳口板与固定钳身之间的螺钉联接的情况。另外，机用虎钳的螺杆右端的结构（与操纵手柄配合的部分），采用一个移出断面图来表示。

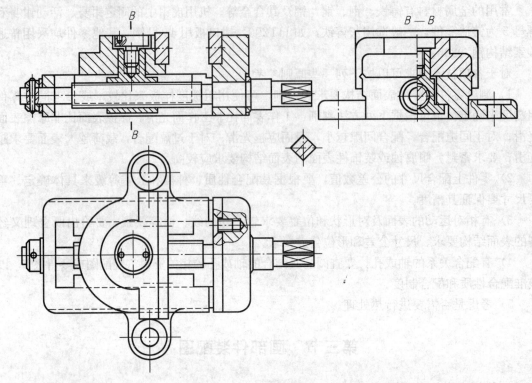

图 12-9 机用虎钳的表达方案

2. 装配图的画图步骤

1）画出各基本视图的中心线和作图基线，如图 12-10a 所示。

2）画固定钳身的主要轮廓，如图 12-10b 所示。

3）画出螺杆的主视图和俯视图，注意螺杆的轴线位置由右端的垫圈与螺杆的台肩确定，如图 12-10c 所示。

4）从主视图开始，按装配关系逐个画出各零件的视图，同时，画出每个零件的俯视图和左视图。必须注意画图的顺序，活动钳身在固定钳身上的位置确定以后，再绘制螺母、螺钉和钳口板的投影，并画全各视图中的细节，如图 12-10d 所示。

5）注写尺寸及编写零件序号，检查核对后，加深。

6）填写标题栏和明细栏，注写技术要求，结果如图 12-11 所示。

有配合关系的尺寸在装配图上要标注配合代号。有关极限与配合的选择下面作简要介绍。

3. 极限与配合的选择

绘制装配图时，要根据被测绘部件的工作要求，考虑加工制造条件，合理地选择极限与配合，以保证部件质量和降低生产成本。选择极限与配合的方法常用类比法，即与经过生产和使用验证后的某种配合进行比较，通过分析对比来合理选择。

在选择极限与配合时，主要是选择公差等级、配合制度和配合性质。

（1）公差等级的选择 为了保证部件的使用性能，要求零件有一定的尺寸精度，即公差等级，但是零件的精度越高，加工越困难，成本也越高。因此，在满足使用要求的前提下，应尽量选用较低的公差等级。

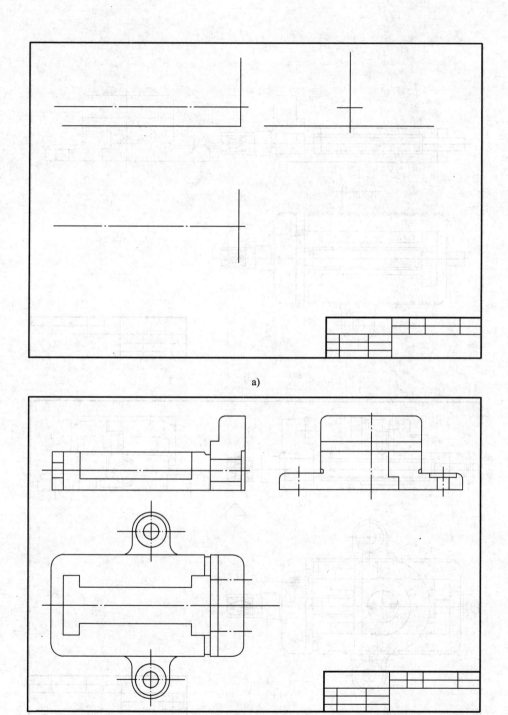

a)

b)

图 12-10　画机用虎钳装配图的步骤

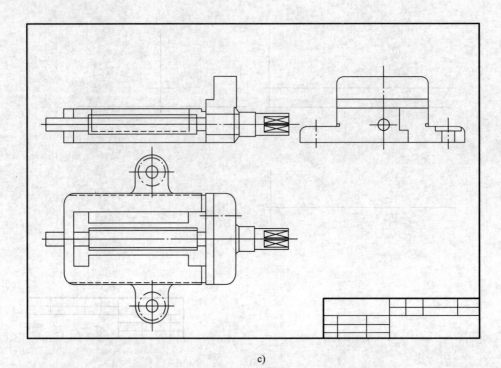

c)

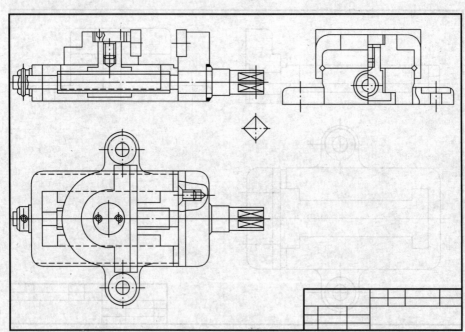

d)

图 12-10　画机用虎钳装配图的步骤（续）

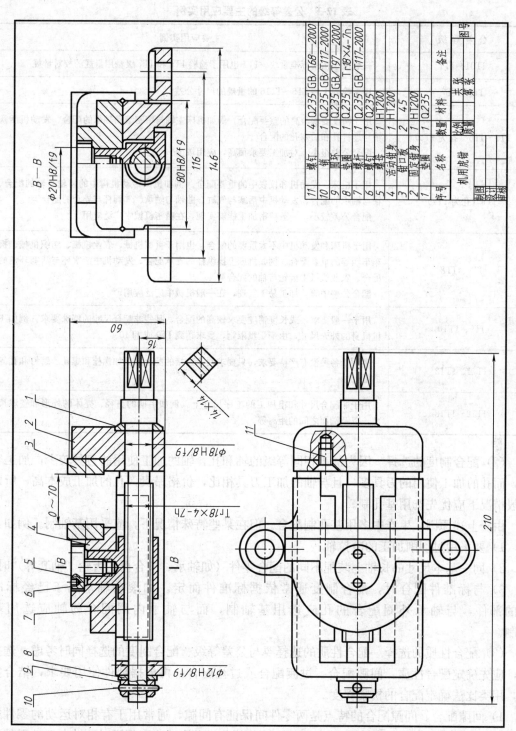

图 12-11 机用虎钳装配图

序号	名称	数量	材料	备注
11	螺钉	4	Q235	GB/T68—2000
10	销	1	Q235	GB/T117-2000
9	固定环	1	Q235	GB/T97—2000
8	垫圈	1	Q235	Tr18×4-7h
7	螺杆	1	Q235	
6	螺钉	1	HT200	GB/T117-2000
5	螺母	1	HT200	
4	活动钳身	1	45	
3	钳口板	2	HT200	
2	固定钳身	1	HT200	
1	底座	1	Q235	

公差等级的主要应用实例见表 12-3。

表 12-3　公差等级的主要应用实例

公 差 等 级	主要应用实例
IT01～IT1	一般用于精密标准量块。IT1 也用于检验 IT6 和 IT7 级轴用量规的校对量规
IT2～IT7	用于检验工件 IT5～IT16 的量规的尺寸公差
IT3～IT5（孔为 IT6）	用于精度要求很高的重要配合。例如机床主轴与精密滚动轴承的配合、发动机活塞销与连杆孔和活塞孔的配合 配合公差很小，对加工要求很高，应用较少
IT6（孔为 IT7）	用于机床、发动机和仪表中的重要配合。例如机床传动机构中的齿轮与轴的配合、轴与轴承的配合、发动机中活塞与气缸、曲轴与轴承、气阀杆与导套的配合等 配合公差较小，一般精密加工能够实现，在精密机械中广泛应用
IT7、IT8	用于机床和发动机中不太重要的配合，也用于重型机械、农业机械、纺织机械、机车车辆等的重要配合。例如机床上操纵杆的支承配合、发动机中活塞环与活塞环槽的配合、农业机械中齿轮与轴的配合等 配合公差中等，加工易于实现，在一般机械中广泛应用
IT9、IT10	用于一般要求，或长度精度要求较高的配合。某些非配合尺寸的特殊要求，例如飞机机身的外壳尺寸，由于质量限制，要求达到 IT9 或 IT10
IT11、IT12	多用于各种没有严格要求，只要求便于连接的配合。例如螺栓和螺孔、铆钉和孔等的配合
IT12～IT18	用于非配合尺寸和粗加工的工序尺寸上。例如手柄的直径、壳体的外形和壁厚尺寸，以及端面之间的距离等

（2）配合制度的选择　因为加工相同等级的轴和孔，轴的加工使用的刀具较少，加工容易，而孔的加工使用的刀具多，且与轴的加工刀具相比，价格昂贵，孔的加工成本高，所以一般情况下应优先选用基孔制。

由于上述原因，生产中多用基孔制配合。但在某些特殊情况下，应采用基轴制。例如：

1）要采用过切削加工的冷拉轴。

2）同一基本尺寸的长轴上装配不同的配合零件（如轴承、离合器、齿轮、轴套等）时。

3）与标准件配合时，配合制度通常依据标准件而定。如滚动轴承属于已经标准化的部件，与轴承外圈配合的孔应选用基轴制，而与轴承内圈配合的轴应选用基孔制。

（3）配合性质的选择　配合性质的选择要与公差等级、配合制度的选择同时考虑。选择时，应先确定配合性质：间隙配合、过渡配合或过盈配合。再根据部件使用要求，结合实例，用类比法确定配合的松紧程度。

1）间隙配合。间隙配合的特点是两零件间保证有间隙，通常用于有相对运动的零件结合，选择间隙大小通常可以从以下几方面的因素考虑：当旋转速度相同时，轴向运动零件较旋转运动零件的间隙要大；同为旋转运动，转速高的零件要求间隙大；同一根轴上，轴承数量多时，间隙要大；轴的温度高于孔时，间隙要大，反之要小。

2) 过渡配合。过渡配合的特点是既可能得到过盈，也可能得到间隙，但过盈量或间隙量都很小。过渡配合既能承受一定的载荷，也便于拆御，同时又有较高的同轴度。

3) 过盈配合。不用紧固件（如螺纹联接件、键、销等）就能得到固定连接的配合称为过盈配合。这类配合的特点是保证有过盈，通常用于零件装配后不再拆卸的结合。装配方法是装配前预先将孔加热或预先将轴冷却。如果过盈量较大时，可在压床上作冷装配。

表 12-4 为基孔制和基轴制优先配合选用说明，供选择时参考。

表 12-4 基孔制和基轴制优先配合选用说明

基 孔 制	基 轴 制	说　明
$\dfrac{H11}{c11}$	$\dfrac{C11}{h11}$	间隙非常大，用于很松的、转动缓慢的动配合；要求大公差与大间隙的外露组件；要求装配方便或高温时有相对运动的配合
$\dfrac{H9}{d9}$	$\dfrac{D9}{h9}$	间隙很大的自由转动配合。用于高速、重载的滑动轴承或大直径的滑动轴承；大跨距或多支点的支承配合
$\dfrac{H8}{f7}$	$\dfrac{F8}{h7}$	间隙不大的转动配合。用于一般转速转动配合；当温度影响不大时，广泛应用在普通润滑油（或润滑脂）润滑的支承处；也用于装配较易的中等定位配合
$\dfrac{H7}{g6}$	$\dfrac{G7}{h6}$	间隙很小的滑动配合。用于不回转的精密滑动配合或缓慢间隙回转的精密配合
$\dfrac{H7}{h6}$ $\dfrac{H8}{h7}$ $\dfrac{H9}{h9}$ $\dfrac{H11}{h11}$	$\dfrac{H7}{h6}$ $\dfrac{H8}{h7}$ $\dfrac{H9}{h9}$ $\dfrac{H11}{h11}$	均为间隙定位配合，零件可自由装拆，而工作时一般静止不动。用于不同精度要求的一般定位配合或缓慢移动和摆动配合。在最大实体条件下的间隙为零，在最小实体条件下的间隙由公差等级决定
$\dfrac{H7}{k6}$	$\dfrac{K7}{h6}$	装配较方便的过渡配合。用于稍有振动的定位配合；加紧固件可传递一定的载荷
$\dfrac{H7}{n6}$	$\dfrac{N7}{h6}$	不易装拆的过渡配合。用于允许有较大过盈的精密定位或紧密组件的配合；加键能传递大转矩或冲击性载荷。由于拆卸较难，一般大修理时才拆卸
$\dfrac{H7}{p6}$	$\dfrac{P7}{h6}$	过盈定位配合，即小过盈配合。用于定位精度特别重要时，能以最好的定位精度达到部件的刚性及对中的性能要求，而对内孔承受压力无特殊要求，不依靠配合的紧固性摩擦负荷。装配时用锤子或压力机
$\dfrac{H7}{s6}$	$\dfrac{S7}{h6}$	中等压入配合，在传递较小转矩或轴向力时不需加紧固件，若承受较大载荷或动载荷时，应加紧固件。装配时用压力机，或热胀孔、冷缩轴法
$\dfrac{H7}{u6}$	$\dfrac{U7}{h6}$	压入配合，不加紧固件能传递和承受大的转矩和动载荷。装配时用热胀孔或冷缩轴法

（4）机用虎钳部件中极限与配合的选择说明　机用虎钳的螺杆和固定钳身两端的支承孔之间有配合要求，但机用虎钳工作时要求螺杆转动要灵活，所以选择的是 $\phi12H8/f9$ 和 $\phi20H8/f9$ 间隙配合，固定钳身与活动钳身之间、活动钳身与螺钉之间也都采用间隙配合，

即 80H8/f9 和 ϕ20H8/f9。这样，既能满足工作性能的要求，又使得安装方便。

4. 装配结构的合理性

在画装配图的过程中，应注意装配结构的合理性。为了保证装配质量，部件在工作时要满足零件不松动，润滑油不泄漏，便于装拆等要求。不合理的结构会给部件装配带来困难，甚至使零件报废。熟悉合理的装配结构，对于绘制和识读机械图样都是非常必要的。

第四节　画零件工作图

画装配图的过程，也是进一步校核零件草图的过程。而画零件工作图则是在零件草图经过画装配图时的进一步校核后进行的，因此，零件草图中的错误或遗漏应该基本上消除了。但是还必须注意，从零件草图到零件工作图并不是简单的重复照抄，而应再次检查、及时订正。因为零件工作图是制造零件的依据，所以对于零件的视图表达、尺寸标注以及技术要求中存在的不合理或不完整之处，在绘制零件工作图时都要调整和修正。

机用虎钳中非标准件的零件工作图，如图 12-12～图 12-19 所示。

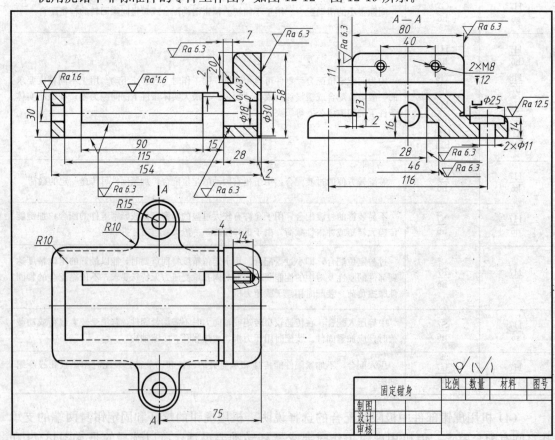

图 12-12　固定钳身的零件图

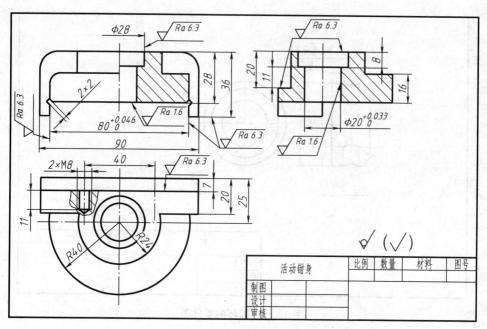

图 12-13 活动钳身的零件图

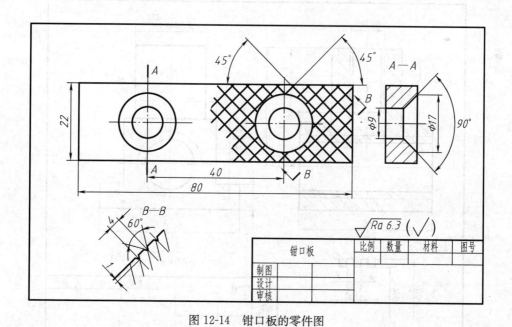

图 12-14 钳口板的零件图

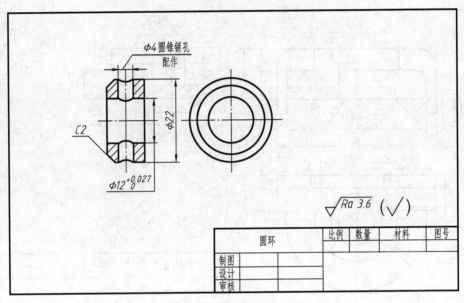

图 12-15　圆环的零件图

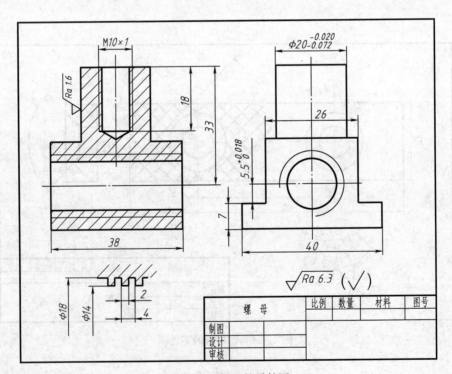

图 12-16　螺母的零件图

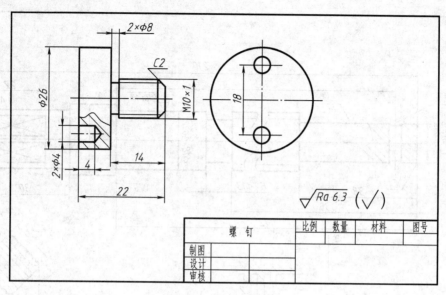

图 12-17　螺钉的零件图

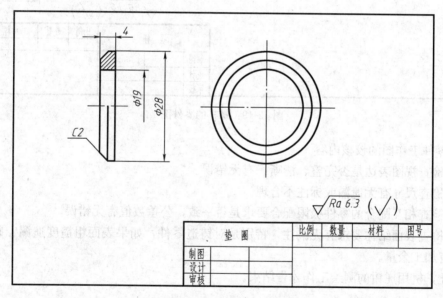

图 12-18　垫圈的零件图

装配图和零件工作图全部完成后，对全部图样进行最后的校核。

1. 装配图的校核内容

1）零件之间的装配关系有无错误。

2）装配图上有无遗漏零件，按装配图上零件序号，在零件明细栏中一一对照，使装配图上零件的数目完整，不致遗漏。

3）装配尺寸有无注错，特别是许多零件装在一起的总体尺寸，必须对照零件图重新校核。

4）技术要求有无遗漏，是否合理。

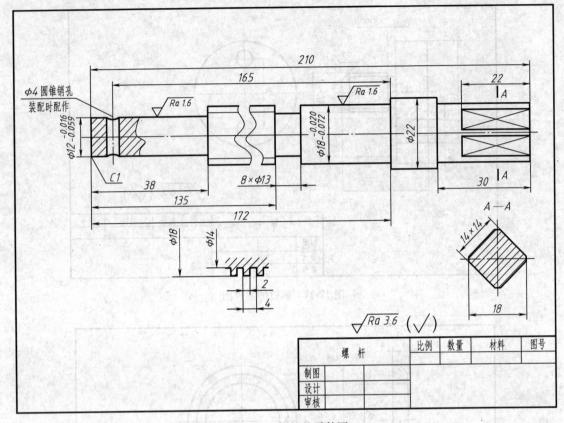

图 12-19　螺杆的零件图

2. 零件工作图的校核内容

1）检查视图表达是否完整、清晰，有无错误。

2）检查尺寸有无遗漏或标注不合理。

3）检查相互配合的零件极限配合要求是否一致，公差数值有无错误。

4）检查表面结构要求有无漏注，特别是对铸造零件，如果表面粗糙度遗漏，则代表该表面没有加工余量。

至此，机用虎钳的测绘工作才告结束。

小　结

装配体测绘是机械制图课程重要的实践性教学环节，是对整个机械制图学习内容的综合训练，前期绘制部件装配示意图和零件草图锻炼徒手绘图的能力，后期用尺、规等绘图仪器画装配图，锻炼手工绘图的能力。通过这一集中、系统、大量、反复的强化训练，可以把所学知识运用于实际工作中，学用结合，并在用的过程中使所学知识得以巩固和深化，最终起到提高绘图能力和实际工作能力的作用。

1）教师讲授装配体工作原理、测绘的目的、内容、方法和要求。

2）熟悉装配体工作原理，画装配体示意图。

3）画零件草图。

4）画装配草图和装配图。

5）画零件工作图。

6）写设计收获体会、小结、交图。

思 考 题

1. 部件测绘的方法和步骤是什么？

2. 试述机用虎钳工作原理及其工作过程？

3. 怎样掌握草图绘制的方法？

4. 在绘制装配图时应注意哪些问题？

5. 绘制零件图时选择主视图的原则是什么？

第十三章 计算机绘图

【内容提要】

本章主要介绍利用计算机软件绘制图形的基本命令、方法和步骤。

【教学要求】

1. 理解绘图环境的设置。

2. 掌握基本绘图命令和图形编辑命令。

3. 掌握文字的书写与尺寸标注方法。

4. 理解图块的概念和使用方法。

5. 掌握零件图的绘制方法和步骤。

第一节 AutoCAD 简介

AutoCAD 是美国 Autodesk 公司推出的一个通用的计算机辅助设计软件包。它不仅功能齐全，使用简便，能够根据用户的指令迅速、准确地绘出所需图形，而且易于修改错误而无需重新绘制图形，因此广泛应用于机械、化工、建筑、电子、地质等行业，是当今世界上用户最多、应用最广泛的计算机辅助设计软件之一。

一、AutoCAD 的主要功能

1. 人机交互方式

AutoCAD 采用人机交互方式，用户不必去熟记那些单调、繁多的"命令"及其使用步骤，可通过多种方式输入"命令"，然后在系统的提示下完成操作。

2. 绘图功能

AutoCAD 具有丰富的绘图指令，可以绘制直线、圆、圆弧、多段线、样条曲线、正多边形、实心区、剖面线、文字等图形实体，能绘制各种不同专业所需的图形。

3. 编辑功能

AutoCAD 具有强大的编辑、修改能力，可以对单一或成组图形实体进行移动、复制、删除、旋转、镜像、阵列、剪切、延伸、缩放等操作，并可改变图形实体的层、颜色、线型等特性。

4. 标注功能

AutoCAD 具有长度、角度、半径、直径、引线、坐标型尺寸标注，可以方便地标注尺寸和公差。

5. 图形显示及输出功能

AutoCAD 可以任意调整显示比例以观察图样的全貌或局部，而不改变图形实体的实际尺寸，使 AutoCAD 能够绘制和编辑复杂图形。

计算机绘图的最终目的是将图形输出在图样上，AutoCAD 支持所有常见的绘图仪和打印机，并具有极好的打印效果。

二、AutoCAD 与手工绘图的区别

1) 手工绘图是采用画法几何的方法，按照图形的长度、角度等尺寸进行线段的绘制；AutoCAD 是采用解析几何的方法，按照图形的长度、角度等尺寸计算出几何特征点（如直线的起点、终点）的坐标，然后绘制相应的图形实体。

2) 手工绘图是直接绘制在固定大小的图样上；AutoCAD 绘制的是电子图形，以图形文件（*.dwg）的格式保存在磁盘上，必要时可由绘图仪或打印机输出到图样上。

3) 手工绘图时对所有图样上的全部图形都必须——绘出；使用 AutoCAD 绘图时，对多张图样上重复出现的图形只需绘制一次，然后可以复制、镜像、阵列等编辑操作或以"块"的形式插入到当前或其他图形当中，这样可大大提高作图效率。

4) 手工绘图时应根据图形尺寸和图纸大小首先计算出放大或缩小的比例，然后按比例作图；AutoCAD 在绘制图形实体时一般应以 1：1 比例作图，在标注尺寸和书写文字、插入图框时按与实际缩放相反的比例绘制，然后在出图时按实际缩放比例输出。

第二节 绘图基础

一、绘图环境

启动 AutoCAD2008 以后，其工作界面如图 13-1 所示。

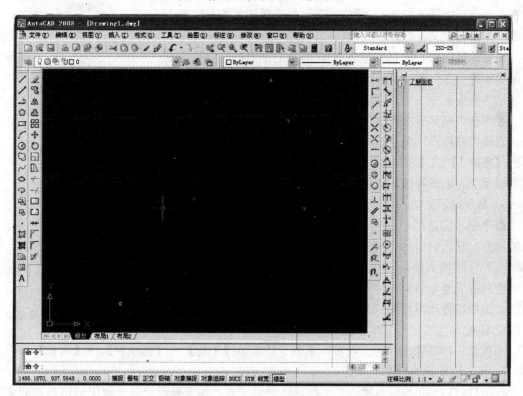

图 13-1 AutoCAD2008 的工作界面

1. 标题栏

标题栏在工作界面的最上方，它显示了 AutoCAD 的程序图标及当前图形文件的名称和路径。

2. 下拉式菜单栏

单击菜单栏中的主菜单，弹出对应的下拉菜单。下拉菜单包含了 AutoCAD 的核心命令和功能，用户必须熟练掌握。

3. 常用工具条

经常使用的工具条一般都放在下拉式菜单栏的下方及绘图区的左右两侧。

工具条可以调出来直放或横放。放在下拉式菜单栏下面的一般是"标准"工具条、"样式"工具条、"图层"工具条和"对象特性"工具条；放在绘图区左侧的是"绘图"和"修改"工具条，放在绘图区右侧的是"对象捕捉"和"标注"工具条。这几组工具条一般不要随意移动。

AutoCAD 中提供的所有工具条均可将其打开或关闭。方法是：在工具条上单击右键，弹出快捷菜单，该菜单列出了所有工具条的名称，如图 13-2 所示。单击菜单项前带"√"者即可将其关闭，单击菜单项前不带"√"者即可将其打开。此外，选择菜单上的某一项，也可打开或关闭相应的工具条。

4. 绘图窗口

绘图窗口是用户绘图的工作区域，该区域无限大，其左下角有一个表示坐标系的图标，图标指示了绘图区的方位，坐标系可由用户自定义改变。

当移动鼠标时，光标在绘图区显示为十字光标，在命令提示区显示为"Ⅰ"形光标，在指向工具条、菜单栏等项时，光标显示为箭头。

绘图窗口底部有 3 个选项卡，默认情况下，【模型】是按下的，表明当前绘图环境是模型空间，用户在此可绘制图形；当单击【布局 1】或【布局 2】时，就切换至图纸空间，用户可在此将模型空间的图样按不同比例布置在图纸上。

5. 命令提示区

命令提示区是用户输入命令和 AutoCAD 显示系统提示信息的地方，它以窗口的形式安放在绘图区的下方。用户可以在"命令："后面输入命令，绘图时应时刻注意该区的提示信息，否则容易造成答非所问的错误操作。默认情况下，该窗口显示两行，用户可使用鼠标调整其大小。

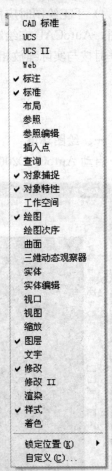

图 13-2　工具条快捷菜单

6. 面板

面板是一种特殊形式的选项板，单击下拉菜单【工具】→【选项板】→【面板】即可。

7. 状态栏及辅助绘图工具开关

AutoCAD 2008 的状态栏位于工作界面的最下方，用来显示绘图过程中的信息，如十字光标的坐标值、文字等。

辅助绘图工具以按钮开关的形式分布，从左到右分别是：捕捉（F9）、栅格（F7）、正交（F8）、极轴（F10）、对象捕捉（F3）、对象追踪（F11）、动态输入 DYN（F12）、线宽和模型。

二、AutoCAD 中点的输入方式

1. 用鼠标在屏幕上拾取点

2. 用键盘输入点的坐标

（1）绝对坐标

1）直角坐标：输入格式：X，Y。如图 13-3a 所示。

2）极坐标：输入格式：$L<\alpha$。L 表示相对于坐标原点的距离，α 表示与 X 轴的夹角，如图 13-3b 所示。

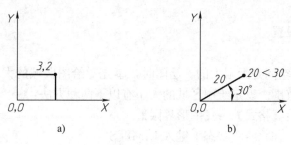

图 13-3　绝对坐标

（2）相对坐标

1）直角坐标：输入格式：@ΔX，ΔY。ΔX、ΔY 表示相对于前一个点的坐标增量，如图 13-4a 所示。

2）极坐标：输入格式：@$\Delta L<\Delta\alpha$。ΔL 表示相对于前一个点的距离，$\Delta\alpha$ 表示该点和前一个点连线与 X 轴的夹角，如图 13-4b 所示。

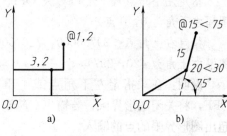

图 13-4　相对坐标

3. 直接输入距离

使用鼠标进行导向，从键盘直接输入相对于前一个点的距离，按回车键确定。这是绘制已知长度线段的最快捷的方式，使用这种方法，并与绘图辅助工具（如正交模式、捕捉模式）结合起来，可大大提高绘图速度。

4. 对象捕捉

利用对象捕捉功能，可以在屏幕上捕捉到图形的几何特征点（如圆心、端点、交点、中点等）。

三、AutoCAD 命令的输入及终止

1. 输入一般命令

1）单击命令按钮：用鼠标在工具条上单击代表相应命令的图标按钮。

2）下拉菜单选取：用鼠标从下拉菜单中单击要输入的命令项。

3）键盘键入：在"命令："状态下键入命令名，然后按<Enter>键或空格键。

4）输入上次所用命令：在"命令："状态下，按<Enter>键或空格键将重新执行上一次使用的命令。使用这种方法可提高连续重复执行某一命令的效率。

2. 输入透明命令

AutoCAD 中有些命令可以插入到另一条命令的执行过程中执行，例如当使用 LINE 命令绘制一条折线到一半时，可以使用 ZOOM 命令放大显示对象，然后继续执行 LINE 命令，类似 ZOOM 这样的命令称为透明命令。常用的辅助绘图工具一般都属于透明命令。

输入透明命令的方法是：直接单击工具条上透明命令图标或状态行中辅助绘图工具开关。

3. 终止命令的执行

1）当一条命令正常完成后将自动终止。

2）在命令执行过程中按键盘左上角的<Esc>键。

3）从菜单或工具条调用另一个非透明命令时，将自动终止当前正在执行的绝大部分命令。

四、系统的基本设置

1. 图形界限

AutoCAD 的绘图空间是无限大的，绘图时，事先对绘图区域的大小进行设定将有助于用户了解图形分布的范围。设定绘图区域的大小有以下两种方法：

1）下拉菜单选取：【格式】→【图形界限】。

2）键盘键入：在"命令："状态下键入 LIMITS。

命令：LIMITS↙

指定左下角点或［开 ON/关 OFF］<0.0000，0.0000>：↙（回车接受默认值，设置图幅左下角为 0，0 点）

指定右上角点<297.0000，210.0000>：420，297↙（键入图幅右上角图界坐标，设置图幅右上角为 420，297）

说明：在"指定左下角点或［开 ON/关 OFF］<0.0000，0.0000>："提示行输入 OFF，将关闭图形界限，若输入 ON 则打开图形界限。当图形界限为 ON 时，系统将不接受超出图形界限的点的输入。

2. 单位命令

用于指定用户所需测量单位的类型和精度，一般机械制图长度类型选用"小数"，尺寸精度根据实际需要选择，角度类型选用"十进制度数"，一般精度为"整数"。

输入命令有两种方法：

1）下拉菜单选取：【格式】→【单位】。

2）键盘键入：UNITS。

3. 用户坐标系

AutoCAD 在绘图时使用笛卡儿坐标系统来确定"点"的位置，坐标原点初始位置在屏幕左下角，X 轴为水平轴，向右为正，Y 轴为垂直轴，向上为正，Z 轴方向垂直于 XY 平面，指向绘图者为正向，这种坐标系称为世界坐标系，缩写为 WCS。绘图时，也可以建立用户坐标系，缩写为 UCS。

创建用户坐标系常用以下两种方法：

1）在工具条上单击 UCS 图标。

2）键盘键入：在"命令："状态下键入 UCS。

命令：UCS↙

输入选项［新建（N）/移动（M）/正交（G）/上一个（P）/恢复（R）/保存（S）/

删除（D）/应用（A）/？/世界（W）]＜世界＞：N↙

指定新 UCS 的原点：（可在屏幕上拾取）

4. 捕捉与栅格

打开栅格及捕捉功能可以使绘图区域出现坐标纸的效果，从而大大方便作图。通过改变捕捉及栅格的间距可以适应不同的作图需要，方法为：在下拉菜单中选取【工具】→【草图设置】，打开"草图设置"对话框，选择"捕捉和栅格"选项卡，如图 13-5 所示。

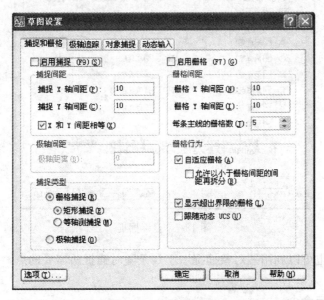

图 13-5 捕捉和栅格

5. 角度捕捉

在"草图设置"对话框中选择"极轴追踪"选项卡，如图 13-6 所示，可以设置用户所需要的增量角（如 90°），以方便作图。

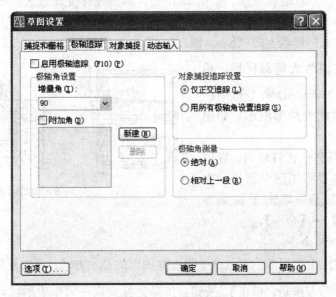

图 13-6 角度捕捉

6. 目标捕捉

在"草图设置"对话框中选择"对象捕捉"选项卡，如图 13-7 所示，可以设置用户所需要的目标捕捉方式，方便快捷地捕捉到所设定的端点、交点、圆心、垂足等对象。

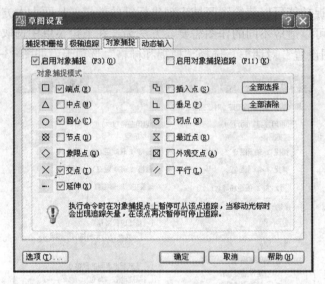

图 13-7　目标捕捉

说明：绘图时也可以利用"对象捕捉"工具条随时捕捉所需要的点，注意要熟悉这些点的标记。

五、图形的显示命令

1. 显示缩放（ZOOM）命令

该命令如同一个缩放镜，它可以按所指定的范围显示图形，而不改变图形的真实大小。常用的选项有：

1）通过 按钮实时缩放图形。单击 按钮，屏幕光标变成放大镜形状，此时按住鼠标左键并向上拖动，就可以放大图形，向下拖动就可以缩小图形，也可以用鼠标的中间滚轮操作缩放。退出时可按键盘上的＜Esc＞键。

2）通过 按钮放大局部区域。单击 按钮，根据 AutoCAD 命令行中的提示，以窗口形式放大局部图形，如图13-8 所示。

3）将图形全部显示在窗口内。在绘图过程中，有时需要将图形全部显示在绘图窗口中，方法是：单击下拉菜单【视图】→【缩放】→【全部】。

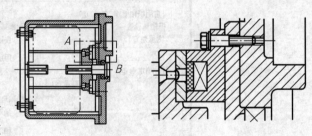

图 13-8　窗口缩放

2. 平移（PAN）命令

在绘图中不仅经常要用显示缩放命令来变换图形的显示方式，有时还需要移动整张图样来观察图形。平移的方法是：单击 按钮，屏幕光标变成一只小手形状，此时按住鼠标左键并拖动鼠标光标，就可以平移视图。退出时可按<Esc>键。

六、选择对象的常用方式

输入编辑命令后，AutoCAD 会出现选择编辑对象的提示，此时屏幕上的十字光标就变成了一个小方框，这个小方框也叫"目标拾取框"。

选择对象的常用方式有：

1. 直接拾取方式

用户可直接移动鼠标，让"目标拾取框"移到所选择的实体上并单击鼠标左键，该实体变成虚线显示即被选中。拾取时可以一次拾取多个对象。

2. 窗口方式（Windows）

在所需图形周围自左向右画一矩形（实线窗口），完全处于窗口内的实体变成虚线显示即被选中。

3. 交叉方式（Crossing）

该方式为自右向左画一矩形（虚线窗口），将选中完全和部分处于窗口内的所有实体。

第三节　平面图形的绘制

一、图层

为了方便作图，AutoCAD 引入了图层的概念，分别指定每一图层的线型、颜色、线宽和状态，凡是具有相同线型、颜色、线宽和状态的图形实体就放到相应的图层上。图层就好像是没有厚度的透明图纸，各图层有相同的坐标系、绘图区域和显示时的缩放倍数，相互精确的对齐。

1. 图层的设置

单击 ![]按钮（该按钮在图层工具条上），可调出"图层特性管理器"对话框，如图 13-9 所示。在图层特性管理器中可以"新建图层"，并对所建图层的名称、颜色、线型、线宽加以设定。

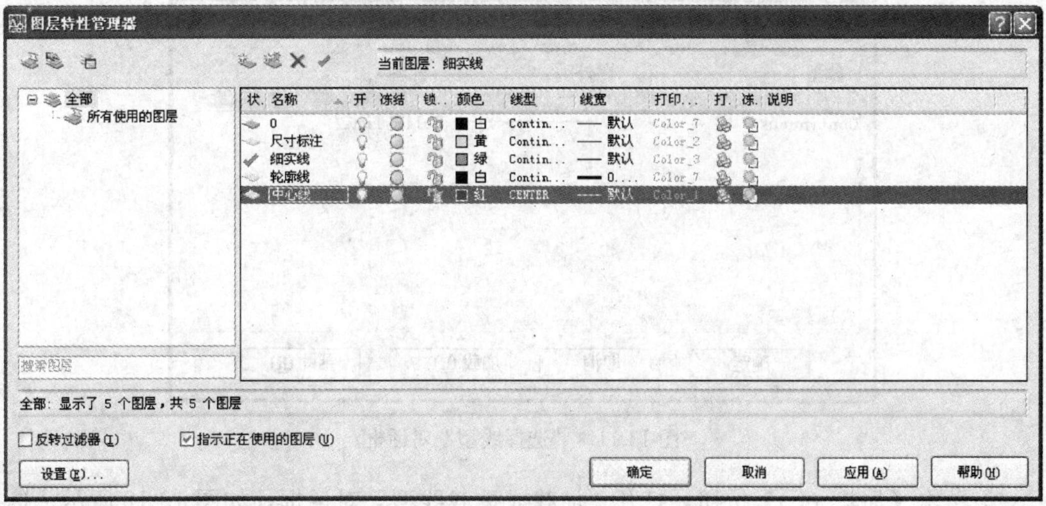

图 13-9　图层特性管理器

2. 图层的颜色

图层的颜色指的是该图层上图形实体的颜色。单击该图层颜色的小方块，调出"选择颜色"对话框，拾取该对话框内适合的颜色，单击【确定】按钮，即可将该颜色设置为相应图层的颜色。如图 13-10 所示。

图 13-10　"选择颜色"对话框

3. 图层的线型

每个图层都设置有一个具体的线型，不同的图层可以设置相同（或不同）的线型。每个线型都有自己的名称，以便于作图时选用。

设置图层线型的步骤是：

1）单击所建图层线型的名称（如 Continuous），调出"选择线型"对话框，如图 13-11 所示。

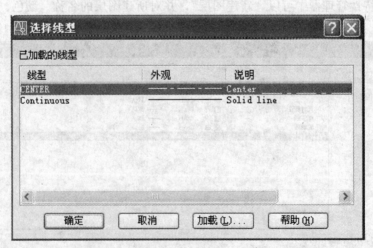

图 13-11　"选择线型"对话框

2）单击【加载（L）】按钮，打开"加载或重载线型"对话框，如图 13-12 所示。选择相应线型后单击【确定】按钮，所选线型就被加载到"选择线型"对话框中。

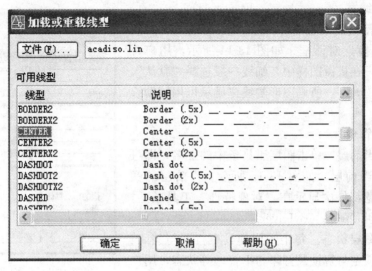

图 13-12 "加载或重载线型"对话框

3）返回"选择线型"对话框，选择所加载的线型，再单击【确定】按钮即完成图层线型的设置。

说明：

1）AutoCAD 标准线型库提供了 45 种线型，其中包含有多个长短、间隔不同的虚线和点画线，只有适当的搭配它们，在同一线型比例下，才能绘制出符合标准的图线。绘制工程图时常用的线型有：实线（CONTINUOUS）、虚线（HIDDEN X2）、点画线（CENTER）、双点画线（PHANTOM）。

2）改变线型比例的方法是：单击下拉菜单【格式】→【线型（N）】后，弹出"线型管理器"对话框，如图 13-13 所示，单击【显示细节（D)】按钮，该对话框底部出现"全局比例因子"的文本框，为适应上边所推荐的常用线型，输入新的比例值可在 0.2～0.4 之间选取。

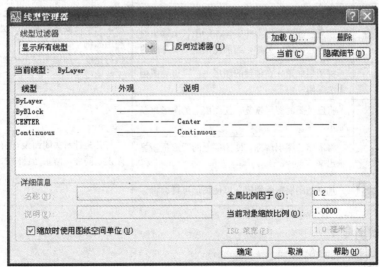

图 13-13 "线型管理器"对话框

4. 图层的线宽

在"图层特性管理器"中单击该层的线宽（如默认），弹出"线宽"对话框，如图 13-14 所示，用户可选择所需线宽。在机械图样中，细线一般选择"默认"，粗线一般选择"0.3"。所画图形的线宽显示可用辅助绘图开关来控制。

5. 图层的管理

（1）设置当前层　单击图层工具条中的层名，即可将该层设置为当前层，如图 13-15 所示。当前层的颜色、线型、线宽都依次显示在"对象特性"工具条上，它们的名称都叫"随层（ByLayer）"。

（2）控制图层状态　每个图层都具有打开与关闭、冻结与解冻、锁定与解锁及打印与不打印等状态，用户可通过"图层特性管理器"对话框进行控制，也可用"图层"工具条进行控制。

图 13-14　"线宽"对话框

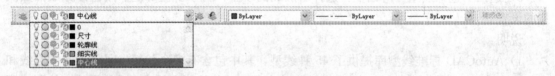

图 13-15　设置当前层

新创建的图层均处于"打开"、"解冻"、"解锁"的状态。其各项状态的功能与差别见表 13-1。

表 13-1　图层状态

项目与图标	功　能	差　别
OFF 关闭	将指定图层的画面隐藏，使之不可见	关闭与冻结图层上的实体均不可见，其区别仅在于执行速度的快慢，后者将比前者快。当不需要观察其他图层上的图形时，可利用冻结，以增加 ZOOM、PAN 等命令的执行速度。加锁图层上的实体是可见的，但无法编辑
FREEZE 冻结	将指定图层的全部图形予以冻结，并不可见。注意：冻结图层上的实体在绘图仪上输出时是不会绘出的。另外，当前图层是不能冻结的	
LOCK 加锁	将图层加锁。在加锁的图层上，可以绘图但无法编辑	
ON 打开	将已关闭的图层恢复，使图层上的图形重新显示出来	打开是针对关闭而设，解冻则是针对冻结而设，同理，解锁乃针对加锁而设
THAW 解冻	将冻结的图层解冻，使图层上的图形重新显示出来	
UNLOCK 解锁	加锁的图层解除锁定，以使图形可再编辑	

二、基本绘图命令

1. 直线（LINE）命令

功能：绘制线段。

操作方法有三种：

1）单击绘图工具条 按钮。

2）单击下拉菜单【绘图】→【直线】。

3）由键盘输入：L↙。

单击 按钮

命令：_line 指定第一点：0，0↙（说明：逗号"，"必须是英文状态下的逗号）

指定下一点或［放弃（U）］：30，0

指定下一点或［放弃（U）］：@30，40

指定下一点或［闭合（C）/放弃（U）］C↙

说明：

1）打开正交方式容易绘制水平线和垂直线。

2）"U"表示删除前一次绘制的线段。

3）"C"表示闭合，即由最后一点直线连接到该命令执行的起点。

2. 构造线（XLINE）命令

功能：绘制无限长的直线。实际应用中，可利用构造线作"长对正、高平齐、宽相等"的辅助线。

操作方法有三种：

1）单击绘图工具条 按钮。

2）单击下拉菜单【绘图】→【构造线】。

3）由键盘输入：XL↙。

单击 按钮

命令：_xline 指定点或［水平（H）/垂直（V）/角度（A）/二等分（B）/偏移（O）］：

3. 圆（CIRCLE）命令

功能：在指定位置绘圆。

操作方法有三种：

1）单击绘图工具条 按钮。

2）单击下拉菜单【绘图】→【圆】。

3）由键盘输入：C↙。

单击 按钮

命令：_circle 指定圆的圆心或［三点（3P）/两点（2P）/相切、相切、半径（T）］：

根据提示，可用以下几种方式绘制圆：

1）圆心、半径。

2）圆心、直径。

3）两点（2P）。

4）三点（3P）。

5）切点、切点、半径（T）。

4. 圆弧（ARC）命令

功能：绘制给定参数的圆弧。

操作方法有三种：

1）单击绘图工具条 按钮。

2）单击下拉菜单【绘图】→【圆弧】。

3）由键盘输入：A✓。

根据提示，圆弧的绘制方式有：

1）三点（3P）。

2）起点、圆心、终点（SCE）。

3）起点、圆心、角度（SCA）。

4）起点、圆心、弦长（SCL）。

5）起点、终点、角度（SEA）。

6）起点、终点、方向（SED）。

7）起点、终点、半径（SER）。

5. 多段线（Pline）命令

功能：可绘制等宽或不等宽的直线、圆弧及其组合线。实际应用中常用多段线绘制图标。

操作方法有三种：

1）单击绘图工具条 按钮。

2）单击下拉菜单【绘图】→【多段线】。

3）由键盘输入：PL✓。

单击 按钮

命令：_pline

指定起点：

当前线宽为 0.0000

指定下一个点或［圆弧（A）/半宽（H）/长度（L）/放弃（U）/宽度（W）］：

说明：

1）用 PLINE 命令画圆弧与用 ARC 命令画圆弧思路相同，可根据需要从提示中逐一选项，给足 3 个条件（包括起始点）即可画出一段圆弧。

2）该命令绘制的多段线是一个独立的实体。

6. 多边形（Polygon）命令

功能：按指定方式绘制正多边形。AutoCAD 提供了 3 种画正多边形的方式：边长方式（E）、内接于圆方式（I）、外切于圆方式（C）。

操作方法有三种：

1）单击绘图工具条 按钮。

2）单击下拉菜单【绘图】→【多边形】。

3）由键盘输入：POLYGON✓。

单击 按钮

命令：_polygon 输入边的数目 <3>：6

指定正多边形的中心点或 [边 (E)]：

输入选项 [内接于圆 (I) /外切于圆 (C)] <I>：I

指定圆的半径：40

说明：

1) 用"I"和"C"方式画多边形时圆并不画出。

2) 用边长方式画多边形时，按逆时针方向画出。

7. 矩形（RECTANG）命令

功能：该命令可按指定的线宽画矩形，也可画四角是倒角或者圆角的矩形。

操作方法有三种：

1) 单击绘图工具条口按钮。

2) 单击下拉菜单【绘图】→【矩形】。

3) 由键盘键入：RECTANG✓。

单击口按钮

命令：_rectang

指定第一个角点或 [倒角 (C) /标高 (E) /圆角 (F) /厚度 (T) /宽度 (W)]：

指定另一个角点或 [面积 (A) /尺寸 (D) /旋转 (R)]：

8. 椭圆（ELLIPSE）命令

功能：该命令按指定方式画椭圆，或画其一部分椭圆弧。AutoCAD 提供了 3 种画椭圆的方式：轴端点方式、椭圆心方式 (C) 和旋转角方式 (R)

操作方法有三种：

1) 单击绘图工具条○按钮。

2) 单击下拉菜单【绘图】→【椭圆】。

3) 由键盘键入：ELLIPSE✓。

单击○按钮

命令：_ellipse

指定椭圆的轴端点或 [圆弧 (A) /中心点 (C)]：

指定轴的另一个端点：

指定另一条半轴长度或 [旋转 (R)]：20

说明：选择 (A) 可画椭圆弧。

9. 样条曲线（SPLINE）命令

功能：该命令用来绘制通过或接近所给一系列点的光滑曲线。实际应用中常用来画波浪线。

操作方法有三种：

1) 单击绘图工具条～按钮。

2) 单击下拉菜单【绘图】→【样条曲线】。

3) 由键盘键入：SPLINE✓。

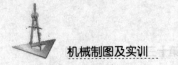
单击 〜 按钮

命令：_spline

指定第一个点或［对象（O）］：

指定下一点：

指定下一点或［闭合（C）/拟合公差（F）］＜起点切向＞：

指定下一点或［闭合（C）/拟合公差（F）］＜起点切向＞：

指定下一点或［闭合（C）/拟合公差（F）］＜起点切向＞：✓

指定起点切向：✓

指定端点切向：✓

说明：

1）该命令结束时需要按三次＜Enter＞键。

2）指定第 3 点时出现在命令提示行中的"拟合公差（F）"选项，可用来指定拟合公差，拟合公差决定了所画的曲线与指定点的接近程度。拟合公差越大，曲线离指定点越远，拟合公差为 0 时，曲线将通过指定点。

10. 图案填充（BHATCH）命令

功能：该命令可用来绘制工程图中的剖面线，可选择或自定义所需的剖面线，还可对设置效果进行预览及进行一些相关的设定。

操作方法有三种：

1）单击绘图工具条 ▨ 按钮。

2）单击下拉菜单【绘图】→【图案填充】。

3）由键盘键入：BHATCH✓。

操作步骤：

1）单击 ▨ 按钮，弹出"图案填充和渐变色"对话框，如图 13-16 所示。

图 13-16　"图案填充和渐变色"对话框

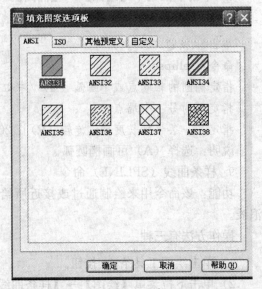

图 13-17　"填充图案选项板"对话框

2）选择剖面线类型。先在"类型（Y）"栏中选择"预定义"，再单击"图案（P）"后面的按钮，在弹出的"填充图案选项板"对话框中选择所需剖面线（见图 13-17），单击"确定"按钮后返回到"图案填充和渐变色"对话框。

3）设置剖面线缩放比例和角度。在"图案填充和渐变色"对话框中设置"比例"为 1，"角度"为 0。

4）设置剖面线边界。在"图案填充和渐变色"对话框中单击"添加拾取点"按钮，进入绘图状态，在图 13-18 中的 a、b 两区域内各单击一点，单击后 a、b 两区域的边界呈虚线显示，然后按<Enter>键返回"图案填充和渐变色"对话框。

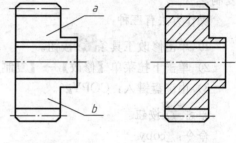

填充之前　　　　　　填充之后

图 13-18　设置剖面线边界

5）预览设置效果。单击"图案填充和渐变色"对话框中的"预览"按钮，进入绘图状态，并显示绘制剖面线结果（见图 13-18）。若剖面线间距不合格，可按<ESC>键返回"图案填充和渐变色"对话框修改"比例"值，修改后再预览，直至满意为止。

6）绘出剖面线。预览结果满意后，单击"确定"按钮，绘出剖面线。

说明：

1）在画剖面线时，也可先定边界再选图案，然后进行相应设置。

2）在"图案填充和渐变色"对话框中，所谓"关联"是指填充的剖面线图案与其边界关联，当修改边界时，绘制的剖面线图案将自动更新，如图 13-19 所示。

"关联"选中进行拉伸之前　　　　　"关联"选中进行拉伸之后

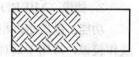

"关联"关闭进行拉伸之前　　　　　"关联"关闭进行拉伸之后

图 13-19　关联的概念

三、基本修改命令

1. 删除（ERASE）命令

功能：该命令同橡皮一样，可从已有的图形中删除指定的实体。

操作方法有三种：

1）单击修改工具条按钮。

2）单击下拉菜单【修改】→【删除】。

3）由键盘键入：ERASE✓。

单击按钮

命令：_erase

选择对象：找到 1 个

选择对象：找到 1 个，总计 2 个

选择对象：找到 1 个，总计 3 个

选择对象：✓

说明：

1）选择对象的方式有三种：直接点选、窗口选取（W）、交叉选取（C）。选中的实体为虚线显示。

2）当有误选实体时，可按"Shift"键将其取消选择。

2. 复制（COPY）命令

功能：该命令可将选中的实体复制到指定的位置。既可进行单个复制，也可进行多重复制。

操作方法有三种：

1）单击修改工具条 按钮。

2）单击下拉菜单【修改】→【复制】。

3）由键盘键入：COPY✓。

单击 按钮

命令：_copy

选择对象：找到 1 个

选择对象：找到 1 个，总计 2 个

选择对象：✓

指定基点或［位移（D）］＜位移＞：（基点是确定新复制实体位置的参考点）

指定第二个点或 ＜使用第一个点作为位移＞：

指定第二个点或［退出（E）/放弃（U）］＜退出＞：

指定第二个点或［退出（E）/放弃（U）］＜退出＞：✓

3. 镜像（MIRROR）命令

功能：镜像指以相反的方向生成所选择实体的复制。该命令将选中的实体按指定的镜像线作镜像，常用于画对称图形。

操作方法有三种：

1）单击修改工具条 按钮。

2）单击下拉菜单【修改】→【镜像】。

3）由键盘键入：MIRROR✓。

单击 按钮

命令：_mirror

选择对象：找到 1 个，总计 4 个

选择对象：✓

指定镜像线的第一点：

指定镜像线的第二点：

要删除源对象吗？［是（Y）/否（N）］＜N＞：✓

4. 偏移（OFFSET）命令

功能：该命令可将选中的直线、圆弧、圆及二维多段线等实体按指定的偏移量或通过点，生成一个与原实体形状类似的新实体。

操作方法有三种：

1）单击修改工具条 按钮。

2）单击下拉菜单【修改】→【偏移】。

3）由键盘键入：OFFSET✓。

单击 按钮

命令：_offset

当前设置：删除源＝否　图层＝源　OFFSETGAPTYPE＝0

指定偏移距离或［通过（T）/删除（E）/图层（L）］＜通过＞：20（指定了偏移距离为 20）

选择要偏移的对象，或［退出（E）/放弃（U）］＜退出＞：

指定要偏移的那一侧上的点，或［退出（E）/多个（M）/放弃（U）］＜退出＞：

选择要偏移的对象，或［退出（E）/放弃（U）］＜退出＞：✓

说明：该命令在选择实体时，只能用"直接拾取方式"选择实体，并且一次只能选择一个实体。

5. 阵列（ARRAY）命令

功能：该命令是一个高效的复制命令。可以按指定的行数、列数及行间距、列间距进行矩形阵列；也可以按指定的阵列中心、阵列个数及包含角度进行环形阵列。

操作方法有三种：

1）单击修改工具条 按钮。

2）单击下拉菜单【修改】→【阵列】。

3）由键盘键入：ARRAY✓。

步骤：

1）单击 按钮，弹出"阵列"对话框，如图 13-20 所示。

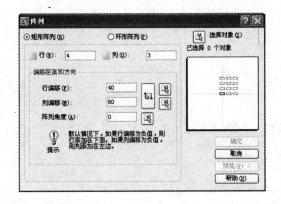
a)

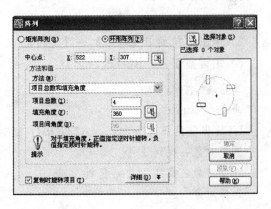
b)

图 13-20　"阵列"对话框

2）选择"矩形阵列"（见图 13-20a）或"环形阵列"（见图 13-20b）。

3）选择矩形阵列的行、列数以及偏移距离和方向，或选择环形阵列的中心点、项目总数和填充角度。

4）按"选择对象"按钮，返回绘图状态，选择要阵列的对象，换＜Enter＞键后返

回"阵列"对话框，按"确定"按钮，完成阵列。

说明：

1）阵列个数包括原实体。

2）矩形阵列中列间距为正值向右阵列，为负值向左阵列；行间距为正值向上阵列，为负值向下阵列。

6. 移动（MOVE）命令

功能：该命令将选中的实体移动到指定的位置。

操作方法有三种：

1）单击修改工具条 按钮。

2）单击下拉菜单【修改】→【移动】。

3）由键盘键入：MOVE✓。

单击 按钮

命令：_move

选择对象：找到 1 个

选择对象：找到 1 个，总计 2 个

选择对象：✓

指定基点或［位移（D）］＜位移＞：

指定第二个点或 ＜使用第一个点作为位移＞：

7. 旋转（ROTATE）命令

功能：该命令将选中的实体绕指定基点进行旋转。既可用给定转角方式，也可用参照方式。

操作方法有三种：

1）单击修改工具条 按钮。

2）单击下拉菜单【修改】→【旋转】。

3）由键盘键入：ROTATE✓。

单击 按钮

命令：_rotate

UCS 当前的正角方向： ANGDIR＝逆时针 ANGBASE＝0

选择对象：找到 1 个

选择对象：找到 1 个，总计 2 个

选择对象：✓

指定基点：

指定旋转角度，或［复制（C）/参照（R）］＜0＞：30

8. 比例缩放（SCALE）命令

功能：该命令将选中的实体相对于基点按比例进行放大或缩小。可用给定比例值方式，也可用参照方式。所给比例值大于 1，放大实体；所给比例值小于 1，缩小实体，比例值不能是负值。

操作方法有三种：

1）单击修改工具条 按钮。

2）单击下拉菜单【修改】→【缩放】。

3）由键盘键入：SCALE↙。

单击 按钮

命令：_scale

选择对象：指定对角点：找到 4 个

选择对象：↙

指定基点：

指定比例因子或［复制（C）/参照（R）］＜1.0000＞：1.5↙

9. 拉伸（STRETCH）命令

功能：该命令将选中的实体拉长或压缩到给定的位置。在操作该命令时，必须用交叉方式来选择实体，与选取窗口相交的实体会被拉长或压缩；完全在选取窗口外的实体不会有任何改变；完全在选取窗口内的实体将发生移动，如图 13-21 所示。

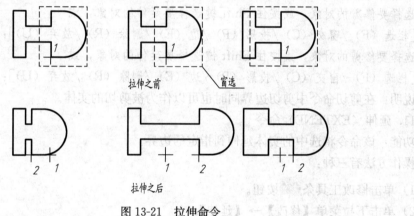

图 13-21　拉伸命令

操作方法有三种：

1）单击修改工具条 按钮。

2）单击下拉菜单【修改】→【拉伸】。

3）由键盘键入：STRETCH↙。

单击 按钮

命令：_stretch

以交叉窗口或交叉多边形选择要拉伸的对象 …

选择对象：指定对角点：找到 3 个

选择对象：↙

指定基点或［位移（D）］＜位移＞：

指定第二个点或 ＜使用第一个点作为位移＞：

10. 修剪（TRIM）命令

功能：该命令通过指定边界的方式将实体修剪（即擦除）到指定的边界。

操作方法有三种：

1）单击修改工具条 按钮。

2）单击下拉菜单【修改】→【修剪】。

3）由键盘键入：TRIM。

单击 按钮

命令：_trim

当前设置：投影＝UCS，边＝无

选择剪切边…

选择对象或＜全部选择＞：找到 1 个

选择对象：找到 1 个，总计 2 个

选择对象：（确认修剪边界）

选择要修剪的对象，或按住 Shift 键选择要延伸的对象，或

［栏选（F）/窗交（C）/投影（P）/边（E）/删除（R）/放弃（U）]：

选择要修剪的对象，或按住 Shift 键选择要延伸的对象，或

［栏选（F）/窗交（C）/投影（P）/边（E）/删除（R）/放弃（U）]：

选择要修剪的对象，或按住 Shift 键选择要延伸的对象，或

［栏选（F）/窗交（C）/投影（P）/边（E）/删除（R）/放弃（U）]：（结束命令）

说明：在剪切命令中剪切边界同时也可以作为被剪切的实体。

11．延伸（EXTEND）命令

功能：该命令将选中的实体延伸到指定的边界。

操作方法有三种：

1）单击修改工具条 按钮。

2）单击下拉菜单【修改】→【延伸】。

3）由键盘键入：EXTEND。

单击 按钮

命令：_extend

当前设置：投影＝UCS，边＝无

选择边界的边…

选择对象或＜全部选择＞：找到 1 个

选择对象：（确认延伸边界）

选择要延伸的对象，或按住 Shift 键选择要修剪的对象，或

［栏选（F）/窗交（C）/投影（P）/边（E）/放弃（U）]：

选择要延伸的对象，或按住 Shift 键选择要修剪的对象，或

［栏选（F）/窗交（C）/投影（P）/边（E）/放弃（U）]：（结束命令）

12．打断（BREAK）命令

功能：该命令用于擦除实体上的某一部分或将一个实体分成两部分。可用修改工具条中的"打断"按钮 和"打断于点"按钮 来实现。

操作方法有三种：

1）单击修改工具条□或□按钮。

2）单击下拉菜单【修改】→【打断】。

3）由键盘键入：BREAK↙。

单击□按钮

命令：_break 选择对象：

指定第二个打断点 或［第一点（F）］：_f

指定第一个打断点：

指定第二个打断点：@

单击□按钮

命令：_break 选择对象：

指定第二个打断点 或［第一点（F）］：

说明：

1）在打断圆或圆弧时，擦除的部分是从第一个打断点到第二个打断点之间逆时针旋转的部分。

2）"打断于点"完成后，图形外观没有改变，但被打断线段已经由一条线段变为两条线段。

3）"打断于点"命令不能用于圆、椭圆等封闭的单一实体。

13. 倒角（CHAMFER）命令

功能：该命令可按指定的距离或角度在一对相交直线上倒角，也可对封闭的多段线（包括多边形、矩形）各直线交点处同时进行倒角。

操作方法有三种：

1）单击修改工具条┌按钮。

2）单击下拉菜单【修改】→【倒角】。

3）由键盘键入：CHAMFER↙。

单击┌按钮

命令：_chamfer

（"修剪"模式）当前倒角距离 1＝0.0000，距离 2＝0.0000

选择第一条直线或［放弃（U）/多段线（P）/距离（D）/角度（A）/修剪（T）/方式（E）/多个（M）］：d（选择倒角距离）

指定第一个倒角距离 ＜0.0000＞：2

指定第二个倒角距离 ＜2.0000＞：↙（默认）

选择第一条直线或［放弃（U）/多段线（P）/距离（D）/角度（A）/修剪（T）/方式（E）/多个（M）］：

选择第二条直线，或按住 Shift 键选择要应用角点的直线：

命令：↙（可按以上设定的倒角距离执行倒角命令）

说明：

1）选项"修剪（T）"可控制是否保留所切的角。有"修剪（T）"和"不修剪（N）"

两种方式。

2）在命令状态下直接按<Enter>键，可以执行上一次所设定的倒角距离。

14. 圆角（FILLET）命令

功能：该命令按指定的半径来建立一条圆弧，用该圆弧可光滑连接两条直线、两段圆弧或圆等实体。该命令还可按指定的半径在一对相交直线上倒圆角。

操作方法有三种：

1）单击修改工具条 按钮。

2）单击下拉菜单【修改】→【圆角】。

3）由键盘键入：FILLET✓。

单击 按钮

命令：_fillet

当前设置：模式＝修剪，半径＝0.0000

选择第一个对象或［放弃（U）/多段线（P）/半径（R）/修剪（T）/多个（M）］：r

指定圆角半径＜0.0000＞：10

选择第一个对象或［放弃（U）/多段线（P）/半径（R）/修剪（T）/多个（M）］：

选择第二个对象，或按住 Shift 键选择要应用角点的对象：

命令：✓（可按以上设定的半径执行圆角命令）

说明：

1）选项"修剪（T）"可控制是否保留所切的角。有"修剪（T）"和"不修剪（N）"两种方式。

2）在命令状态下直接按<Enter>键，可以执行上一次所设定的圆角半径。

15. 分解（EXPLODE）命令

功能：该命令可将含多段线或多项内容的一个实体分解成若干个独立的实体。

操作方法有三种：

1）单击修改工具条 按钮。

2）单击下拉菜单【修改】→【分解】。

3）由键盘键入：EXPLODE✓。

单击 按钮

命令：_explode

选择对象：找到 1 个

选择对象：✓

16. 修改实体特性（PROPERTIES）命令

修改实体特性命令用于修改当前选定实体的特性，例如每个实体的图层、颜色、线型、线宽、线型比例和打印样式等。选定的实体不同，"特性"对话框的内容不一样，可修改的特性也不一样，如直线，除了以上特性外，还可以修改端点坐标，圆可以修改圆心坐标、半径、直径、周长、面积等。

该命令的图标位于标准工具条上，可以单击 按钮或从下拉菜单中选择【修改】→

【特性】，也可用快捷键<Ctrl＋1>弹出"特性"对话框，然后选择要修改的实体进行修改。

四、绘制复杂平面图形的方法和步骤

平面图形是由直线、圆、圆弧以及多边形等图形元素组成的，作图时一般应采用以下作图步骤：

1) 首先绘制图形的主要作图基准线，然后利用基准线定位绘制出其他图形元素。图形的对称线、大圆中心线、重要轮廓线等均可作为作图基准线。

2) 绘制主要轮廓线，形成图形的大致形状。一般不应从某一局部细节开始绘图。

3) 绘制图形主要轮廓后，开始绘制细节。先把图形细节分成几部分，然后依次绘制。对于复杂细节，可先绘制作图基准线，然后形成完整细节。

4) 修饰平面图形。利用编辑命令修改及调整线条长度，再改正不适当的线型，然后修剪、擦除多余线条。

【例题 13-1】 绘制如图 13-22 所示的图形。

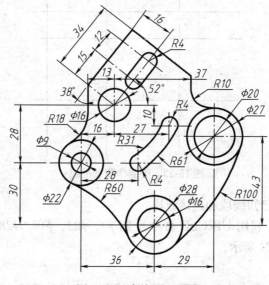

图 13-22 复杂平面图形

该图形可采用以下五个作图步骤：

第一步：绘制图形的主要作图基准线。

1) 创建以下两个图层。

名称	颜色	线型	线宽
轮廓线	白色	Continuous	0.3
中心线	红色	Center	默认

2) 设定线型全局比例因子为"0.2"，再设定绘图区域，然后单击【视图】→【缩放】→【全部】将整个绘图区域显示出来。最后创建用户坐标系。

3) 打开极轴、对象捕捉及对象追踪功能。设置极轴追踪角度增量为"90"，设定对象捕捉方式为"端点"、"交点"。

4) 选择中心线层，利用"构造线命令"绘制水平线和竖直线，如图 13-23 所示。

命令：单击绘图工具条 按钮，

xline 指定点或［水平（H）/垂直（V）/角度（A）/二等分（B）/偏移（O）］: h↙

指定通过点: 0, 0↙

指定通过点: 0, 13↙

指定通过点: 0, −30↙

命令: ↙（重复命令）

xline 指定点或［水平（H）/垂直（V）/角度（A）/二等分（B）/偏移（O）］: v↙

指定通过点: 36, 0↙

指定通过点: 65, 0↙

指定通过点: ↙（结束命令）

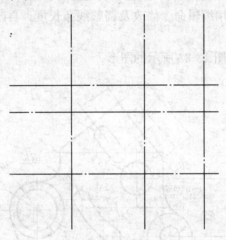

图 13-23　绘制作图基准线

第二步: 绘制主要已知线段和连接线段。

1）选择轮廓线层，利用 CIRCLE 命令绘制 $\phi9$、$\phi22$、$\phi16$、$\phi28$、$\phi20$、$\phi27$ 圆及 $R60$、$R100$ 的圆弧。如图 13-24 所示。

命令: C↙

circle 指定圆的圆心或［三点（3P）/两点（2P）/相切、相切、半径（T）］: t↙

指定对象与圆的第一个切点:（捕捉切点 F，如图 13-24 所示）

指定对象与圆的第二个切点:（捕捉切点 G）

指定圆的半径＜13.5000＞: 60↙

命令: ↙

circle 指定圆的圆心或［三点（3P）/两点（2P）/相切、相切、半径（T）］: t↙

指定对象与圆的第一个切点:（捕捉切点 H）

指定对象与圆的第二个切点:（捕捉切点 K）

指定圆的半径＜60.0000＞: 100↙

2）利用 BREAK、TRIM 命令打断、修剪多余线条，结果如图 13-25 所示。

第三步: 绘制次要细节特征的定位线。

1）选择中心线层，利用 COPY 命令复制线段 A、B，形成定位线 C、D、E、F、G 及 H，如图 13-26 所示。

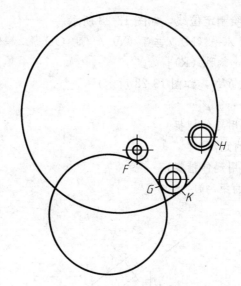

图 13-24　绘制相切圆

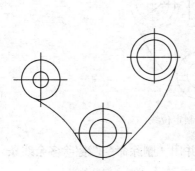

图 13-25　修剪结果

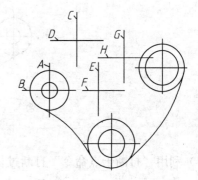

图 13-26　复制定位线

2) 利用 LINE 命令绘制定位线 MN，如图 13-27 所示。

命令：line 指定第一点：（捕捉点 M，如图 13-27 所示）

指定下一点或 [放弃 (U)]：@40<52（相对于 M 点，给出长度为 40 的线段 MN）

指定下一点或 [放弃 (U)]：↙

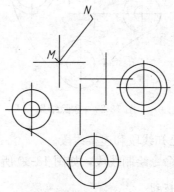

图 13-27　绘制定位线 MN

机械制图及实训

3）利用 XLINE 命令绘制定位线，如图 13-28 所示。

命令：xline 指定点或 [水平（H）/垂直（V）/角度（A）/二等分（B）/偏移（O）]：a↙

输入构造线的角度或 [参照（R）]：r↙

选择对象：（选择线段 MN，如图 13-28 所示）

输入构造线角度＜0＞：90↙

指定通过点：ext（使用延伸捕捉）

于 15（输入 M 与 P 的距离）

指定通过点：ext（使用延伸捕捉）

于 27（输入 M 与 K 的距离）

指定通过点：↙

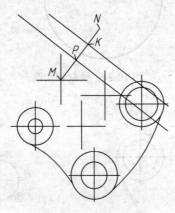

图 13-28　绘制定位线

4）利用"打断于点命令"打断过长线条，并用"删除命令"擦除多余线条，如图 13-29 所示。

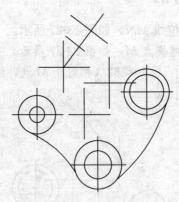

图 13-29　擦除结果

第四步：绘制次要特征的已知线段和连接线段。

1）利用偏移（OFFSET）命令绘制线段，如图 13-30 所示。

命令：单击修改工具条按钮

指定偏移距离＜通过＞：16↙

232

选择要偏移的对象<退出>：（选择线段 *E*，如图 13-30 所示）

指定要偏移的那一侧上的点<退出>：（在线段 *E* 的左上方单击一点）

选择要偏移的对象<退出>：✓（结束命令）

命令：✓（重复 offset 命令）

继续绘制以下定位线：

向左偏移线段 *D* 至 *B*，偏移距离为 13。

向右偏移线段 *D* 至 *C*，偏移距离为 37。

向上偏移线段 *G* 至 *F*，偏移距离为 7。

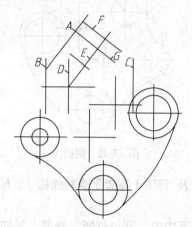

图 13-30　偏移命令绘制线段

2）改变偏移对象 *A*、*B*、*C*、*F* 的图层，使其成为轮廓层，并修剪。

3）利用 CIRCLE 命令绘制圆 *L*、*M*、*N* 等，结果如图 13-31 所示。

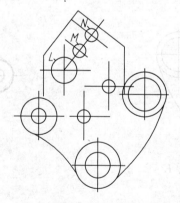

图 13-31　绘制圆

4）利用倒圆角（FILLET）命令绘制圆弧 *E*、*F*，如图 13-32 所示。

命令：fillet

选择第一个对象或［放弃（U）/多段线（P）/半径（R）/修剪（T）/多个（M）］：r✓

指定圆角半径<0.0000>：18✓

选择第一个对象：（选择线段 *A*，如图 13-32 所示）

选择第二个对象：（选择圆 *B*）

命令：↙（重复命令）
选择第一个对象或［放弃（U）/多段线（P）/半径（R）/修剪（T）/多个（M）]：r↙
指定圆角半径<18.0000>：10↙
选择第一个对象：（选择线段 C）
选择第二个对象：（选择圆 D）

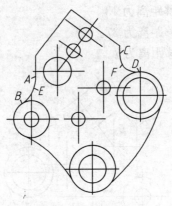

图 13-32　倒圆角

5）利用 LINE、CIRCLE 及 TRIM 等命令绘制线框 J、K，结果如图 13-33 所示。

第五步：修饰平面图形。

修饰平面图形主要包括以下内容：利用打断、修剪、延伸等命令修剪不规范的线条；改变对象所在的图层，以修改不正确的线型；删除不必要的线条。结果如图 13-34 所示。

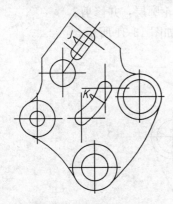

图 13-33　绘制线框 J、K

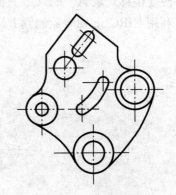

图 13-34　修饰图形

第四节　尺　寸　标　注

一、尺寸标注的概念

AutoCAD 的尺寸标注方式主要有线性标注、对齐标注、半径标注、直径标注、角度标注、基线标注、连续标注等。

尺寸标注一般是通过"标注"工具条上的按钮来实现的，如图 13-35 所示，或者利用"标注"菜单实现。

图 13-35　"标注"工具条

尺寸标注是一个复合体,它以块的形式存储在图形中,其组成部分包括尺寸线、尺寸线两端符号(箭头、斜线等)、尺寸界线及标注文字,所有这些组成部分的格式都由尺寸标注样式来控制。

二、标注样式的建立

在标注尺寸前,用户一般要创建尺寸样式,否则 AutoCAD 将使用默认样式"ISO-25"进行尺寸标注。

下面介绍建立符合国家标准规定的尺寸样式的方法。

(1) 单击"标注"工具条上的 按钮或选择菜单【格式】→【标注样式】,弹出"标注样式管理器"对话框,如图 3-36 所示。通过该对话框,用户可以创建新的标注样式,也可以修改已有的标注样式。

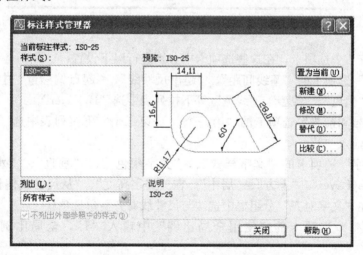

图 13-36　"标注样式管理器"对话框

(2) 单击"新建(N)"按钮,弹出"创建新标注样式"对话框,如图 13-37 所示。在该对话框的"新样式名"中输入新的标注样式名称,如"001"。在"基础样式"中选择新样式的副本,如"ISO-25"。在"用于"中选择新样式将控制的尺寸类型,如"所有标注"。

(3) 单击"继续"按钮,弹出"新建标注样式:001"对话框,如图 13-38 所示。

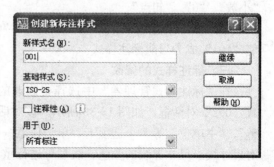

图 13-37　"创建新标注样式"对话框

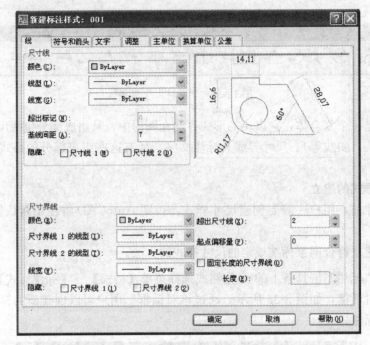

图 13-38 "新建标注样式：001"对话框

该对话框有 7 个选项卡，在这些选项卡中分别进行以下设置：

1）在"线"选项卡的"基线间距"、"超出尺寸线"、"起点偏移量"中分别输入"7"、"2"、"0"。在"颜色"、"线型"、"线宽"等下拉列表中选"ByLayer"。

2）在"符号和箭头"选项卡的"第一个"、"第二个"下拉列表中选"实心闭合"。在"箭头大小"中输入"3"。

3）在"文字"选项卡的"文字样式"、"文字颜色"、"垂直"、"水平"中分别选"Standard"、"ByLayer"、"上方"、"居中"。在"文字高度"、"从尺寸线偏移"中分别输入"3.5"、"1"。在"文字对齐"分组框中选"与尺寸线对齐"单选项。

4）在"调整"选项卡的"使用全局比例"中输入"1"，全局比例是绘图比例的倒数。

5）在"主单位"选项卡的"单位格式"、"精度"、"小数分隔符"下拉列表中分别选"小数"、"0"、"句点"。

（4）单击"确定"按钮，得到名称为"001"的标注样式。再单击"置为当前层"按钮，使"001"成为当前标注样式。

三、标注样式的修改

在"标注样式管理器"中选择要修改的样式，单击"修改"按钮，弹出"修改标注样式：002"对话框，如图 13-39 所示。该对话框也有"直线"、"符号和箭头"、"文字"、"调整"、"主单位"等 7 个选项卡，单击任意一个选项卡，都能弹出相应的对话框，可根据需要对尺寸线、尺寸界线的颜色、线型等进行重新设置，也可对尺寸箭头的形状、大小等进行修改。最后单击"确定"按钮，完成样式修改。

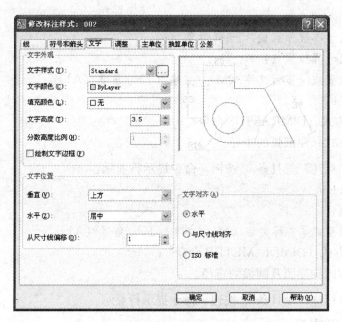

图 13-39　"修改标注样式：002"对话框

四、尺寸标注方式

1. 线性标注方式（DIMLINEAR 命令）

功能：选择当前标注样式后，常用线性标注方式进行长度尺寸的标注。

操作：单击"标注"工具条 按钮，命令提示行显示：

命令：_dimlinear

指定第一条尺寸界线原点或 ＜选择对象＞：（捕捉第一条尺寸界线的起始点）

指定第二条尺寸界线原点：（捕捉第二条尺寸界线的起始点）

指定尺寸线位置或［多行文字（M）/文字（T）/角度（A）/水平（H）/垂直（V）/旋转（R）］：（拖动鼠标光标将尺寸线放置在适当位置）

标注文字＝170

说明：

1)"多行文字（M）"选项：用多行文字编辑器指定尺寸数字。

2)"文字（T）"选项：用单行文字方式指定尺寸数字。

3)"角度（A）"选项：指定尺寸数字的旋转角度。

4)"水平（H）"选项：指定尺寸线呈水平标注。

5)"垂直（V）"选项：指定尺寸线呈铅垂标注。

6)"旋转（R）"选项：指定尺寸线与水平线所夹角度，与对齐尺寸标注方式功能相同。

完成选项操作后，AutoCAD 会再一次提示要求给出尺寸线位置，指定位置后，标注完成。

2. 对齐标注方式（DIMALIGNED 命令）

功能：用该方式标注倾斜尺寸，如图 13-40 所示。

操作：单击"标注"工具条 按钮，命令提示行显示：

图 13-40　对齐标注方式

命令：_dimaligned

指定第一条尺寸界线原点或 ＜选择对象＞：

指定第二条尺寸界线原点：

指定尺寸线位置或 ［多行文字（M）/文字（T）/角度（A）］：

标注文字＝202

3. 半径标注方式（DlMRADIUS 命令）

功能：用该方式标注圆弧的半径。

操作：单击"标注"工具条 按钮，命令提示行显示：

命令：_dimradius

选择圆弧或圆：

指定尺寸线位置或 ［多行文字（M）/文字（T）/角度（A）］：

4. 直径标注方式（DIMDIAMETER 命令）

功能：用该方式标注圆及圆弧的直径。

操作：单击"标注"工具条 按钮，命令提示行显示：

命令：_dimdiameter

选择圆弧或圆：

指定尺寸线位置或 ［多行文字（M）/文字（T）/角度（A）］：

5. 角度标注方式（DIMANGULAR 命令）

功能：设置所需的尺寸标注样式为当前标注样式后，可用该方式标注角度尺寸。

操作：单击"标注"工具条 按钮，命令提示行显示：

命令：_dimangular

选择圆弧、圆、直线或 ＜指定顶点＞：（可点取第一条直线）

选择第二条直线：（点取第二条直线）

指定标注弧线位置或 ［多行文字（M）/文字（T）/角度（A）］：（指定尺寸线的位置）

6. 基线标注方式（DIMBASELINE 命令）

功能：用该方式可快速地标注具有同一起点的若干个相互平行的尺寸，如图 13-41 所示。

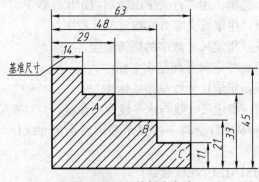

图 13-41　基线标注方式

操作：单击"标注"工具条 按钮，命令提示行显示：

命令：_dimbaseline

指定第二条尺寸界线原点或［放弃（U）/选择（S）］＜选择＞：↙（选择 S）

选择基准标注：（选择 14 作为基准尺寸）

指定第二条尺寸界线原点或［放弃（U）/选择（S）］＜选择＞：

标注文字＝29　　　　　（注出基线尺寸 29）

指定第二条尺寸界线原点或［放弃（U）/选择（S）］＜选择＞：

标注文字＝48　　　　　（注出基线尺寸 48）

指定第二条尺寸界线原点或［放弃（U）/选择（S）］＜选择＞：

标注文字＝63　　　　　（注出基线尺寸 63）

指定第二条尺寸界线原点或［放弃（U）/选择（S）］＜选择＞：↙

选择基准标注：↙（结束命令）

说明：

1）命令提示行中"放弃（U）"选项，可撤消前一个基线尺寸。

2）命令提示行中"选择（S）"选项，允许重新指定基准尺寸第一条尺寸界线的位置。

3）各基线尺寸之间的距离是由当前标注样式控制的。

4）所注基线尺寸数值只能使用 AutoCAD 测量值，不能更改。

7. 连续标注方式（DIMCONTINUE 命令）

功能：用该方式可快速地标注首尾相接的若干个连续尺寸，如图 13-42 所示。

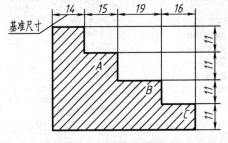

图 13-42　连续标注方式

操作：单击"标注"工具条 按钮，命令提示行显示：

命令：_dimcontinue

指定第二条尺寸界线原点或［放弃（U）/选择（S）］＜选择＞：

标注文字＝15

指定第二条尺寸界线原点或［放弃（U）/选择（S）］＜选择＞：

标注文字＝19

指定第二条尺寸界线原点或［放弃（U）/选择（S）］＜选择＞：

标注文字＝16

指定第二条尺寸界线原点或［放弃（U）/选择（S）］＜选择＞：↙

选择连续标注：↙

8. 快速引线（旁注）标注方式（QLEADER 命令）

功能：可以从被标注实体旁引出线条进行标注，引线标注方式可以使引线与说明的文字一起注出。其引线可有箭头，也可无箭头；可是直线，也可是样条曲线，如图 13-43 所示。文字可以使用多行文字编辑器输入，并能标注形位公差。

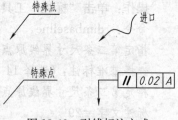

图 13-43　引线标注方式

操作：单击"标注"工具条 按钮，命令提示行显示：

命令：_qleader

指定第一个引线点或［设置（S）］<设置>：

指定下一点：

指定文字宽度 <0>：✓（默认）

输入注释文字的第一行 <多行文字（M）>：特殊点✓

输入注释文字的下一行：✓

说明：

1）在提示"指定第一个引线点或［设置（S）］<设置>："时直接按<Enter>键，将弹出"引线设置"对话框，如图 13-44 所示。在此对话框中，"注释"选项卡中的单选框"公差"即为形位公差的标注方式。

图 13-44　"引线设置"对话框

2）在提示"指定下一点："后，将弹出"形位公差"对话框，如图 13-45 所示。单击"符号"的黑色方块，将弹出"特征符号"对话框，如图 13-46 所示。

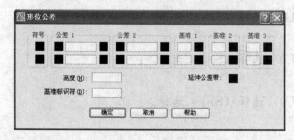

图 13-45　"形位公差"对话框

图 13-46　"特征符号"对话框

3）将"形位公差"对话框设置完毕后，单击"确定"按钮，图形内就直接标出了形位公差符号。

五、尺寸的编辑

1. 编辑标注（DIMEDIT 命令）

单击"标注"工具条 ⌐ 按钮，命令提示行显示：

命令：_dimedit

输入标注编辑类型［默认（H）/新建（N）/旋转（R）/倾斜（O）］＜默认＞：o

选择对象：找到 1 个

选择对象：✔

输入倾斜角度（按＜ENTER＞键表示无）：30（结果如图 13-47 所示）

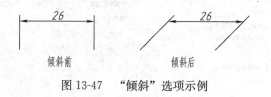

图 13-47　"倾斜"选项示例

2. 编辑标注文字（DIMTEDIT 命令）

单击"标注"工具条 ⌐ 按钮，命令提示行显示：

命令：_dimtedit

选择标注：

指定标注文字的新位置或［左（L）/右（R）/中心（C）/默认（H）/角度（A）］：

说明：常用此命令对已标尺寸进行重新放置。

3. 标注更新（DIMSTYLE 命令）

单击"标注"工具条 ⌐ 按钮，命令提示行显示：

命令：_dimstyle

当前标注样式：001

输入标注样式选项［保存（S）/恢复（R）/状态（ST）/变量（V）/应用（A）/？］＜恢复＞：_apply

选择对象：找到 1 个

选择对象：✔

说明：该命令可将已标尺寸的标注样式更新成当前标注样式。

4. 用修改实体特性（PROPERTIES）命令编辑尺寸

单击 ⌐ 按钮弹出"特性"对话框，即可选择要修改的尺寸并对其进行编辑。

六、尺寸公差的标注

标注如图 13-48 所示的尺寸公差，方法有两种。

（1）利用"标注样式管理器"中的"替代"按钮，在"替代当前样式"对话框的"公差"选项卡中设置尺寸的上、下偏差。

步骤：

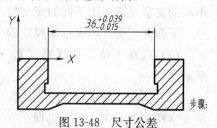

图 13-48　尺寸公差

1）单击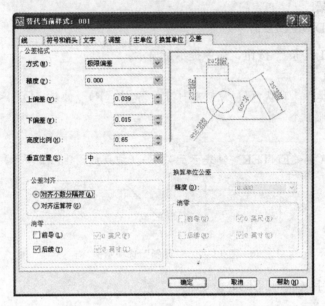按钮，在弹出的"标注样式管理器"对话框中按下"替代"按钮，弹出"替代当前样式：001"对话框，如图 13-49 所示。

图 13-49　"替代当前样式：001"对话框

2）在"公差"选项卡的"方式"、"精度"、"垂直位置"下拉列表中分别选择"极限偏差"、"0.000"、"中"。在"上偏差"、"下偏差"、"高度比例"文本框中分别输入"0.039"、"0.015"、"0.65"。如图 13-49 所示。

3）单击"确定"按钮，返回"标注样式管理器"对话框，此时在当前样式下出现了"样式替代"；单击"关闭"按钮，进入绘图界面开始标注尺寸。结果如图 13-48 所示。

（2）标注尺寸公差时，也可利用"多行文字（M）"选项，在弹出的"多行文字编辑器"对话框中输入"36＋0.039^－0.015"，选中"＋0.039^－0.015"，单击"堆叠"按钮 ，完成公差输入；单击"确定"按钮，将尺寸线放在适当位置完成标注。结果如图 13-48 所示。

第五节　文　字　与　块

一、书写文字的方法

1. 创建文字样式

文字样式主要是控制文本的外观，如字体、字符宽度等项目。书写文字时，一般要根据不同的文字风格采用不同的文字样式。

下面介绍符合国家标准规定的文字样式的创建方法。

（1）选择下拉菜单【格式】→【文字样式】，弹出"文字样式"对话框，如图 13-50 所示。

（2）单击"新建（N）"按钮，弹出"新建文字样式"对话框，在"样式名"中输入所建文字样式的名称，如"工程文字"。如图 13-51 所示。

图 13-50　"文字样式"对话框

（3）单击"确定"按钮，返回"文字样式"对话框，在"SHX 字体"下拉列表中选择"gbeitc. shx"。再选择"使用大字体"复选项，然后在"大字体"下拉列表中选择"gbcbig. shx"，如图 13-50 所示。

（4）单击"应用"按钮，然后"关闭"，退出"文字样式"对话框。

图 13-51　"新建文字样式"对话框

说明：

1）AutoCAD 提供了很多符合国家标准的字体文件，但在工程图样中，中文字体采用的是"gbcbig. shx"，该文件包含长仿宋体字，符合工程汉字的要求；西文字体采用的是"gbeitc. shx"或"gbenor. shx"，前者是斜体西文，后者是直体西文。

2）由于"gbcbig. shx"字体中不包含西文字体定义，因而使用时可利用"使用大字体"复选项，将其与"gbeitc. shx"或"gbenor. shx"字体配合使用。

3）"文字样式"对话框中的"高度"用于设置输入文本的高度，一般将其设置为"0"，表示不对字体高度进行设置，标注文字时，按命令提示进行响应。"宽度因子"指输入文字的宽度比例系数，一般为"1"。"倾斜角度"指输入文字的倾斜角度，一般为"0"。

4）AutoCAD 默认的文字样式是"Standard"，其字体为"txt. shx"，标注尺寸时可以采用。

2. 标注文字

AutoCAD 中有两类文字对象：一类是单行文字，另一类是多行文字。对于比较简单的文字项目，如标题栏信息、尺寸标注说明等，常采用单行文字；对于段落格式的项目，如技术要求、工艺流程等，常采用多行文字。

（1）单行文字（DTEXT 命令）

选择下拉菜单【绘图】→【文字】→【单行文字】，启动单行文字命令。

命令：_dtext

当前文字样式：工程文字　当前文字高度：3.5

指定文字的起点或［对正（J）/样式（S）］：（在图中指定，一般为输入文字的左下角）

指定高度 ＜3.5＞：5（输入文字高度为 5）

指定文字的旋转角度 <0>：↙

（输入文字）↙

↙（结束命令）

说明：

1) DTEXT 命令可连续输入多行文字，每行按<Enter>键结束或重新定位。DTEXT命令的每一行文字都是一个单独的实体，用户可利用"修改"命令控制各行的间距或位置。

2) 在命令提示"指定文字的起点或［对正（J）/样式（S）］"中选择"样式（S）"，可指定当前文字样式；选择"对正（J）"，可设定文字的对齐方式。

3) 单行文字在输入时，常有一些特殊字符在键盘上找不到，AutoCAD 提供了一些特殊字符的注写方法，常用的有：

%%C：注写"ϕ"直径符号。

%%D：注写"°"角度符号。

%%P：注写"±"上下偏差符号。

%%%：注写"%"百分比符号。

%%O：开始/关闭字符的上划线。

%%U：开始/关闭字符的下划线。

(2) 多行文字（MTEXT 命令）

第一步：单击绘图工具条 **A** 按钮，命令提示区显示：

命令：_mtext 当前文字样式："工程文字"　当前文字高度：5

指定第一角点：

指定对角点或［高度（H）/对正（J）/行距（L）/旋转（R）/样式（S）/宽度（W）］：

第二步：弹出"多行文字编辑器"，可在其文本框中输入文字，如"技术要求"等。如图 13-52 所示。

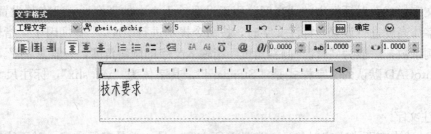

图 13-52　输入多行文字

第三步：单击"确定"按钮，完成多行文字的输入。

说明：

1) MTEXT 命令输入的多行文字是同一个实体，其行距、字体大小等由"文字格式"中的功能按钮来控制。

2)"多行文字编辑器"由"文字格式"和"书写板"组成。其中"文字格式"与 Word编辑器类似，有很强的控制文字字符格式的功能，常用的"堆叠"按钮 $\frac{a}{b}$ ，就是利用键盘上的特殊字符"/"、"^"、"♯"将文字层叠。

例如：输入"123/456"后并全部选中，单击 ⅓ 按钮，得到如图 13-53a 所示效果；输入"3♯4"后并全部选中，单击 ⅓ 按钮，得到如图 13-53b 所示效果；输入"＋0.021⌃－0.007"后并全部选中，单击 ⅓ 按钮，得到如图 13-53c 所示效果；输入"M2⌃"后并选中"2⌃"，单击 ⅓ 按钮，得到如图 13-53d 所示效果；输入"A⌃2"后并选中"⌃2"，单击 ⅓ 按钮，得到如图 13-53e 所示效果。

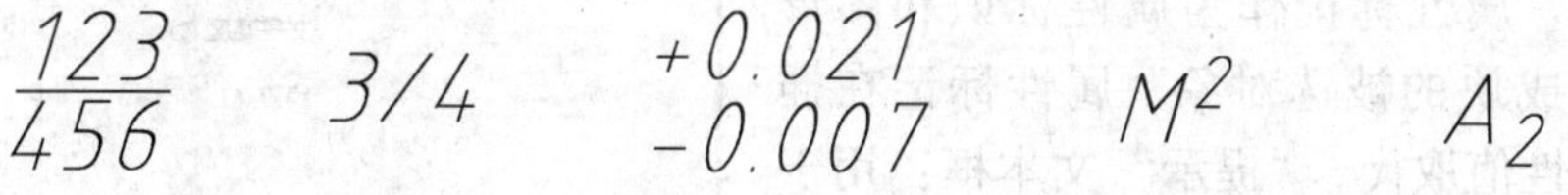

$$\frac{123}{456} \qquad 3/4 \qquad \begin{array}{c} +0.021 \\ -0.007 \end{array} \qquad M^2 \qquad A_2$$

a)　　　　　b)　　　　　c)　　　　　d)　　　　　e)

图 13-53　文字的堆叠效果

3. 编辑文字

（1）利用（DDEDIT）命令编辑文字　单击"文字"工具条上的 A⁄ 按钮或键盘输入"DDEDIT"命令，便可对文字进行编辑。此命令的优点是一次可连续编辑多个文字对象。

（2）利用修改实体特性（PROPERTIES）命令编辑文字　单击 ▓ 按钮弹出"特性"对话框，选择要修改的文字进行编辑。在"特性"对话框中不仅能编辑文本的内容，还能编辑文本的其他属性，如高度、文字样式、层等。

二、块及其属性

块是一个或多个对象形成的对象集合，常用于绘制复杂、重复的图形。将一组对象组合成块之后，就可以根据作图需要将这组对象插入到图中任意指定位置，并可以按不同的比例和旋转角度插入。在 AutoCAD 中，使用块可以提高绘图速度、节省存储空间、便于修改图形并能够为其添加属性。

1. 创建块及其属性

表面结构是机械制图中常见的标注内容，下面以创建表面结构符号图块为例说明操作步骤和方法。

第一步：绘制表面结构图形符号

利用"绘图"命令，参照国家标准绘制表面结构图形符号，如图 13-54 所示。

第二步：定义属性

表面结构的高度参数 Ra 值可以利用 AutoCAD 的属性定义功能进行设置，在创建块之前，将需要注写的高度参数 Ra 值定义成块的属性。

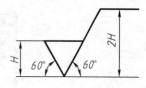

图 13-54　表面结构符号

选择下拉菜单【绘图】→【块】→【定义属性】，弹出"属性定义"对话框，如图 13-55 所示。

其中各选项含义说明如下：

（1）"模式"选项组　"不可见"复选框：若选中此选项，属性值在块插入完成后不被显示和打印出来。"固定"复选框：若选中此选项，在插入块时给属性赋予固定值。"验证"复选框：若选中此选项，将提示验证属性值是否正确。"预置"复选框：若选中此选项，在插入块时将属性设置为默认值。"锁定位置"复选框：若选中此选项，锁定属性在块中的位置。"多行"复选框：指定属性值可以包含多行文字。

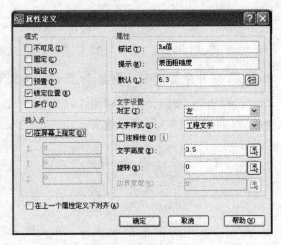

(2) "属性"选项组　"标记"文本框：用于标识图形中每次出现的属性。在定义带属性的块时，属性标记作为属性标识和图形对象一起构成块的被选对象。属性标记在插入块后被属性值取代。"提示"文本框：用于指定在插入包含该属性的块时所显示的提示信息。"默认"文本框：用于指定默认的属性值。

图 13-55　"属性定义"对话框

(3) "文字位置"选项组　用于设置属性文字的对正、样式、注释性、文字高度、旋转角度等。

(4) "插入点"选项组　用于指定属性标记的位置。一般选择"在屏幕上指定"的方式，注意与属性文字的对正方式相适应。

(5) "在上一个属性定义下对齐"复选框　将属性标记直接置于已定义的上一个属性的下面。

表面粗糙度的高度参数 Ra 值的属性定义设置如图 13-55 所示，单击"确定"按钮退出对话框，AutoCAD 提示：

指定起点：

在此提示下指定属性文字的插入点，完成标记为"Ra 值"的属性定义，如图 13-36 所示。

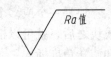

第三步：创建块

AutoCAD 有两种创建"块"的方法：

图 13-56　插入属性文字

(1) 创建内部块　内部块是指保存在当前图形中的块，只能在当前图形中应用，而不能插入到其他图形中。

单击绘图工具条按钮，弹出"块定义"对话框，如图 13-57 所示。设置选项后单击

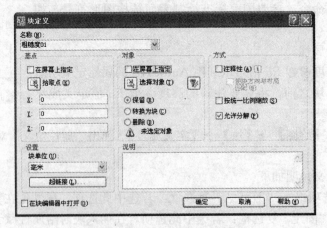

图 13-57　"块定义"对话框

"确定"按钮，完成内部块的创建。

其中各选项含义如下：

1）"名称"文本框：用于输入块的名称，如"粗糙度01"。

2）"基点"选项区域：用于设置块的插入基点位置，一般选择"在屏幕上指定"的方式，指定的基点如图13-58所示。

3）"对象"选项区域：用于选择组成块的对象。单击"选择对象"按钮，可以切换到绘图窗口选择组成块的各对象。在该选项区中，选择"保留"，表示创建块后仍在绘图窗口上保留组成块的各对象；选择"转换为块"，表示创建块后将组成块的各对象保留并把它们转换成块；选择"删除"，表示创建块后删除绘图窗口上组成块的原对象。

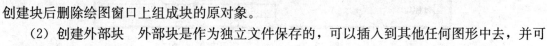

图 13-58 块的基点

（2）创建外部块 外部块是作为独立文件保存的，可以插入到其他任何图形中去，并可以对块进行打开和编辑。

键盘输入"WBLOCK"并按<Enter>键，弹出"写块"对话框，如图13-59所示。设置选项时要特别注意"文件名和路径"的输入，单击"确定"按钮，完成外部块的创建。

图 13-59 "写块"对话框

2. 插入块

单击绘图工具条 按钮，弹出"插入"对话框，如图13-60所示。在"名称"下拉列表中选择所需要的图块，如"粗糙度02"；"插入点"选择在屏幕上指定，当"比例"、"旋转"设置好后单击"确定"，AutoCAD提示：

命令：_insert

指定插入点或［基点（B）/比例（S）/X/Y/Z/旋转（R）］：（在屏幕上指定）

输入属性值

表面粗糙度<6.3>：3.2↙（完成一个图块的插入）

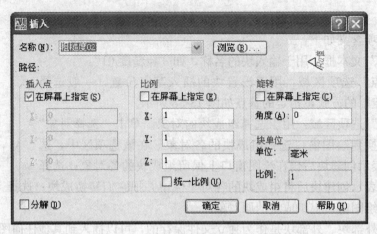

图 13-60 "插入"对话框

第六节 典型零件图的绘制

一、轴类零件图的绘制

轴类零件相对来讲较为简单，主要由一系列同轴回转体构成，其上常分布有孔、槽等结构。以图 13-61 为例介绍绘制轴类零件图的两种方法。

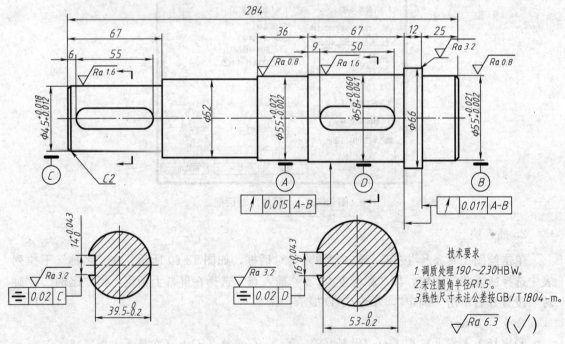

图 13-61 传动轴零件图

第一种方法是用 OFFSET、TRIM 命令绘图，具体绘制过程如下：

1）利用 LINE 命令绘制主视图的对称轴线 A 及左端面线 B，结果如图 13-62 所示。

2）偏移线段 A、B，然后修剪多余线条，形成第一轴段，结果如图 13-63 所示。

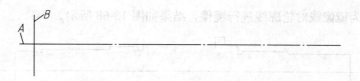

图 13-62 绘制轴线和左端面线

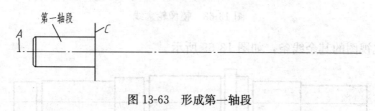

图 13-63 形成第一轴段

3) 偏移线段 A、C，然后修剪多余线条，形成第二轴段，结果如图 13-64 所示。

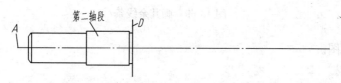

图 13-64 形成第二轴段

4) 偏移线段 A、D，然后修剪多余线条，形成第三轴段，结果如图 13-65 所示。

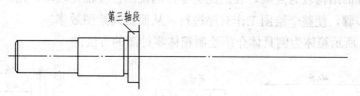

图 13-65 形成第三轴段

5) 用上述同样的方法，绘制轴类零件主视图的其余轴段，结果如图 13-66 所示。

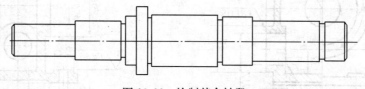

图 13-66 绘制其余轴段

6) 画其他视图，标注尺寸。

7) 注写技术要求。

第二种方法是用 LINE、MIRROR 命令绘图，具体绘制过程如下：

1) 打开正交开关，设定对象捕捉方式为"端点"、"交点"。

2) 利用 LINE 命令并结合正交功能，绘制零件的轴线及外轮廓线，结果如图 13-67 所示。

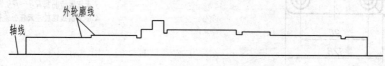

图 13-67 绘制轴线和外轮廓线

3）以轴线为镜像线对轮廓线进行镜像，结果如图 13-68 所示。

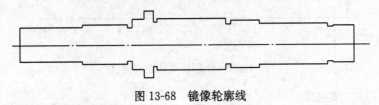

图 13-68 镜像轮廓线

4）补画主视图的其余线条，如图 13-69 所示。

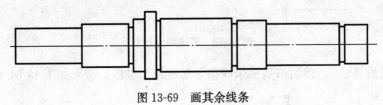

图 13-69 画其余线条

5）画其他视图。

6）标注尺寸。

7）注写技术要求。

二、箱体类零件图的绘制

箱体类零件的结构较为复杂，表达此类零件的视图往往也比较多，用户应全面考虑，采用适当的绘图步骤，使整个绘图工作有序进行，从而提高绘图效率。

以图 13-70 所示箱体为例具体介绍绘制箱体零件图的方法。

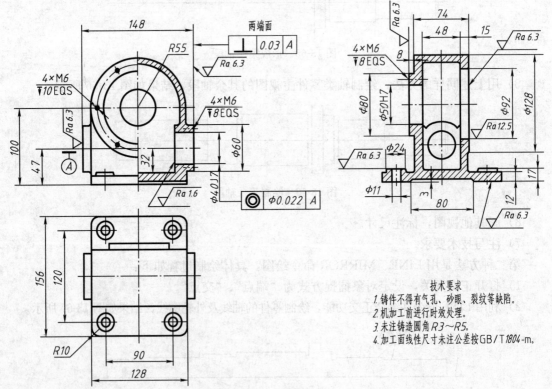

技术要求

1. 铸件不得有气孔、砂眼、裂纹等缺陷。

2. 机加工前进行时效处理。

3. 未注铸造圆角 R3～R5。

4. 加工面线性尺寸未注公差按 GB/T1804-m。

图 13-70 箱体零件图

第一步：绘制主视图。

先绘制主视图中重要的轴线、端面线等，这些线条构成了主视图的主要布局线，如图所示。再将主视图划分为几个部分，用 LINE、OFFSET 及 TRIM 命令逐一绘制每一部分的细节。

1) 绘制主视图底边线 A 及定位线 B、C，如图 13-71 所示。

2) 用 CIRCLE、OFFSET 及 TRIM 等命令绘制主视图的主要轮廓线及左部分的细节 D、E，结果如图 13-72 所示。

3) 利用 LINE、OFFSET 及 TRIM 等命令绘制主视图右部分的细节 F、G，结果如图 13-73 所示。

图 13-71　绘制主视图定位线

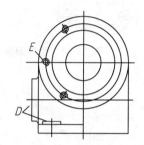

图 13-72　绘制主视图的轮廓线及左部分的细节

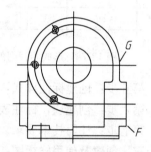

图 13-73　绘制主视图右部分细节

第二步：从主视图向左视图投影几何特征并分部分绘制左视图的细节。

1) 用 XLINE 命令绘制水平投影线，左视图对称线及左、右端面线，结果如图 13-74 所示。

2) 绘制左视图的主要轮廓线及细节 A、B，如图 13-75 所示。

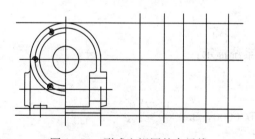

图 13-74　形成左视图的布局线

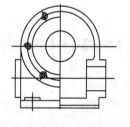

图 13-75　绘制左视图细节

第三步：从主视图、左视图向俯视图投影几何特征。

绘制完主视图及左视图后，俯视图的布局线就可通过主视图及左视图投影得到，为方便从左视图向俯视图投影，可将左视图复制到新位置并旋转 90°，这样就可以很方便地绘制投影线了。

复制左视图并将其旋转-90°，然后用 XLINE 命令从主视图、左视图向俯视图投影，结果如图 13-76 所示。

第四步：绘制俯视图轮廓及细节。

用 LINE 命令绘制主要轮廓,用 CIRCLE、FILLET 及 TRIM 等命令绘制细节,如图 13-77 所示。

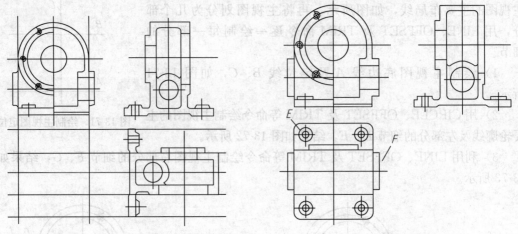

图 13-76　形成俯视图的布局线　　　　　　图 13-77　绘制俯视图细节

第五步:创建标注样式,标注尺寸及形位公差。

第六步:创建块,标注表面粗糙度。

第七步:注写技术要求。

三、创建及使用样板图

为了使 AutoCAD 绘制的图样符合国家标准要求,同时提高作图的准确性,在每次绘图过程中,都要对绘图环境,如图纸的幅面、绘图单位、图层、字体样式、标注样式等进行设置,这样做费时又费力,如果直接调用样板图,则可以大大提高绘图效率。Auto-CAD 提供了许多标准的样板图(扩展名为".dwt"的文件),它们都存在"Template"文件夹中,供用户选择使用。用户也可以根据需要创建自己的样板图。下面介绍创建 A3 样板图的方法。

1. 设置图幅

1) 选择下拉菜单【格式】→【图形界限】,系统提示:

命令:'_limits

重新设置模型空间界限:

指定左下角点或[开(ON)/关(OFF)]<0.0000,0.0000>:↙

指定右上角点 <420.0000,297.0000>:↙

2) 选择下拉菜单【视图】→【缩放】→【全部】,绘图空间将显示 A3 尺寸的绘图区域。

2. 设置绘图单位

选择下拉菜单【格式】→【单位】,弹出"图形单位"对话框,设置如图 13-78 所示。

3. 设置图层

选择下拉菜单【格式】→【图层】,弹出"图层特性管理器"对话框,根据绘制机械图样的需要,可按表 13-2 对图层进行设置。

图 13-78 "图形单位"对话框

表 13-2 图层设置

图　　层	线　　型	颜　　色	线　　宽
粗实线	Continuous	白色	0.3
细实线	Continuous	绿色	默认
细点画线	Center	红色	默认
细双点画线	Phantom	洋红色	默认
细虚线	HiddenX2	青色	默认
标注	Continuous	黄色	默认

4. 设置文字样式

选择下拉菜单【格式】→【文字样式】，弹出"文字样式"对话框，根据国家标准对汉字的要求，在 AutoCAD 中一般设置"工程文字"（见图 13-50）。

5. 设置尺寸标注样式

选择下拉菜单【格式】→【标注样式】，弹出"标注样式管理器"对话框，根据各种不同标注的需要，样板图中可以设置不同的标注样式，一般需要以下三种标注样式：线性尺寸标注样式、水平尺寸标注样式和角度尺寸标注样式。具体操作前面已有介绍，这里不再赘述。

6. 绘制图框和标题栏

图框和标题栏应按国家标准规定绘制。其中图框可以用绘图命令直接绘制，标题栏则可以通过创建的外部块插入。

7. 样板图的保存

样板图设置完成后，选择下拉菜单【文件】→【另存为】，弹出"图形另存为"对话框，在"文件类型"下拉列表中选择"AutoCAD 图形样板（＊.dwt）"；确定保存路径，在"文件名"中输入"A3 图纸-横向"；单击"保存"按钮，弹出"样板选项"对话框，可以输入文字说明，也可以省略；单击"确定"按钮，完成 A3 样板图的制作。

8. 样板图的使用

根据所画图形的大小，选择下拉菜单【文件】→【新建】，弹出"选择样板"对话框，通过此对话框选择所需的样板文件，如"A3 图纸-横向"。单击"打开"按钮，AutoCAD 就以此文件为样板建立了新图形。

小　结

一、本章重点掌握图层功能、绘图环境的设置、文字的注写、常用的绘图命令、图形编辑命令、尺寸标注功能。

二、掌握计算机绘图的基本技能，加大上机实训环节的比重，各条命令的使用要在实际机械图样上机过程中理解体会。

思　考　题

1. AutoCAD 常用的工具条有哪些？通常它们放在什么位置？

2. AutoCAD 的命令输入方式有哪几种？

3. 什么是当前图层？怎样设置当前图层？

4. 图形编辑中选择目标的方式主要有哪几种？

5. 使用块有何作用？内部块与外部块有何区别？

6. 怎样建立一个样板文件？

附　　录

附录A　螺　　纹

表 A-1　普通螺纹直径与螺距（摘自 GB/T 196～197—2003）　　　　（单位：mm）

D——内螺纹的基本大径（公称直径）

d——外螺纹的基本大径（公称直径）

D_2——内螺纹的基本中径

d_2——外螺纹的基本中径

D_1——内螺纹的基本小径

d_1——外螺纹的基本小径

P——螺距

H——$\dfrac{\sqrt{3}}{2}P$

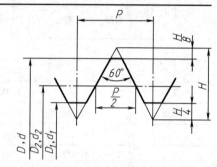

标注示例

M24（公称直径为 24、螺距为 3 的粗牙右旋普通螺纹）

M24×1.5-LH（公称直径为 24、螺距为 1.5 的细牙左旋普通螺纹）

公称直径 D、d		螺距 P		粗牙中径 D_2、d_2	粗牙小径 D_1、d_1
第一系列	第二系列	粗牙	细牙		
3		0.5	0.35	2.675	2.459
	3.5	(0.6)		3.110	2.850
4		0.7	0.5	3.545	3.242
	4.5	(0.75)		4.013	3.688
5		0.8		4.480	4.134
6		1	0.75 (0.5)	5.350	4.917
8		1.25	1, 0.75, (0.5)	7.188	6.647
10		1.5	1.25, 1, 0.75, (0.5)	9.026	8.376
12		1.75	1.5, 1.25, 1, 0.75, (0.5)	10.863	10.106
	14	2	1.5, (1.25), 1, (0.75), (0.5)	12.701	11.835
16		2	1.5, 1, (0.75), (0.5)	14.701	13.835
	18	2.5	1.5, 1, (0.75), (0.5)	16.376	15.294
20		2.5		18.376	17.294
	22	2.5	2, 1.5, 1, (0.75), (0.5)	20.376	19.294
24		3	2, 1.5, 1, (0.75)	22.051	20.752
	27	3	2, 1.5, 1, (0.75)	25.051	23.752
30		3.5	(3), 2, 1.5, 1, (0.75)	27.727	26.211

注：1. 优先选用第一系列，括号内尺寸尽可能不用，第三系列未列入。

　　2. M14×1.25 仅用于火花塞。

表 A-2　55°非密封管螺纹（摘自 GB/T 7307—2001）

标注示例：
G2（尺寸代号 2，右旋，圆柱内螺纹）
G3A（尺寸代号 3，右旋，A 级圆柱外螺纹）
G2-LH（尺寸代号 2，左旋，圆柱外螺纹）
G4B-LH（尺寸代号 4，左旋，B 级圆柱外螺纹）
注：$r = 0.137329p$
　　$P = 25.4/n$
　　$H = 0.960401P$

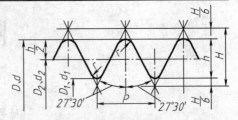

螺纹的设计牙型

尺 寸 代 号	每 25.4mm 内所含的牙数 n	螺距 P/mm	牙高 h/mm	基 本 直 径		
				大径 $d = D$/mm	中径 $d_2 = D_2$/mm	小径 $d_1 = D_1$/mm
1/16	28	0.907	0.581	7.723	7.142	6.561
1/8	28	0.907	0.581	9.728	9.147	8.566
1/4	19	1.337	0.856	13.157	12.301	11.445
3/8	19	1.337	0.856	16.662	15.806	14.950
1/2	14	1.814	1.162	20.955	19.793	18.631
3/4	14	1.814	1.162	26.441	25.279	24.117
1	11	2.309	1.479	33.249	31.770	30.291
1¼	11	2.309	1.479	41.910	40.431	38.952
1½	11	2.309	1.479	47.803	46.324	44.845
2	11	2.309	1.479	59.614	58.135	56.656
2½	11	2.309	1.479	75.184	73.705	72.226
3	11	2.309	1.479	87.884	86.405	84.926
4	11	2.309	1.479	113.030	111.551	110.072
5	11	2.309	1.479	138.430	136.951	135.472
6	11	2.309	1.479	163.830	162.351	160.872

表 A-3　梯形螺纹（摘自 GB/T 5796.1～5796.4—1986）　　　　　（单位：mm）

d——外螺纹大径（公称直径）
d_3——外螺纹小径
D_4——内螺纹大径
D_1——内螺纹小径
d_2——外螺纹中径
D_2——内螺纹中径
P——螺距
a_c——牙顶间隙
$h_3 = H_4 + H_1 + a_c$

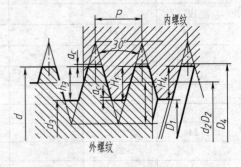

标记示例：
Tr40×7-7H（单线梯形内螺纹、公称直径 $d = 40$、螺距 $P = 7$、右旋、中径公差带为 7H、中等旋合长度）
Tr60×18（P9）LH-8e-L（双线梯形外螺纹、公称直径 $d = 60$、导程 $ph = 18$、螺距 $P = 9$、左旋、中径公差带为 8e、长旋合长度）

（续）

梯形螺纹的基本尺寸

d 公称系列		螺距	中径	大径	小　径		d 公称系列		螺距	中径	大径	小　径	
第一系列	第二系列	P	$d_2=D_2$	D_4	d_3	D_1	第一系列	第二系列	P	$d_2=D_2$	D_4	d_3	D_1
8	—	1.5	7.25	8.3	6.2	6.5	32	—		29.0	33	25	26
—	9		8.0	9.5	6.5	7	—	34	6	31.0	35	27	28
10	—	2	9.0	10.5	7.5	8	36	—		33.0	37	29	30
—	11		10.0	11.5	8.5	9	38			34.5	39	30	31
12	—		10.5	12.5	8.5	9	40	—		36.5	41	32	33
—	14	3	12.5	14.5	10.5	11	—	42	7	38.5	43	34	35
16	—		14.0	16.5	11.5	12	44	—		40.5	45	36	37
—	18	4	16.0	18.5	13.5	14	—	46		42.0	47	37	38
20	—		18.0	20.5	15.5	16	48	—		44.0	49	39	40
—	22		19.5	22.5	16.5	17	—	50	8	46.0	51	41	42
24	—	5	21.5	24.5	18.5	19	52	—		48.0	53	43	44
—	26		23.5	26.5	20.5	21	—	55	9	50.5	56	45	46
28	—		25.5	28.5	22.5	23	60	—		55.5	61	50	51
—	30	6	27.0	31.0	23.0	24	65		10	60.0	66	54	55

注：1. 优先选用第一系列的直径。
　　2. 表中所列的螺距和直径，是优先选择的螺距及与之对应的直径。

附录 B　常用标准件

表 B-1　六角头螺栓　　　　　　　　　　（单位：mm）

六角头螺栓—C 级（摘自 GB/T 5780—2000）

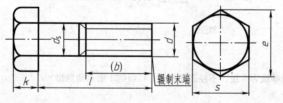

标记示例：

螺栓　GB/T 5780 M20×100

（螺纹规格 d=M20、公称长度 l=100、性能等级为 4.8 级、不经表面处理、杆身半螺纹、C 级的六角头螺栓）

六角头螺栓—全螺纹—C 级（摘自 GB/T 5781—2000）

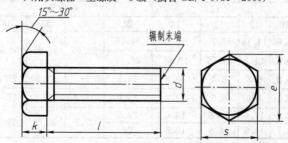

标记示例：

螺栓　GB/T 5781　M12×80

（螺纹规格 d=M12、公称长度 l=80、性能等级为 4.8 级、不经表面处理、全螺纹、C 级的六角头螺栓）

（续）

螺纹规格 d		M5	M6	M8	M10	M12	M16	M20	M24	M30	M36	M42	M48
b参考	$l \leqslant 125$	16	18	22	26	30	38	40	54	66	78	—	—
	$125 < l \leqslant 1200$	—	—	28	32	36	44	52	60	72	84	96	108
	$l > 200$	—	—	—	—	—	57	65	73	85	97	109	121
k公称		3.5	4.0	5.3	6.4	7.5	10	12.5	15	18.7	22.5	26	30
s_{max}		8	10	13	16	18	24	30	36	46	55	65	75
e_{max}		8.63	10.9	14.2	17.6	19.9	26.2	33.0	39.6	50.9	60.8	72.0	82.6
d_{smax}		5.48	6.48	8.58	10.6	12.7	16.7	20.8	24.8	30.8	37.0	45.0	49.0
l范围	GB/T 5780—2000	25~50	30~60	35~80	40~100	45~120	55~160	65~200	80~240	90~300	110~300	160~420	180~480
	GB/T 5781—2000	10~40	12~60	16~65	20~80	25~100	35~100	40~100	50~100	60~100	70~100	80~420	90~480
l系列		10、12、16、20~50（5进位）、（55）、60、（65）、70~160（10进位）、180、220~500（20进位）											

注：1. 括号内的规格尽可能不用。末端按 GB/T 2—2000 规定。

2. 螺纹公差：8g（GB/T 5780—2000）；6g（GB/T 5781—2000）；力学性能等级：4.6、4.8；产品等级：C。

表 B-2　1 型六角螺母　　　　　（单位：mm）

1 型六角螺母—A 和 B 级（摘自 GB/T 6170—2000）

1 型六角头螺母—细牙—A 和 B 级（摘自 GB/T 6171—2000）

1 型六角螺母—C 级（摘自 GB/T 41—2000）

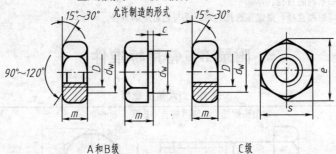

A 和 B 级　　　　　C 级

标记示例：

螺母　GB/T 41　M12

（螺纹规格 D=M12、性能等级为 5 级、不经表面处理、C 级的 1 型六角螺母）

螺母　GB/T 6171　M24×2

（螺纹规格 D=M24、螺距 P=2、性能等级为 10 级、不经表面处理、B 级的 1 型细牙六角螺母）

螺纹规格	D	M4	M5	M6	M8	M10	M12	M16	M20	M24	M30	M36	M42	M48
	D×P	—	—	—	M8×1	M10×1	M12×1.5	M16×1.5	M20×2	M24×2	M30×2	M36×3	M42×3	M48×3
c		0.4	0.5		0.6				0.8			1		
s_{max}		7	8	10	13	16	18	24	30	36	46	55	65	75
e_{min}	A、B级	7.66	8.79	11.05	14.38	17.77	20.03	26.75	32.95	39.95	50.85	60.79	72.02	82.6
	C级	—	8.63	10.89	14.2	17.59	19.85	26.17						
m_{max}	A、B级	3.2	4.7	5.2	6.8	8.4	10.8	14.8	18	21.5	25.6	31	34	38
	C级	—	5.6	6.1	7.9	9.5	12.2	15.9	18.7	22.3	26.4	31.5	34.9	38.9
d_{wmin}	A、B级	5.9	6.9	8.9	11.6	14.6	16.6	22.5	27.7	33.2	42.7	51.1	60.6	69.4
	C级	—	6.9	8.7	11.5	14.5	16.5	22						

注：1. P——螺距。

2. A 级用于 $D \leqslant 16$ 的螺母，B 级用于 $D > 16$ 的螺母；C 级用于 $D \geqslant 5$ 的螺母。

3. 螺纹公差：A、B 级为 6H，C 级为 7H；力学性能等级：A、B 级为 6、8、10 级，C 级为 4、5 级。

表 B-3　垫圈　　　　　　　　　　　　　　　　　　　　（单位：mm）

小垫圈—A 级（GB/T 848—2002）
平垫圈—A 级（GB/T 97.1—2000）
平垫圈—倒角型—A 级（GB/T 97.2—2000）
标记示例：
垫圈　GB/T 97.1　8
（标准系列、规格8、性能等级为 140HV 级、不经表面处理的平垫圈）

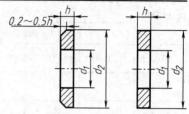

公称尺寸 （螺纹规格 d）		1.6	2	2.5	3	4	5	6	8	10	12	14	16	20	24	30	36
d_1	GB/T 848	1.7	2.2	2.7	3.2	4.3	5.3	6.4	8.4	10.5	13	15	17	21	25	31	37
	GB/T 97.1																
	GB/T 97.2	—	—	—	—												
d_2	GB/T 848	3.5	4.5	5	6	8	9	11	15	18	20	24	28	34	39	50	60
	GB/T 97.1	4	5	6	7	9	10	12	16	20	24	28	30	37	44	56	66
	GB/T 97.2						10	12	16	20	24	28	30	37	44	56	66
h	GB/T 848	0.3	0.3	0.5	0.5	0.5	1	1.6	1.6	1.6	2	2.5	2.5	3	4	4	5
	GB/T 97.1																
	GB/T 97.2	—	—	—	—												

表 B-4　双头螺柱（摘自 GB/T 897～900—1988）　　　　（单位：mm）

$b_m=1d$（GB/T 897—1988）；　　　　$b_m=1.25d$（GB/T 898—1988）；　　　　$b_m=1.5d$（GB/T 899—1988）；
$b_m=2d$（GB/T 900—1988）

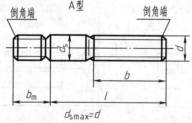
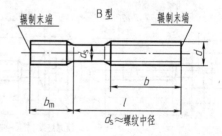

标记示例：
螺柱　GB/T 900　M10×50
（两端均为粗牙普通螺纹、$d=10$、$l=50$、性能等级为 4.8 级、不经表面处理、B 型、$b_m=2d$ 的双头螺柱）
螺柱　GB/T 900　AM10-10×1×50
（旋入机体一端为粗牙普通螺纹、旋螺母端为螺距 $P=1$ 的细牙普通螺纹、$d=10$、$l=50$、性能等级为 4.8 级、不经表面处理、A 型、$b_m=2d$ 的双头螺柱）

螺纹规格 d	b_m（旋入机体端长度）				l/b（螺柱长度/旋螺母端长度）		
	GB/T 897	GB/T 898	GB/T 899	GB/T 900			
M4	—	—	6	8	$\dfrac{16\sim22}{8}$	$\dfrac{25\sim40}{14}$	
M5	5	6	8	10	$\dfrac{16\sim22}{10}$	$\dfrac{25\sim50}{16}$	
M6	6	8	10	12	$\dfrac{20\sim22}{10}$	$\dfrac{25\sim30}{14}$	$\dfrac{32\sim75}{18}$
M8	8	10	12	16	$\dfrac{20\sim22}{12}$	$\dfrac{25\sim30}{16}$	$\dfrac{32\sim90}{22}$

（续）

螺纹规格 d	b_m（旋入机体端长度）				l/b（螺柱长度/旋螺母端长度）				
	GB/T 897	GB/T 898	GB/T 899	GB/T 900					
M10	10	12	15	20	25~28/14	30~38/16	40~120/26	130/32	
M12	12	15	18	24	25~30/14	32~40/16	45~120/26	130~180/32	
M16	16	20	24	32	30~38/16	40~55/20	60~120/30	130~200/36	
M20	20	25	30	40	35~40/20	45~65/30	70~120/38	130~200/44	
(M24)	24	30	36	48	45~50/25	55~75/35	80~120/46	130~200/52	
(M30)	30	38	45	60	60~65/40	70~90/50	95~120/66	130~200/72	210~250/85
M36	36	45	54	72	65~75/45	80~110/60	120/78	130~200/84	210~300/97
M42	42	52	63	84	70~80/50	85~110/70	120/90	130~200/96	210~300/109
M48	48	60	72	96	80~90/60	95~110/80	120/102	130~200/108	210~300/121
l系列	12、(14)、16、(18)、20、(22)、25、(28)、30、(32)、35、(38)、40、45、50、55、60、(65)、70、75、80、(85)、90、(95)、100~260（10进位）、280、300								

注：1. 尽可能不采用括号内的规格。末端按 GB/T 2—2000 规定。

2. $b_m=1d$，一般用于钢对钢；$b_m=（1.25~1.5）d$，一般用于钢对铸铁；$b_m=2d$，一般用于钢对铝合金。

表 B-5 螺钉（一） （单位：mm）

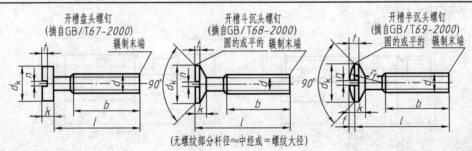

开槽盘头螺钉（摘自 GB/T67-2000）　开槽斗沉头螺钉（摘自 GB/T68-2000）　开槽半沉头螺钉（摘自 GB/T69-2000）

（无螺纹部分杆径≈中经或=螺纹大径）

标记示例：

螺钉 GB/T 67 M5×60

（螺纹规格 d=M5，l=60、性能等级为4.8级、不经表面处理的开槽盘头螺钉）

螺纹规格 d	P	b_{min}	n 公称	f	r_1	k_{max}		d_{kmax}		l_{min}			$l_{范围}$		全螺纹时最大长度	
				GB/T 69	GB/T 67	GB/T 67	GB/T 68 GB/T 69	GB/T 67	GB/T 68 GB/T 69	GB/T 67	GB/T 68	GB/T 69	GB/T 67	GB/T 68 GB/T 69	GB/T 67	GB/T 68 GB/T 69
M2	0.4	25	0.5	4	0.5	1.3	1.2	4	3.8	0.5	0.4	0.8	2.5~20	3~20	30	30
M3	0.5		0.8	6	0.7	1.8	1.65	5.6	5.5	0.7	0.6	1.2	4~30	5~30		
M4	0.7		1.2	9.5	1	2.4	2.7	8	8.4	1	1	1.6	5~40	6~40		
M5	0.8				1.2	3		9.5	9.3	1.2	1.1	2	6~50	8~50		
M6	1	38	1.6	12	1.4	3.6	3.3	12	12	1.4	1.2	2.4	8~60	8~60	40	45
M8	1.25		2	16.5	2	4.8	4.65	16	16	1.9	1.8	3.2	10~80			
M10	1.5		2.5	19.5	2.3	6		20	20	2.4		3.8				
l系列	2、2.5、3、4、5、6、8、10、12、(14)、16、20~50（5进位）、(55)、60、(65)、70、(75)、80															

注：螺纹公差：6g；力学性能等级：4.8、5.8；产品等级：A。

表 B-6　螺钉（二）　　　　　　　　　　　　　　（单位：mm）

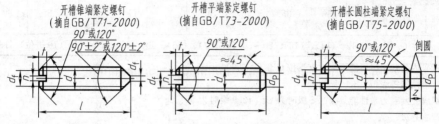

开槽锥端紧定螺钉
（摘自GB/T71-2000）

开槽平端紧定螺钉
（摘自GB/T73-2000）

开槽长圆柱端紧定螺钉
（摘自GB/T75-2000）

标记示例：

螺钉　GB/T 71　M5×20

（螺纹规格 d＝M5、公称长度 l＝20、性能等级为 14H 级、表面氧化的开槽锥端紧定螺钉）

螺纹规格 d	P	d_f	d_{tmax}	d_{pmax}	n公称	t_{max}	z_{max}	l范围		
								GB 71	GB 73	GB 75
M2	0.4	螺纹小径	0.2	1	0.25	0.84	1.25	3～10	2～10	3～10
M3	0.5		0.3	2	0.4	1.05	1.75	4～16	3～16	5～16
M4	0.7		0.4	2.5	0.6	1.42	2.25	6～20	4～20	6～20
M5	0.8		0.5	3.5	0.8	1.63	2.75	8～25	5～25	8～25
M6	1		1.5	4	1	2	3.25	8～30	6～30	8～30
M8	1.25		2	5.5	1.2	2.5	4.3	10～40	8～40	10～40
M10	1.5		2.5	7	1.6	3	5.3	12～50	10～50	12～50
M12	1.75		3	8.5	2	3.6	6.3	14～60	12～60	14～60
l系列	2、2.5、3、4、5、6、8、10、12、(14)、16、20、25、30、35、40、45、50、(55)、60									

注：螺纹公差：6g；力学性能等级：14H，22H；产品等级：A。

表 B-7　内六角圆柱头螺钉（摘自 GB/T 70.1—2000）　　（单位：mm）

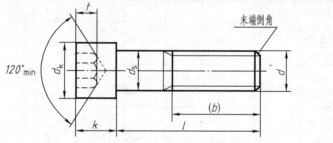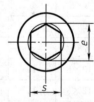

标记示例：

螺钉　GB/T 70.1　M5×20

（螺纹规格 d＝M5、公称长度 l＝20、性能等级为 8.8 级、表面氧化的内六角圆柱头螺钉）

螺纹规格 d		M4	M5	M6	M8	M10	M12	(M14)	M16	M20	M24	M30	M36
螺距 P		0.7	0.8	1	1.25	1.5	1.75	2	2	2.5	3	3.5	4
b参考		20	22	24	28	32	36	40	44	52	60	72	84
d_{kmax}	光滑头部	7	8.5	10	13	16	18	21	24	30	36	45	54
	滚花头部	7.22	8.72	10.22	13.27	16.27	18.27	21.33	24.33	30.33	36.39	45.39	54.46
k_{max}		4	5	6	8	10	12	14	16	20	24	30	36
t_{min}		2	2.5	3	4	5	6	7	8	10	12	15.5	19
S公称		3	4	5	6	8	10	12	14	17	19	22	27
e_{min}		3.44	4.58	5.72	6.86	9.15	11.43	13.72	16	19.44	21.73	25.15	30.35
d_{smax}		4	5	6	8	10	12	14	16	20	24	30	36
l范围		6～40	8～50	10～60	12～80	16～100	20～120	25～140	25～160	30～200	40～200	45～200	55～200

（续）

全螺纹时最大长度	25	25	30	35	40	45	55	55	65	80	90	100
l系列	6、8、10、12、(14)、(16)、20～50（5进位）、(55)、60、(65)、70～160（10进位）、180、200											

注：1. 括号内的规格尽可能不用。末端按 GB/T2—2000 规定。
　　2. 机械性能等级：8.8、12.9。
　　3. 螺纹公差：力学性能等级 8.8 级时为 6g，12.9 级时为 5g、6g。
　　4. 产品等级：A。

表 B-8　普通平键键槽的尺寸及公差（摘自 GB/T 1095—2003）　　（单位：mm）

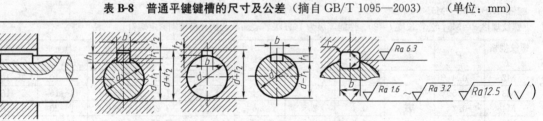

注：在工作图中，轴槽深用 t_1 或（$d-t_1$）标注，轮毂槽深用（$d+t_2$）标注。

轴的直径 d	键尺寸 $b\times h$	宽度 b 基本尺寸	正常连接 轴 N9	正常连接 毂 JS9	紧密连接 轴和毂 P9	松连接 轴 H9	松连接 毂 D10	轴 t_1 基本尺寸	轴 t_1 极限偏差	毂 t_2 基本尺寸	毂 t_2 极限偏差	r min	r max
自 6～8	2×2	2	-0.004 / -0.029	±0.0125	-0.006 / -0.031	+0.025 / 0	+0.060 / +0.020	1.2	+0.10 / 0	1	+0.10 / 0	0.08	0.16
>8～10	3×3	3						1.8		1.4			
>10～12	4×4	4	0 / -0.030	±0.015	-0.012 / -0.042	+0.030 / 0	+0.078 / +0.030	2.5		1.8		0.16	0.25
>12～17	5×5	5						3.0		2.3			
>17～22	6×6	6						3.5		2.8			
>22～30	8×7	8	0 / -0.036	±0.018	-0.015 / -0.051	+0.036 / 0	+0.098 / +0.040	4.0	+0.20 / 0	3.3	+0.20 / 0	0.25	0.40
>30～38	10×8	10						5.0		3.3			
>38～44	12×8	12						5.0		3.3			
>44～50	14×9	14	0 / -0.043	±0.026	-0.018 / -0.061	+0.043 / 0	+0.120 / +0.050	5.5		3.8			
>50～58	16×10	16						6.0		4.3			
>58～65	18×11	18						7.0		4.4			
>65～75	20×12	20	0 / -0.052	±0.031	-0.022 / -0.074	+0.052 / 0	+0.149 / +0.065	7.5		4.9		0.40	0.60
>75～85	22×14	22						9.0		5.4			
>85～95	25×14	25						9.0		5.4			
>95～110	28×16	28						10.0		6.4			
>110～130	32×18	32	0 / -0.062	±0.037	-0.026 / -0.088	+0.062 / 0	+0.180 / +0.080	11.0		7.4		0.70	1.0
>130～150	36×20	36						12.0	+0.30 / 0	8.4	+0.30 / 0		
>150～170	40×22	40						13.0		9.4			
>170～200	45×25	45						15.0		10.4			

注：（$d-t_1$）和（$d+t_2$）两组组合尺寸的极限偏差按相应的 t_1 和 t_2 的极限偏差选取，但（$d-t_1$）极限偏差应取负号（−）。

表 B-9　标准型弹簧垫圈（摘自 GB/T 93—1987）　　　　　（单位：mm）

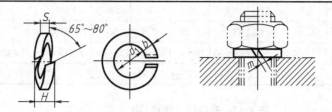

标记示例：

垫圈　GB/T 93　10

（规格 10、材料为 65Mn、表面氧化的标准型弹簧垫圈）

规格（螺纹大径）	4	5	6	8	10	12	16	20	24	30	36	42	48
d_{1min}	4.1	5.1	6.1	8.1	10.2	12.2	16.2	20.2	24.2	30.5	36.5	42.5	48.5
$S=b_{公称}$	1.1	1.3	1.6	2.1	2.6	3.1	4.1	5	6	7.5	9	10.5	12
$m\leqslant$	0.55	0.65	0.8	1.05	1.3	1.55	2.05	2.5	3	3.75	4.5	5.25	6
H_{max}	2.75	3.25	4	5.25	6.5	7.25	10.25	12.5	15	18.75	22.5	26.25	30

注：m 应大于零。

表 B-10　圆柱销（摘自 GB/T 119.1—2000）　　　　　（单位：mm）

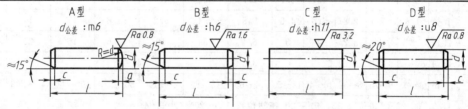

标记示例：

销　GB/T 119.1　6 m6×30

（公称直径 $d=6$、公差为 m6、公称长度 $l=30$、材料为钢、不经表面处理的圆柱销）

销　GB/T 119.1　6 m6×30—A1

（公称直径 $d=6$、公差为 m6、公称长度 $l=30$、材料为 A1 组奥氏体不锈钢、表面简单处理的圆柱销）

d（公称）m6/h8	2	3	4	5	6	8	10	12	16	20	25
$a\approx$	0.25	0.40	0.50	0.63	0.80	1.0	1.2	1.6	2.0	2.5	3.0
$c\approx$	0.35	0.5	0.63	0.8	1.2	1.6	2	2.5	3	3.5	4
$l_{范围}$	6～20	8～30	8～40	10～50	12～60	14～80	18～95	22～140	26～180	35～200	50～200
$l_{系列}$（公称）	2、3、4、5、6～32（2 进位）、35～100（5 进位）、120～≥200（按 20 递增）										

表 B-11　圆锥销（摘自 GB/T 117—2000）　　　　　（单位：mm）

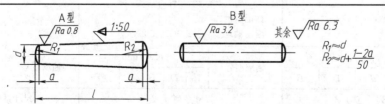

标记示例：

销　GB/T 117　10×60

（公称直径 $d=10$、长度 $l=60$、材料为 35 钢、热处理硬度 28～38HRC、表面氧化处理的 A 型圆锥销）

（续）

d 公称	2	2.5	3	4	5	6	8	10	12	16	20	25
a≈	0.25	0.3	0.4	0.5	0.63	0.8	1.0	1.2	1.6	2.0	2.5	3.0
l 范围	10～35	10～35	12～45	14～55	18～60	22～90	22～120	26～160	32～180	40～200	45～200	50～200
l 系列	2、3、4、5、6～32（2 进位）、35～100（5 进位）、120～200（20 进位）											

表 B-12 开口销（摘自 GB/T 91—2000）

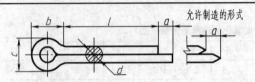

标记示例：

销 GB/T 91 5×50

（公称直径 d=5、长度 l=50、材料为低碳钢、不经表面处理的开口销）

	公称	0.8	1	1.2	1.6	2	2.5	3.2	4	5	6.3	8	10	12
d	max	0.7	0.9	1	1.4	1.8	2.3	2.9	3.7	4.6	5.9	7.5	9.5	11.4
	min	0.6	0.8	0.9	1.3	1.7	2.1	2.7	3.5	4.4	5.7	7.3	9.3	11.1
c_{max}		1.4	1.8	2	2.8	3.6	4.6	5.8	7.4	9.2	11.8	15	19	24.8
b		2.4	3	3	3.2	4	5	6.4	8	10	12.6	16	20	26
a_{max}		1.6			2.5			3.2		4			6.3	
l 范围		5～16	6～20	8～26	8～32	10～40	12～50	14～65	18～80	22～100	30～120	40～160	45～200	70～200
l 系列		4、5、6～32（2 进位）、36、40～100（5 进位）、120～200（20 进位）												

注：销孔的公称直径等于 d 公称，d_{min}≤（销的直径）≤d_{max}。

表 B-13 滚动轴承

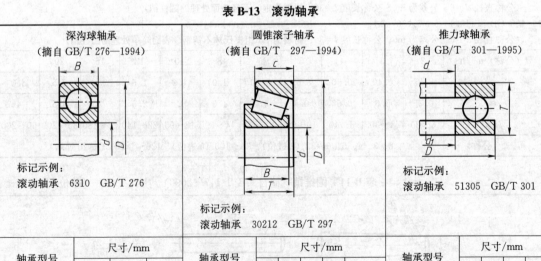

轴承型号	尺寸/mm			轴承型号	尺寸/mm					轴承型号	尺寸/mm			
	d	D	B		d	D	B	C	T		d	D	T	d_1
尺寸系列 [（0）2]				尺寸系列 [02]						尺寸系列 [12]				
6202	15	35	11	30203	17	40	12	11	13.25	51202	15	32	12	17
6203	17	40	12	30204	20	47	14	12	15.25	51203	17	35	12	19

深沟球轴承（摘自 GB/T 276—1994） 标记示例：滚动轴承 6310 GB/T 276

圆锥滚子轴承（摘自 GB/T 297—1994） 标记示例：滚动轴承 30212 GB/T 297

推力球轴承（摘自 GB/T 301—1995） 标记示例：滚动轴承 51305 GB/T 301

轴承型号	尺寸/mm			轴承型号	尺寸/mm					轴承型号	尺寸/mm			
	d	D	B		d	D	B	C	T		d	D	T	d_1
尺寸系列 [（0）2]				尺寸系列 [02]						尺寸系列 [12]				
6204	20	47	14	30205	25	52	15	13	16.25	51204	20	40	14	22
6205	25	52	15	30206	30	62	16	14	17.25	51205	25	47	15	27
6206	30	62	16	30207	35	72	17	15	18.25	51206	30	52	16	32
6207	35	72	17	30208	40	80	18	16	19.75	51207	35	62	18	37
6208	40	80	18	30209	45	85	19	16	20.75	51208	40	68	19	42
6209	45	85	19	30210	50	90	20	17	21.75	51209	45	73	20	47
6210	50	90	20	30211	55	100	21	18	22.75	51210	50	78	22	52
6211	55	100	21	30212	60	110	32	19	23.75	51211	55	90	25	57
6212	60	110	22	30213	65	120	23	20	24.75	51212	60	95	26	62
尺寸系列 [（0）3]				尺寸系列 [03]						尺寸系列 [13]				
6302	15	42	13	30302	15	42	13	11	14.25	51304	20	47	18	22
6303	17	47	14	30302	17	47	14	12	15.25	51305	25	52	18	27
6304	20	52	15	30304	20	52	15	13	16.25	51306	30	60	21	32
6305	25	62	17	30305	25	62	17	15	18.25	51307	35	68	24	37
6306	30	72	19	30306	30	72	19	16	20.75	51308	40	78	26	42
6307	35	80	21	30307	35	80	21	18	22.75	51309	45	85	28	47
6308	40	90	23	30308	40	90	23	20	25.25	51310	50	95	31	52
6309	45	100	25	30309	45	100	25	22	27.25	51311	55	105	35	57
6310	50	110	27	30310	50	110	27	23	29.25	51312	60	110	35	62
6311	55	120	29	30311	55	120	29	25	31.50	51313	65	115	36	67
6312	60	130	31	30312	60	130	31	26	33.50	51314	70	125	40	72

注：圆括号中的尺寸系列代号在轴承代号中省略。

附录C　极限与配合

表 C-1　基本尺寸小于 500mm 的标准公差（摘自 CB/T 1800.3—1998）

基本尺寸/mm		标准公差等级																	
		IT1	IT2	IT3	IT4	IT5	IT6	IT7	IT8	IT9	IT10	IT11	IT12	IT13	IT14	IT15	IT16	IT17	IT18
大于	至	公差值/μm											公差值/mm						
—	3	0.8	1.2	2	3	4	6	10	14	25	40	60	0.1	0.14	0.25	0.4	0.6	1	1.4
3	6	1	1.5	2.5	4	5	8	12	18	30	48	75	0.12	0.18	0.3	0.45	0.75	1.2	1.8
6	10	1	1.5	2.5	4	6	9	15	22	36	58	90	0.15	0.22	0.36	0.58	0.9	1.5	2.2
10	18	1.2	2	3	5	8	11	18	27	43	70	110	0.18	0.27	0.43	0.7	1.1	1.8	2.7
18	30	1.5	2.5	4	6	9	13	21	33	52	84	130	0.21	0.33	0.52	0.84	1.3	2.1	3.3
30	50	1.5	2.5	4	7	11	16	25	39	62	100	160	0.25	0.39	0.62	1	1.6	2.5	3.9
50	80	2	3	5	8	13	19	30	46	74	120	190	0.3	0.46	0.74	1.2	1.9	3	4.6
80	120	2.5	4	6	10	15	22	35	54	87	140	220	0.35	0.54	0.87	1.4	2.2	3.5	5.4
120	180	3.5	5	8	12	18	25	40	63	100	160	250	0.4	0.63	1	1.6	2.5	4	6.3
180	250	4.5	7	10	14	20	29	46	72	115	185	290	0.46	0.72	1.15	1.85	2.6	4.6	7.2
250	315	6	8	12	16	23	32	52	81	130	210	320	0.52	0.81	1.3	2.1	3.2	5.2	8.1
315	400	7	9	13	18	25	36	57	89	140	230	360	0.57	0.89	1.4	2.3	3.6	5.7	8.9
400	500	8	10	15	20	27	40	63	97	155	250	400	0.63	0.97	1.55	2.5	4	6.3	9.7

注：基本尺寸小于 1mm 时，无 IT14 至 IT18。

表 C-2　孔的极限偏差（摘自 GB/T 1800.4—1999）　　　　　（单位：μm）

基本尺寸/mm	A	B	C		D				E		F			
	11	11	12	⑪	8	⑨	10	11	8	9	6	7	⑧	9
>0~3	+330/+270	+200/+140	+240/+140	+120/+60	+34/+20	+45/+20	+60/+20	+80/+20	+28/+14	+39/+14	+12/+6	+16/+6	+20/+6	+31/+6
>3~6	+345/+270	+215/+140	+260/+140	+145/+70	+48/+30	+60/+30	+78/+30	+105/+30	+38/+20	+50/+20	+18/+10	+22/+10	+28/+10	+40/+10
>6~10	+370/+280	+240/+150	+300/+150	+170/+80	+62/+40	+76/+40	+98/+40	+130/+40	+47/+25	+61/+25	+22/+13	+28/+13	+35/+13	+40/+13
>10~14	+400/+290	+260/+150	+330/+150	+205/+95	+77/+50	+93/+50	+120/+50	+160/+50	+59/+32	+75/+32	+27/+16	+34/+16	+43/+16	+59/+16
>14~18	+400/+290	+260/+150	+330/+150	+205/+95	+77/+50	+93/+50	+120/+50	+160/+50	+59/+32	+75/+32	+27/+16	+34/+16	+43/+16	+59/+16
>18~24	+430/+300	+290/+160	+370/+160	+240/+110	+98/+65	+117/+65	+149/+65	+195/+65	+73/+40	+92/+40	+33/+20	+41/+20	+53/+20	+72/+20
>24~30	+430/+300	+290/+160	+370/+160	+240/+110	+98/+65	+117/+65	+149/+65	+195/+65	+73/+40	+92/+40	+33/+20	+41/+20	+53/+20	+72/+20
>30~40	+470/+310	+330/+170	+420/+170	+280/+170	+119/+80	+142/+80	+180/+80	+240/+80	+89/+50	+112/+50	+41/+25	+50/+25	+64/+25	+87/+25
>40~50	+480/+320	+340/+180	+430/+180	+290/+180	+119/+80	+142/+80	+180/+80	+240/+80	+89/+50	+112/+50	+41/+25	+50/+25	+64/+25	+87/+25
>50~65	+530/+340	+380/+190	+490/+190	+330/+140	+146/+100	+170/+100	+220/+100	+290/+100	+106/+6	+134/+80	+49/+30	+60/+30	+76/+30	+104/+30
>65~80	+550/+360	+390/+200	+500/+200	+340/+150	+146/+100	+170/+100	+220/+100	+290/+100	+106/+6	+134/+80	+49/+30	+60/+30	+76/+30	+104/+30
>80~100	+600/+380	+440/+220	+570/+220	+390/+170	+174/+120	+207/+120	+260/+120	+340/+120	+126/+72	+159/+72	+58/+36	+71/+36	+90/+36	+123/+36
>100~120	+630/+410	+460/+240	+590/+240	+400/+180	+174/+120	+207/+120	+260/+120	+340/+120	+126/+72	+159/+72	+58/+36	+71/+36	+90/+36	+123/+36
>120~140	+710/+460	+510/+260	+660/+260	+450/+200	+208/+145	+245/+145	+305/+145	+395/+145	+148/+85	+135/+85	+68/+43	+83/+43	+106/+43	+143/+43
>140~160	+770/+520	+530/+280	+680/+280	+460/+210	+208/+145	+245/+145	+305/+145	+395/+145	+148/+85	+135/+85	+68/+43	+83/+43	+106/+43	+143/+43
>160~180	+830/+580	+560/+310	+710/+310	+480/+230	+208/+145	+245/+145	+305/+145	+395/+145	+148/+85	+135/+85	+68/+43	+83/+43	+106/+43	+143/+43
>180~200	+950/+660	+630/+340	+800/+340	+530/+240	+242/+170	+285/+170	+355/+170	+460/+170	+172/+100	+215/+100	+79/+50	+96/+50	+122/+50	+165/+50
>200~225	+1030/+740	+670/+380	+840/+380	+550/+260	+242/+170	+285/+170	+355/+170	+460/+170	+172/+100	+215/+100	+79/+50	+96/+50	+122/+50	+165/+50
>225~250	+1110/+820	+710/+420	+880/+420	+570/+280	+242/+170	+285/+170	+355/+170	+460/+170	+172/+100	+215/+100	+79/+50	+96/+50	+122/+50	+165/+50
>250~280	+1240/+920	+800/+480	+1000/+480	+620/+300	+271/+190	+320/+190	+400/+190	+510/+190	+191/+110	+240/+110	+88/+56	+108/+56	+137/+56	+186/+56
>280~315	+1370/+1050	+860/+540	+1060/+540	+650/+330	+271/+190	+320/+190	+400/+190	+510/+190	+191/+110	+240/+110	+88/+56	+108/+56	+137/+56	+186/+56
>315~355	+1560/+1200	+960/+600	+1170/+600	+720/+360	+299/+210	+350/+210	+440/+210	+570/+210	+214/+125	+265/+125	+98/+62	+119/+62	+151/+62	+202/+62
>355~400	+1710/+1350	+1040/+680	+1250/+680	+760/+400	+299/+210	+350/+210	+440/+210	+570/+210	+214/+125	+265/+125	+98/+62	+119/+62	+151/+62	+202/+62
>400~450	+1900/+1500	+1160/+760	+1390/+760	+840/+440	+327/+230	+385/+230	+480/+230	+630/+230	+232/+135	+290/+135	+108/+68	+131/+68	+165/+68	+223/+68
>450~500	+2050/+1650	+1240/+840	+1470/+840	+880/+480	+327/+230	+385/+230	+480/+230	+630/+230	+232/+135	+290/+135	+108/+68	+131/+68	+165/+68	+223/+68

表头：常用及优先公差带（带圈者为优先公差带）

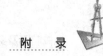

基本尺寸/mm	常用及优先公差带（带圈者为优先公差带）																	
	G		H							J			K			M		
	6	⑦	6	⑦	⑧	⑨	10	⑪	12	6	7	8	6	⑦	8	6	7	8
>0~3	+8 / +2	+12 / +2	+6 / 0	+10 / 0	+14 / 0	+25 / 0	+40 / 0	+60 / 0	+100 / 0	±3	±5	±7	0 / -6	0 / -10	0 / -14	-2 / -8	-2 / -12	-2 / -16
>3~6	+12 / +4	+16 / +4	+8 / 0	+12 / 0	+18 / 0	+30 / 0	+48 / 0	+75 / 0	+120 / 0	±4	±6	±9	+2 / -6	+3 / -9	+5 / -13	-1 / -9	0 / -12	+2 / -16
>6~10	+14 / +5	+20 / +5	+9 / 0	+15 / 0	+22 / 0	+36 / 0	+58 / 0	+90 / 0	+150 / 0	±4.5	±7	±11	+2 / -7	+5 / -10	+6 / -16	-3 / -12	0 / -15	+1 / -21
>10~14	+17 / +6	+24 / +6	+11 / 0	+18 / 0	+27 / 0	+43 / 0	+70 / 0	+110 / 0	+180 / 0	±5.5	±9	±13	+2 / -9	+6 / -12	+8 / -19	-4 / -15	0 / -18	+2 / -2
>14~18	+17 / +6	+24 / +6	+11 / 0	+18 / 0	+27 / 0	+43 / 0	+70 / 0	+110 / 0	+180 / 0	±5.5	±9	±13	+2 / -9	+6 / -12	+8 / -19	-4 / -15	0 / -18	+2 / -2
>18~24	+20 / +7	+28 / +7	+13 / 0	+21 / 0	+33 / 0	+52 / 0	+84 / 0	+130 / 0	+210 / 0	±6.5	±10	±16	+2 / -11	+6 / -15	+10 / -23	-4 / -17	0 / -21	+4 / -29
>24~30	+20 / +7	+28 / +7	+13 / 0	+21 / 0	+33 / 0	+52 / 0	+84 / 0	+130 / 0	+210 / 0	±6.5	±10	±16	+2 / -11	+6 / -15	+10 / -23	-4 / -17	0 / -21	+4 / -29
>30~40	+25 / +9	+34 / +9	+16 / 0	+25 / 0	+39 / 0	+62 / 0	+100 / 0	+160 / 0	+250 / 0	±8	±12	±19	+3 / -13	+7 / -18	+12 / -27	-4 / -20	0 / -25	+5 / -34
>40~50	+25 / +9	+34 / +9	+16 / 0	+25 / 0	+39 / 0	+62 / 0	+100 / 0	+160 / 0	+250 / 0	±8	±12	±19	+3 / -13	+7 / -18	+12 / -27	-4 / -20	0 / -25	+5 / -34
>50~65	+29 / +10	+40 / +10	+19 / 0	+30 / 0	+46 / 0	+74 / 0	+120 / 0	+190 / 0	+300 / 0	±9.5	±15	±23	+4 / -15	+9 / -21	+14 / -32	-5 / -24	0 / -30	+5 / -41
>65~80	+29 / +10	+40 / +10	+19 / 0	+30 / 0	+46 / 0	+74 / 0	+120 / 0	+190 / 0	+300 / 0	±9.5	±15	±23	+4 / -15	+9 / -21	+14 / -32	-5 / -24	0 / -30	+5 / -41
>80~100	+34 / +12	+47 / +12	+22 / 0	+35 / 0	+54 / 0	+87 / 0	+140 / 0	+220 / 0	+350 / 0	±11	±17	±27	+4 / -18	+10 / -25	+16 / -38	-6 / -28	0 / -35	+6 / -48
>100~120	+34 / +12	+47 / +12	+22 / 0	+35 / 0	+54 / 0	+87 / 0	+140 / 0	+220 / 0	+350 / 0	±11	±17	±27	+4 / -18	+10 / -25	+16 / -38	-6 / -28	0 / -35	+6 / -48
>120~140	+39 / +14	+54 / +14	+25 / 0	+40 / 0	+63 / 0	+100 / 0	+160 / 0	+250 / 0	+400 / 0	±12.5	±20	±31	+4 / -21	+12 / -28	+20 / -43	-8 / -33	0 / -40	+8 / -55
>140~160	+39 / +14	+54 / +14	+25 / 0	+40 / 0	+63 / 0	+100 / 0	+160 / 0	+250 / 0	+400 / 0	±12.5	±20	±31	+4 / -21	+12 / -28	+20 / -43	-8 / -33	0 / -40	+8 / -55
>160~180	+39 / +14	+54 / +14	+25 / 0	+40 / 0	+63 / 0	+100 / 0	+160 / 0	+250 / 0	+400 / 0	±12.5	±20	±31	+4 / -21	+12 / -28	+20 / -43	-8 / -33	0 / -40	+8 / -55
>180~200	+44 / +15	+61 / +15	+29 / 0	+46 / 0	+72 / 0	+115 / 0	+185 / 0	+290 / 0	+460 / 0	±14.5	±23	±36	+5 / -24	+13 / -33	+22 / -90	-8 / -37	0 / -46	+9 / -63
>200~225	+44 / +15	+61 / +15	+29 / 0	+46 / 0	+72 / 0	+115 / 0	+185 / 0	+290 / 0	+460 / 0	±14.5	±23	±36	+5 / -24	+13 / -33	+22 / -90	-8 / -37	0 / -46	+9 / -63
>225~250	+44 / +15	+61 / +15	+29 / 0	+46 / 0	+72 / 0	+115 / 0	+185 / 0	+290 / 0	+460 / 0	±14.5	±23	±36	+5 / -24	+13 / -33	+22 / -90	-8 / -37	0 / -46	+9 / -63
>250~280	+49 / +17	+69 / +17	+32 / 0	+52 / 0	+81 / 0	+130 / 0	+210 / 0	+320 / 0	+520 / 0	±16	±26	±40	+5 / -27	+16 / -36	+25 / -56	-9 / -41	0 / -52	+9 / -72
>280~315	+49 / +17	+69 / +17	+32 / 0	+52 / 0	+81 / 0	+130 / 0	+210 / 0	+320 / 0	+520 / 0	±16	±26	±40	+5 / -27	+16 / -36	+25 / -56	-9 / -41	0 / -52	+9 / -72
>315~355	+54 / +18	+75 / +18	+36 / 0	+57 / 0	+89 / 0	+140 / 0	+230 / 0	+360 / 0	+570 / 0	±18	±28	±44	+7 / -29	+17 / -40	+28 / -61	-10 / -46	0 / -57	+11 / -78
>355~400	+54 / +18	+75 / +18	+36 / 0	+57 / 0	+89 / 0	+140 / 0	+230 / 0	+360 / 0	+570 / 0	±18	±28	±44	+7 / -29	+17 / -40	+28 / -61	-10 / -46	0 / -57	+11 / -78
>400~450	+60 / +20	+83 / +20	+40 / 0	+63 / 0	+97 / 0	+155 / 0	+250 / 0	+400 / 0	+630 / 0	±20	±31	±48	+8 / -32	+18 / -45	+29 / -68	-10 / -50	0 / -63	+11 / -86
>450~500	+60 / +20	+83 / +20	+40 / 0	+63 / 0	+97 / 0	+155 / 0	+250 / 0	+400 / 0	+630 / 0	±20	±31	±48	+8 / -32	+18 / -45	+29 / -68	-10 / -50	0 / -63	+11 / -86

（续）

基本尺寸/mm	常用及优先公差带（带圈者为优先公差带）											
	N			P		R		S		T		U
	6	⑦	8	6	⑦	6	7	6	⑦	6	7	⑦
>0~3	−4/−10	−4/−14	−4/−18	−6/−12	−6/−16	−10/−16	−10/−20	−14/−20	−14/−24	—	—	−18/−28
>3~6	−5/−13	−4/−16	−2/−20	−9/−17	−8/−20	−12/−20	−11/−23	−16/−24	−14/−24	—	—	−19/−31
>6~10	−7/−16	−4/−19	−3/−25	−12/−21	−9/−24	−16/−25	−13/−28	−20/−29	−17/−32	—	—	−22/−37
>10~14	−9/−20	−5/−23	−3/−30	−15/−26	−11/−29	−20/−31	−16/−34	−25/−36	−21/−39	—	—	−26/−44
>14~18										—	—	
>18~24	−11/−24	−7/−28	−3/−36	−18/−31	−14/−35	−24/−37	−20/−41	−31/−44	−27/−48	—	—	−33/−54
>24~30										−37/−50	−33/−54	−40/−61
>30~40	−12/−28	−8/−33	−3/−42	−21/−37	−17/−42	−29/−45	−25/−50	−38/−54	−34/−59	−43/−59	−39/−64	−51/−76
>40~50										−49/−65	−45/−70	−61/−86
>50~65	−14/−33	−9/−39	−4/−50	−26/−45	−21/−51	−35/−54	−30/−60	−47/−66	−42/−72	−60/−79	−55/−85	−76/−106
>65~80						−37/−56	−32/−62	−53/−72	−48/−78	−69/−88	−64/−94	−91/−121
>80~100	−16/−38	−10/−45	−4/−58	−30/−52	−24/−59	−44/−66	−38/−73	−64/−86	−58/−93	−84/−106	−78/−113	−111/−146
>100~120						−47/−69	−41/−76	−72/−94	−66/−101	−97/−119	−91/−126	−131/−166
>120~140	−20/−45	−12/−52	−4/−67	−36/−61	−28/−68	−56/−81	−48/−88	−85/−110	−77/−117	−115/−140	−107/−147	−155/−195
>140~160						−58/−83	−50/−90	−93/−118	−85/−125	−127/−152	−119/−159	−175/−215
>160~180						−61/−86	−53/−93	−101/−126	−93/−133	−139/−164	−131/−171	−195/−235
>180~200	−22/−51	−14/−60	−5/−77	−41/−70	−33/−79	−68/−97	−60/−106	−113/−142	−105/−151	−157/−186	−149/−195	−219/−265
>200~225						−71/−100	−63/−109	−121/−150	−113/−159	−171/−200	−163/−209	−241/−287
>225~250						−75/−104	−67/−113	−131/−160	−123/−169	−187/−216	−179/−225	−267/−313
>250~280	−25/−57	−14/−66	−5/−86	−47/−79	−36/−88	−85/−117	−74/−126	−149/−181	−138/−190	−209/−241	−198/−250	−295/−347
>280~315						−89/−121	−78/−130	−161/−193	−150/−202	−231/−263	−220/−272	−330/−382
>315~355	−26/−62	−16/−73	−5/−94	−51/−87	−41/−98	−97/−133	−87/−144	−179/−215	−169/−226	−257/−293	−247/−304	−369/−426
>355~400						−103/−139	−93/−150	−197/−233	−187/−244	−283/−319	−273/−330	−414/−471
>400~450	−27/−67	−17/−80	−6/−103	−55/−95	−45/−108	−113/−153	−103/−166	−219/−259	−209/−272	−317/−357	−307/−370	−467/−530
>450~500						−119/−159	−109/−172	−239/−279	−229/−279	−347/−387	−337/−400	−517/−580

注：基本尺寸小于 1mm 时，各级的 A 和 B 均不采用。

表 C-3 轴的极限偏差（摘自 GB/T 1008.4—1999） （单位：μm）

基本尺寸/ mm	常用及优先公差带（带圈者为优先公差带）												
	a	b		c			d				e		
	11	11	12	9	10	⑪	8	⑨	10	11	7	8	9
>0~3	−270 −330	−140 −200	−140 −240	−60 −85	−60 −100	−60 −120	−20 −34	−20 −45	−20 −60	−20 −80	−14 −24	−14 −28	−14 −39
>3~6	−270 −345	−140 −215	−140 −260	−70 −100	−70 −118	−70 −145	−30 −48	−30 −60	−30 −78	−30 −105	−30 −32	−20 −38	−20 −50
>6~10	−280 −370	−150 −240	−150 −300	−80 −116	−80 −138	−80 −170	−40 −62	−40 −79	−40 −98	−40 −130	−25 −40	−25 −47	−25 −61
>10~14	−290 −400	−150 −260	−150 −330	−95 −138	−95 −165	−95 −205	−50 −77	−50 −93	−50 −120	−50 −160	−32 −50	−32 −59	−32 −75
>14~18													
>18~24	−300 −430	−160 −290	−160 −370	−110 −162	−110 −194	−110 −240	−65 −98	−65 −117	−65 −149	−65 −195	−40 −61	−40 −73	−40 −92
>24~30													
>30~40	−310 −470	−170 −330	−170 −420	−120 −182	−120 −220	−120 −280	−80 −119	−80 −142	−80 −180	−80 −240	−50 −75	−50 −89	−50 −112
>40~50	−320 −480	−180 −340	−180 −430	−130 −192	−130 −230	−130 −290							
>50~65	−340 −530	−190 −380	−190 −490	−140 −214	−140 −260	−140 −330	−100 −146	−100 −174	−100 −220	−100 −290	−60 −90	−60 −106	−60 −134
>65~80	−360 −550	−220 −390	−200 −500	−150 −224	−150 −270	−150 −340							
>80~100	−380 −600	−200 −440	−220 −570	−170 −257	−170 −310	−170 −390	−120 −174	−120 −207	−120 −260	−120 −340	−72 −109	−72 −126	−72 −159
>100~120	−410 −630	−240 −460	−240 −590	−180 −267	−180 −320	−180 −400							
>120~140	−460 −710	−260 −510	−260 −660	−200 −300	−200 −360	−200 −450	−145 −208	−145 −245	−145 −305	−145 −395	−85 −125	−85 −148	−85 −185
>140~160	−520 −770	−280 −530	−280 −680	−210 −310	−210 −370	−210 −460							
>160~180	−580 −830	−310 −560	−310 −710	−230 −330	−230 −390	−230 −480							
>180~200	−660 −950	−340 −630	−340 −800	−240 −355	−240 −425	−240 −530							
>200~225	−740 −1030	−380 −670	−380 −840	−260 −375	−260 −445	−260 −550	−170 −242	−170 −285	−170 −355	−170 −460	−100 −146	−100 −172	−100 −215
>225~250	−820 −1110	−420 −710	−420 880	−280 −395	−280 −465	−280 −570							
>250~280	−920 −1240	−480 −800	−480 −1000	−300 −430	−300 −510	−300 −620	−190 −271	−190 −320	−190 −400	−190 −510	−110 −162	−110 −191	−110 −240
>280~315	−1050 −1370	−540 −860	−540 −1060	−330 −460	−330 −540	−330 −650							

（续）

常用及优先公差带（带圈者为优先公差带）

基本尺寸/mm	a 11	b 11	b 12	c 9	c 10	c ⑪	d 8	d ⑨	d 10	d 11	e 7	e 8	e 9
>315~355	−1200/−1560	−600/−960	−600/−1170	−360/−500	−360/−590	−360/−720	−210/−299	−210/−350	−210/−440	−210/−570	−125/−182	−125/−214	−215/−265
>355~400	−1350/−1710	−680/−1040	−680/−1250	−400/−540	−400/−630	−400/−760	−210/−299	−210/−350	−210/−440	−210/−570	−125/−182	−125/−214	−215/−265
>400~450	−1500/−1900	−760/−1160	−760/−1390	−440/−595	−400/−690	−440/−840	−230/−327	−230/−385	−230/−480	−230/−630	−135/−198	−135/−232	−135/−290
>450~500	−1650/−2050	−840/−1240	−840/−1470	−480/−635	−480/−730	−480/−880	−230/−327	−230/−385	−230/−480	−230/−630	−135/−198	−135/−232	−135/−290

常用及优先公差带（带圈者为优先公差带）

基本尺寸/mm	f 5	f 6	f ⑦	f 8	f 9	g 5	g ⑥	g 7	h 5	h ⑥	h ⑦	h 8	h ⑨	h 10	h ⑪	h 12
>0~3	−6/−10	−6/−12	−6/−16	−6/−20	−6/−31	−2/−6	−2/−8	−2/−12	0/−4	0/−6	0/−10	0/−14	0/−25	0/−40	0/−60	0/−100
>3~6	−10/−15	−10/−18	−10/−22	−10/−28	−10/−40	−4/−9	−4/−12	−4/−16	0/−5	0/−8	0/−12	0/−18	0/−30	0/−48	0/−75	0/−120
>6~10	−13/−19	−13/−22	−13/−28	−13/−35	−13/−49	−5/−11	−5/−14	−5/−20	0/−6	0/−9	0/−15	0/−22	0/−36	0/−58	0/−90	0/−150
>10~14	−16/−24	−16/−27	−16/−34	−16/−43	−16/−59	−6/−14	−6/−17	−6/−24	0/−8	0/−11	0/−18	0/−27	0/−43	0/−70	0/−110	0/−180
>14~18	−16/−24	−16/−27	−16/−34	−16/−43	−16/−59	−6/−14	−6/−17	−6/−24	0/−8	0/−11	0/−18	0/−27	0/−43	0/−70	0/−110	0/−180
>18~24	−20/−29	−20/−33	−20/−41	−20/−53	−20/−72	−7/−16	−7/−20	−7/−28	0/−9	0/−13	0/−21	0/−33	0/−52	0/−84	0/−130	0/−210
>24~30	−20/−29	−20/−33	−20/−41	−20/−53	−20/−72	−7/−16	−7/−20	−7/−28	0/−9	0/−13	0/−21	0/−33	0/−52	0/−84	0/−130	0/−210
>30~40	−25/−36	−25/−41	−25/−50	−25/−64	−25/−87	−9/−20	−9/−25	−9/−34	0/−11	0/−16	0/−25	0/−39	0/−62	0/−100	0/−160	0/−250
>40~50	−25/−36	−25/−41	−25/−50	−25/−64	−25/−87	−9/−20	−9/−25	−9/−34	0/−11	0/−16	0/−25	0/−39	0/−62	0/−100	0/−160	0/−250
>50~65	−30/−43	−30/−49	−30/−60	−30/−76	−30/−104	−10/−23	−10/−29	−10/−40	0/−13	0/−19	0/−30	0/−46	0/−74	0/−120	0/−190	0/−300
>65~80	−30/−43	−30/−49	−30/−60	−30/−76	−30/−104	−10/−23	−10/−29	−10/−40	0/−13	0/−19	0/−30	0/−46	0/−74	0/−120	0/−190	0/−300
>80~100	−36/−51	−36/−58	−36/−71	−36/−90	−36/−123	−12/−27	−12/−34	−12/−47	0/−15	0/−22	0/−35	0/−54	0/−87	0/−140	0/−220	0/−350
>100~120	−36/−51	−36/−58	−36/−71	−36/−90	−36/−123	−12/−27	−12/−34	−12/−47	0/−15	0/−22	0/−35	0/−54	0/−87	0/−140	0/−220	0/−350
>120~140	−43/−61	−43/−68	−43/−83	−43/−106	−43/−143	−14/−32	−14/−39	−14/−54	0/−18	0/−25	0/−40	0/−63	0/−100	0/−160	0/−250	0/−400
>140~160	−43/−61	−43/−68	−43/−83	−43/−106	−43/−143	−14/−32	−14/−39	−14/−54	0/−18	0/−25	0/−40	0/−63	0/−100	0/−160	0/−250	0/−400
>160~180	−43/−61	−43/−68	−43/−83	−43/−106	−43/−143	−14/−32	−14/−39	−14/−54	0/−18	0/−25	0/−40	0/−63	0/−100	0/−160	0/−250	0/−400
>180~200	−50/−70	−50/−79	−50/−96	−50/−122	−50/−165	−15/−35	−15/−44	−15/−61	0/−20	0/−29	0/−46	0/−72	0/−115	0/−185	0/−290	0/−460
>200~225	−50/−70	−50/−79	−50/−96	−50/−122	−50/−165	−15/−35	−15/−44	−15/−61	0/−20	0/−29	0/−46	0/−72	0/−115	0/−185	0/−290	0/−460
>225~250	−50/−70	−50/−79	−50/−96	−50/−122	−50/−165	−15/−35	−15/−44	−15/−61	0/−20	0/−29	0/−46	0/−72	0/−115	0/−185	0/−290	0/−460
>250~280	−56/−79	−56/−88	−56/−108	−56/−137	−56/−186	−17/−40	−17/−49	−17/−69	0/−23	0/−32	0/−52	0/−81	0/−130	0/−210	0/−320	0/−520
>280~315	−56/−79	−56/−88	−56/−108	−56/−137	−56/−186	−17/−40	−17/−49	−17/−69	0/−23	0/−32	0/−52	0/−81	0/−130	0/−210	0/−320	0/−520
>315~355	−62/−87	−62/−98	−62/−119	−62/−151	−62/−202	−18/−43	−18/−54	−18/−75	0/−25	0/−36	0/−57	0/−89	0/−140	0/−230	0/−360	0/−570
>355~400	−62/−87	−62/−98	−62/−119	−62/−151	−62/−202	−18/−43	−18/−54	−18/−75	0/−25	0/−36	0/−57	0/−89	0/−140	0/−230	0/−360	0/−570
>400~450	−68/−95	−68/−108	−68/−131	−68/−165	−68/−223	−20/−47	−20/−60	−20/−83	0/−27	0/−40	0/−63	0/−97	0/−155	0/−250	0/−400	0/−630
>450~500	−68/−95	−68/−108	−68/−131	−68/−165	−68/−223	−20/−47	−20/−60	−20/−83	0/−27	0/−40	0/−63	0/−97	0/−155	0/−250	0/−400	0/−630

附　录

（续）

基本尺寸/mm	常用及优先公差带（带圈者为优先公差带）														
	js			k			m			n			p		
	5	⑥	7	5	⑥	7	5	6	7	5	⑥	7	5	⑥	7
>0~3	±2	±3	±5	+4 / 0	+6 / 0	+10 / 0	+6 / +2	+8 / +2	+12 / +2	+8 / +4	+10 / +4	+14 / +4	+10 / +6	+12 / +6	+16 / +6
>3~6	±2.5	±4	±6	+6 / +1	+9 / +1	+13 / +1	+9 / +4	+12 / +4	+16 / +4	+13 / +8	+16 / +8	+20 / +8	+17 / +12	+20 / +12	+24 / +12
>6~10	±3	±4.5	±7	+7 / +1	+10 / +1	+16 / +1	+12 / +6	+15 / +6	+21 / +6	+16 / +10	+19 / +10	+25 / +10	+21 / +15	+24 / +15	+30 / +15
>10~14	±4	±5.5	±9	+9 / +1	+12 / +1	+19 / +1	+15 / +7	+18 / +7	+25 / +7	+20 / +12	+23 / +12	+30 / +12	+26 / +18	+29 / +18	+36 / +18
>14~18	±4	±5.5	±9	+9 / +1	+12 / +1	+19 / +1	+15 / +7	+18 / +7	+25 / +7	+20 / +12	+23 / +12	+30 / +12	+26 / +18	+29 / +18	+36 / +18
>18~24	±4.5	±6.5	±10	+11 / +2	+15 / +2	+23 / +2	+17 / +8	+21 / +8	+29 / +8	+24 / +15	+28 / +15	+36 / +15	+31 / +22	+35 / +22	+43 / +22
>24~30	±4.5	±6.5	±10	+11 / +2	+15 / +2	+23 / +2	+17 / +8	+21 / +8	+29 / +8	+24 / +15	+28 / +15	+36 / +15	+31 / +22	+35 / +22	+43 / +22
>30~40	±5.5	±8	±12	+13 / +2	+18 / +2	+27 / +2	+20 / +9	+25 / +9	+34 / +9	+28 / +17	+33 / +17	+42 / +17	+37 / +26	+42 / +26	+51 / +26
>40~50	±5.5	±8	±12	+13 / +2	+18 / +2	+27 / +2	+20 / +9	+25 / +9	+34 / +9	+28 / +17	+33 / +17	+42 / +17	+37 / +26	+42 / +26	+51 / +26
>50~65	±6.5	±9.5	±15	+15 / +2	+21 / +2	+32 / +2	+24 / +11	+30 / +11	+41 / +11	+33 / +20	+39 / +20	+50 / +20	+45 / +32	+51 / +32	+62 / +32
>65~80	±6.5	±9.5	±15	+15 / +2	+21 / +2	+32 / +2	+24 / +11	+30 / +11	+41 / +11	+33 / +20	+39 / +20	+50 / +20	+45 / +32	+51 / +32	+62 / +32
>80~100	±7.5	±11	±17	+18 / +3	+25 / +3	+38 / +3	+28 / +13	+35 / +13	+48 / +13	+38 / +23	+45 / +23	+58 / +23	+52 / +37	+59 / +37	+72 / +37
>100~120	±7.5	±11	±17	+18 / +3	+25 / +3	+38 / +3	+28 / +13	+35 / +13	+48 / +13	+38 / +23	+45 / +23	+58 / +23	+52 / +37	+59 / +37	+72 / +37
>120~140	±9	±12.5	±20	+21 / +3	+28 / +3	+43 / +3	+33 / +15	+40 / +15	+55 / +15	+45 / +27	+52 / +27	+67 / +27	+61 / +43	+68 / +43	+83 / +43
>140~160	±9	±12.5	±20	+21 / +3	+28 / +3	+43 / +3	+33 / +15	+40 / +15	+55 / +15	+45 / +27	+52 / +27	+67 / +27	+61 / +43	+68 / +43	+83 / +43
>160~180	±9	±12.5	±20	+21 / +3	+28 / +3	+43 / +3	+33 / +15	+40 / +15	+55 / +15	+45 / +27	+52 / +27	+67 / +27	+61 / +43	+68 / +43	+83 / +43
>180~200	±10	±14.5	±23	+24 / +4	+33 / +4	+50 / +4	+37 / +17	+46 / +17	+63 / +17	+51 / +31	+60 / +31	+77 / +31	+70 / +50	+79 / +50	+96 / +50
>200~225	±10	±14.5	±23	+24 / +4	+33 / +4	+50 / +4	+37 / +17	+46 / +17	+63 / +17	+51 / +31	+60 / +31	+77 / +31	+70 / +50	+79 / +50	+96 / +50
>225~250	±10	±14.5	±23	+24 / +4	+33 / +4	+50 / +4	+37 / +17	+46 / +17	+63 / +17	+51 / +31	+60 / +31	+77 / +31	+70 / +50	+79 / +50	+96 / +50
>250~280	±11.5	±16	±26	+27 / +4	+36 / +4	+56 / +4	+43 / +20	+52 / +20	+72 / +20	+57 / +34	+66 / +34	+86 / +34	+79 / +56	+88 / +56	+108 / +56
>280~315	±11.5	±16	±26	+27 / +4	+36 / +4	+56 / +4	+43 / +20	+52 / +20	+72 / +20	+57 / +34	+66 / +34	+86 / +34	+79 / +56	+88 / +56	+108 / +56
>315~355	±12.5	±18	±28	+29 / +4	+40 / +4	+61 / +4	+46 / +21	+57 / +21	+78 / +21	+62 / +37	+73 / +37	+94 / +37	+87 / +62	+98 / +62	+119 / +62
>355~400	±12.5	±18	±28	+29 / +4	+40 / +4	+61 / +4	+46 / +21	+57 / +21	+78 / +21	+62 / +37	+73 / +37	+94 / +37	+87 / +62	+98 / +62	+119 / +62
>400~450	±13.5	±20	±31	+32 / +5	+45 / +5	+68 / +5	+50 / +23	+63 / +23	+86 / +23	+67 / +40	+80 / +40	+103 / +40	+95 / +68	+108 / +68	+131 / +68
>450~500	±13.5	±20	±31	+32 / +5	+45 / +5	+68 / +5	+50 / +23	+63 / +23	+86 / +23	+67 / +40	+80 / +40	+103 / +40	+95 / +68	+108 / +68	+131 / +68

基本尺寸/mm	常用及优先公差带（带圈者为优先公差带）													
	r			s			t			u		v	x	y	z
	5	6	7	5	⑥	7	5	6	7	⑥	7	6	6	6	6
>0~3	+14 / +10	+16 / +10	+20 / +10	+18 / +14	+20 / +14	+24 / +14	—	—	—	+24 / +18	+28 / +18	—	+26 / +20	—	+32 / +26
>3~6	+20 / +15	+23 / +15	+27 / +15	+24 / +19	+27 / +19	+31 / +19	—	—	—	+31 / +23	+35 / +23	—	+36 / +28	—	+43 / +35
>6~10	+25 / +19	+28 / +19	+34 / +19	+29 / +23	+32 / +23	+38 / +23	—	—	—	+37 / +28	+43 / +28	—	+43 / +34	—	+51 / +42
>10~14	+31 / +23	+34 / +23	+41 / +23	+36 / +28	+39 / +28	+46 / +28	—	—	—	+44 / +33	+51 / +33	—	+51 / +40	—	+61 / +50
>14~18	+31 / +23	+34 / +23	+41 / +23	+36 / +28	+39 / +28	+46 / +28	—	—	—	+44 / +33	+51 / +33	+50 / +39	+56 / +45	—	+71 / +60
>18~24	+37 / +28	+41 / +28	+49 / +28	+44 / +35	+48 / +35	+56 / +35	—	—	—	+54 / +41	+62 / +41	+60 / +47	+67 / +54	+76 / +63	+86 / +73
>24~30	+37 / +28	+41 / +28	+49 / +28	+44 / +35	+48 / +35	+56 / +35	+50 / +41	+54 / +41	+62 / +41	+61 / +48	+69 / +48	+68 / +55	+77 / +64	+88 / +75	+101 / +88

271

（续）

基本尺寸/mm	常用及优先公差带（带圈者为优先公差带）														
	r			s			t			u		v	x	y	z
	5	6	7	5	⑥	7	5	6	7	⑥	7	6	6	6	6
>30~40	+45	+50	+59	+54	+59	+68	+59	+64	+73	+76	+85	+84	+96	+110	+128
	+34	+34	+34	+43	+43	+43	+48	+48	+48	+60	+60	+68	+80	+94	+112
>40~50							+65	+70	+79	+86	+95	+97	+113	+130	+152
							+54	+54	+54	+70	+70	+81	+97	+114	+136
>50~65	+54	+60	+71	+66	+72	+83	+79	+85	+96	+106	+117	+121	+141	+163	+191
	+41	+41	+41	+53	+53	+53	+66	+66	+66	+87	+87	+102	+122	+144	+172
>65~80	+56	+62	+73	+72	+78	+89	+88	+94	+105	+121	+132	+139	+165	+193	+229
	+43	+43	+43	+59	+59	+59	+75	+75	+75	+102	+102	+120	+146	+174	+210
>80~100	+66	+73	+86	+86	+93	+106	+106	+113	+126	+146	+159	+168	+200	+236	+280
	+51	+51	+51	+71	+71	+91	+91	+91	+91	+124	+124	+146	+178	+214	+258
>100~120	+69	+76	+89	+94	+101	+114	+110	+126	+136	+166	+179	+194	+232	+276	+332
	+54	+54	+54	+79	+79	+79	+104	+104	+104	+144	+144	+172	+210	+254	+310
>120~140	+81	+88	+103	+110	+117	+132	+140	+147	+162	+195	+210	+227	+273	+325	+390
	+63	+63	+63	+92	+92	+92	+122	+122	+122	+170	+170	+202	+248	+300	+365
>140~160	+83	+90	+105	+118	+125	+140	+152	+159	+174	+215	+230	+253	+305	+365	+440
	+65	+65	+65	+100	+100	+100	+134	+134	+134	+190	+190	+228	+280	+340	+415
>160~180	+86	+93	+108	+126	+133	+148	+164	+171	+186	+235	+250	+277	+335	+405	+490
	+68	+68	+68	+108	+108	+108	+146	+146	+146	+210	+215	+252	+310	+380	+465
>180~200	+97	+106	+123	+142	+151	+168	+186	+195	+212	+265	+282	+313	+379	+454	+549
	+77	+77	+77	+122	+122	+122	+166	+166	+166	+236	+236	+284	+350	+425	+520
>200~225	+100	+109	+126	+150	+159	+176	+200	+209	+226	+287	+304	+339	+414	+499	+604
	+80	+80	+80	+130	+130	+130	+180	+180	+180	+258	+258	+310	+385	+470	+575
>225~250	+104	+113	+130	+160	+169	+186	+216	+225	+242	+313	+330	+369	+454	+549	+669
	+84	+84	+84	+140	+140	+140	+196	+196	+196	+284	+284	+340	+425	+520	+640
>250~280	+117	+126	+146	+181	+290	+210	+241	+250	+270	+347	+367	+417	+507	+612	+742
	+94	+94	+94	+158	+158	+158	+218	+218	+218	+315	+315	+385	+475	+580	+710
>280~315	+121	+130	+150	+193	+202	+222	+263	+272	+292	+382	+402	+457	+557	+682	+822
	+98	+98	+98	+170	+170	+170	+240	+240	+240	+350	+350	+425	+525	+650	+790
>315~335	+133	+144	+165	+215	+226	+247	+293	+304	+325	+426	+447	+511	+626	+766	+936
	+108	+108	+108	+190	+190	+190	+268	+268	+268	+390	+390	+475	+590	+730	+900
>335~400	+139	+150	+171	+233	+244	+265	+319	+330	+351	+471	+492	+566	+696	+856	+1036
	+114	+114	+114	+208	+208	+208	+294	+294	+294	+435	+435	+530	+660	+820	+1000
>400~450	+153	+166	+189	+259	+272	+295	+357	+370	+393	+530	+553	+635	+780	+960	+1140
	+126	+126	+126	+232	+232	+232	+330	+330	+330	+490	+490	+595	+740	+920	+1100
>450~500	+159	+172	+195	+279	+292	+315	+387	+400	+423	+580	+603	+700	+860	+1040	+1290
	+132	+132	+132	+252	+252	+252	+360	+360	+360	+540	+540	+660	+820	+1000	+1250

注：基本尺寸小于 1mm 时，各级的 a 和 b 均不采用。

附录 D　金属材料热处理和表面处理

表 D-1　常用的热处理和表面处理名词解释

名　词		代号及标注示例	说　明	应　用
退火		Th	将钢件加热到临界温度以上（一般是710～715℃，个别合金钢800～900℃）30～50℃，保温一段时间，然后缓慢冷却（一般在炉中冷却）	用来消除铸、锻、焊零件的内应力、降低硬度，便于切削加工；细化金属晶粒，改善组织、增加韧性
正火		Z	将钢件加热到临界温度以上，保温一段时间，然后用空气冷却，冷却速度比退火快	用来处理低碳和中碳结构钢及渗碳零件，使其组织细化，增加强度与韧性，减少内应力，改善加工性能
淬火		C C48—淬火回火 （45～50）HRC	将钢件加热到临界温度以上，保温一段时间，然后在水、盐水或油中（个别材料在空气中）急速冷却，使其得到高硬度	用来提高钢的硬度和强度极限。但淬火会引起内应力使钢变脆，所以淬火后必须回火
回火		回火	回火是将淬硬的钢件加热到临界点以下的温度，保温一段时间，然后在空气中或油中冷却下来	用来消除淬火后的脆性和内应力，提高钢的塑性和冲击韧性
调质		T T235—调质至 （220～250）HB	淬火后在450～650℃进行高温回火，称为调质	用来使钢获得高的韧性和足够的强度。重要的齿轮、轴及丝杆等零件的调质处理的
表面淬火	火焰焠火	H54（火焰焠火后，回火到（52～58）HRC）	用火焰或高频电流将零件表面迅速加热至临界温度以上，急速冷却	使零件表面获得高硬度，而心部保持一定的韧性，使零件既耐磨又能承受冲击。表面淬火常用来处理齿轮等
	高频淬火	G52（高频淬火后，回火到（50～55）HRC）		
渗碳淬火		S0.5—C59（渗碳层深0.5，淬火硬度（56～62）HRC）	在渗碳剂中将钢件加热到900～950℃，停留一定时间，将碳渗入钢表面，深度约为0.5～2mm，再淬火后回火	增加钢件的耐磨性能、表面硬度、抗拉强度及疲劳极限 适用于低碳、中碳（含量<0.40%）结构钢的中小型零件
氮化		D0.3—900（氮化深度0.3，硬度大于850HV）	氮化是在500～600℃通入氮的炉子内加热，向钢的表面渗入氮原子的过程。氮化层为0.025～0.8mm，氮化时间需40～50小时	增加钢件的耐磨性能、表面硬度、疲劳极限和抗蚀能力 适用于合金钢、碳钢、铸铁件，如机床主轴、丝杆以及在潮湿碱水和燃烧气体介质的环境中工作的零件
氰化		Q59（氰化淬火后，回火至（56～62）HRC）	在820～860℃炉内通入碳和氮，保温1～2小时，使钢件的表面同时渗入碳、氮原子，可得到0.2～0.5mm的氰化层	增加表面硬度、耐磨性、疲劳强度和抗蚀性 用于要求硬度高、耐磨的中、小型及薄片零件和刀具等

（续）

名　词	代号及标注示例	说　明	应　用
时效	时效处理	低温回火后，精加工之前，加热到100～160℃，保持10～40小时。对铸件也可用天然时效（放在露天中一年以上）	使工件消除内应力和稳定形状，用于量具、精密丝杆、床身导轨、床身等
发蓝发黑	发蓝或发黑	将金属零件放在很浓的碱和氧化剂溶液中加热氧化，使金属表面形成一层氧化铁所组成的保护性薄膜	防腐蚀、美观。用于一般连接的标准件和其他电子类零件
硬度	HBW（布氏硬度）	材料抵抗硬的物体压入其表面的能力称"硬度"。根据测定的方法不同，可分布氏硬度、洛氏硬度和维氏硬度 硬度的测定是检验材料经热处理后的力学性能——硬度	用于退火、正火、调质的零件及铸件的硬度检验
	HRC（洛氏硬度）		用于经淬火、回火及表面渗碳、渗氮等处理的零件硬度检验
	HV（维氏硬度）		用于薄层硬化零件的硬度检验

附录 E　常用标准结构

表 E-1　零件倒圆与倒角（摘自 GB/T 6403.4—1986）　　　（单位：mm）

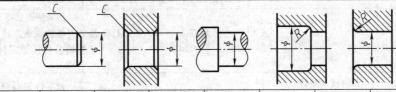

ϕ	～3	>3～6	>6～10	>10～18	>18～30	>30～50	>50～80	>80～120	>120～180
C 或 R	0.2	0.4	0.6	0.8	1.0	1.6	2.0	2.5	3.0
ϕ	>180～250	>250～320	>320～400	>400～500	>500～630	>630～800	>800～1000	>1000～1250	>1250～1600
C 或 R	4.0	5.0	6.0	8.0	10	12	16	20	25

表 E-2　砂轮越程槽（摘自 GB/T 6043.5—1986）　　　（单位：mm）

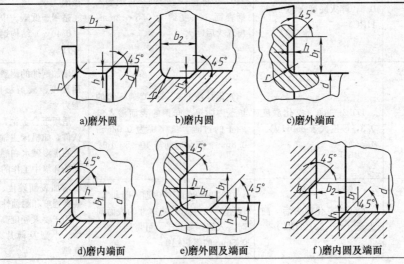

a)磨外圆　　　　　b)磨内圆　　　　　c)磨外端面

d)磨内端面　　　　e)磨外圆及端面　　　　f)磨内圆及端面

（续）

b_1	0.6	1.0	1.6	2.0	3.0	4.0	5.0	8.0	10
b_2	2.0	3.0		4.0		5.0		8.0	10
h	0.1	0.2		0.3	0.4		0.6	0.8	1.2
r	0.2	0.5		0.8	1.0		1.6	2.0	3.0
d	~10			>10~50		>50~100		>100	

注：1. 越程槽内两直线相交处，不允许产生尖角。

　　2. 越程槽深度 h 与圆弧半径 r，要满足 $r \leqslant 3h$。

参 考 文 献

[1] 叶玉驹，焦永和，张彤．机械制图手册 [M]．4 版．北京：机械工业出版社，2008.

[2] 南玲玲．机械制图及计算机绘图 [M]．北京：化学工业出版社，2003.

[3] 中国纺织大学工程图学教研室．画法几何及工程制图 [M]．上海：上海科学技术出版社，2000.

[4] 马晓湘，钟均祥．画法几何及机械制图 [M]．广州：华南理工大学出版社，2003.

[5] 刘平安，张延伟．AutoCAD2008 机械设计实例精粹 [M]．北京：电子工业出版社，2008.